Heinz J. Nowarra

Die deutsche Luftrüstung 1933–1945

Band 4:
Flugzeugtypen MIAG – Zeppelin, Flugkörper, Flugmotoren, Bordwaffen, Abwurfwaffen, Funkgeräte, Sonstiges Luftwaffengerät, Flakartillerie

Bernard & Graefe Verlag

Das gesamte Bild- und Zeichnungsmaterial entstammt dem Archiv des Verfassers und wurde in den Jahren 1949 bis 1983 mit Unterstützung in- und ausländischer Sammler, der deutschen Luftfahrtindustrie und des Smithsonian Institution, Washington, D. C. zusammengestellt.

Herstellung und Layout: Walter Amann, München
Lithos: Repro GmbH, Ergolding/Landshut
Satz: Isar-Post GmbH, Landshut
Gesamtherstellung: Graficas Estella S.A.
Printed in Spain

ISBN 3-7637-5464-4 (Gesamtwerk)
ISBN 3-7637-5468-7 (Band 4)

Inhalt

Vorbemerkung

Das Werk »Die deutsche Luftrüstung 1933 – 1945« behandelt in vier Bänden ein militär-technisches Geschehen, dessen Ursachen, dessen Gesamt- und Einzelablauf vor dem zeitgeschichtlichen Hintergrund dieser nicht nur deutschen Schicksalsjahre gesehen und verstanden werden müssen. Der »technische Vorgang« kann eigentlich nicht vom politischen Vorgang losgelöst behandelt werden. Wenn dies hier dennoch geschieht, so aus folgenden Gründen:

Die geistige, politische und militärische Bewältigung und Aufarbeitung der Jahre 1933 – 1945 ist im In- und Ausland in breitestem Umfang und mit Unterstützung aller verfügbarer Medien so vorgenommen worden, daß die Kenntnis der politischen und militärischen Hintergründe der deutschen Luftrüstung dieser Jahre beim Leser dieses Werkes vorausgesetzt werden kann.

Gegenüber der eingehenden wissenschaftlichen Verarbeitung der politischen und militärischen Ereignisse befinden sich die Darstellungen der technischen, industriellen, wirtschaftlichen und rüstungsmäßigen Vorgänge der Jahre 1933 – 1945 weit im Hintertreffen.

Deshalb wurde in diesem Werk der eindeutige Schwerpunkt auf die Darstellung der rüstungstechnischen Vorgänge gelegt. Auf die politische und militärische Bedeutung der Luftrüstungsmaßnahmen wurde zwar hingewiesen, sie haben aber aus den angegebenen Gründen hier nicht die Priorität.

Vorwort

Das erstmals im Jahre 1961 im F. J. Lehmanns Verlag in München erschienene Buch »Die deutschen Flugzeuge 1933—1945« ist bis zum Jahr 1977 — immer wieder erweitert und verbessert — fünfmal neu aufgelegt worden.
Die ständige Nachfrage nach dem Werk, die Fülle an neuem Material und Informationen, besonders auch nach 1977, die sich inzwischen angesammelt hatten, und Unterlagen, die uns erst jetzt aus ehemaliger Siegerhand wieder zugänglich gemacht wurden, zwangen zu der hier vorgelegten Neuausgabe.
So wurden hier neben anderem die Flugzeug- und Motorenentwicklung, die Flugzeugbewaffnung, Flugzeugausrüstung, Sondergeräte, Lenkwaffen sowie Funk- und Ortungsgeräte berücksichtigt.
Nur ein Teil des Textes der Ausgabe von 1977 wurde verwendet, der größere Teil des Textes neu geschrieben und ergänzt.
Photos und Zeichnungen sind neu, bei den letzteren handelt es sich größtenteils um Werkszeichnungen.
Die thematische Erweiterung rechtfertigte den jetzt gewählten Titel »Die deutsche Luftrüstung 1933—1945«, die erhebliche Umfangerweiterung zwang dazu, dieses Werk in vier Bänden vorzulegen. Der Band 1 enthält neben den für *alle* Flugzeugtypen — also auch für die Bände 2—4 — notwendigen Angaben die Typen von AEG bis Dornier, der Band 2 die Flugzeugtypen von Erla bis Heinkel, der Band 3 von Henschel bis Messerschmitt und der Band 4 beinhaltet die Flugzeugtypen von MIAG bis Zeppelin, die Flugzeugschleppverfahren, die FIST-Landflugzeugschleuder KI 12, Flugkörper, Flugmotoren aller Art, Bordwaffen und Ausrüstung sowie die Flakartillerie.

Da es sich bei den in den vier Bänden erfaßten fliegerischen Geräten um Entwicklungen ausschließlich der Jahre 1933 bis 1945 handelt, wurden hier Abmessungen, Gewichte und Leistungen in den damals gültigen Werten angegeben, die im Ausland zum Teil heute noch Gültigkeit haben. Da diese Werte in der Bundesrepublik Deutschland jedoch seit dem 31. Dezember 1977 nicht mehr gültig sind, wurde allen vier Bänden eine Umrechnungstafel beigefügt, die insbesondere jüngeren Lesern behilflich sein soll; ebenso ist ein »Appendix for english-speaking readers« Bestandteil aller Bände.
Ein Werk dieses Umfangs, zusammengefügt aus so vielen Einzelfachgebieten, wäre ohne die Hilfe anderer nicht zu bewerkstelligen gewesen. Platzgründe verbieten die Aufzählung aller, denen der Autor sich zu Dank verpflichtet weiß.
Stellvertretend für die vielen seien hier genannt:
Messerschmitt-Bölkow-Blohm, Werk Bremen
Dornier-Werke, München
DFVLR, Porz-Wahn
Gebhard Aders, Overath 2
H. P. Dabrowski, Hannover
Manfred Griehl, Mainz
Fritz Hahn, Oberkochen
Peter Petrick, Berlin
Helmut Roosenboom, Bremen
Hanfried Schliephake, Königsbrunn
Fritz Trenkle, Fürstenfeldbruck
Dieses Werk möchte der Autor gern auch in die Hände junger Leser gelegt wissen:
Die technischen und unternehmerischen Leistungen der Väter sind auch Teil der deutschen Geschichte und, wie ich meine, sie sind nicht ihr schlechtester Teil!

Harreshausen, im Frühjahr 1988 — Heinz J. Nowarra

Einzelnachweis für Flugzeuge, Triebwerke, Ausrüstung und Geräte

Flugzeugtypen

Flugkörper

Flugmotoren

Kolbentriebwerke

Strahlturbinen

Raketenmotoren

Erklärung von Ausdrücken und Abkürzungen

Ausdrücke aus der Nachtjagd

Himmelbett	Nachtjagdverfahren, bei dem eine geschlossene Wolkendecke von unten durch Scheinwerfer angestrahlt wurde. Die feindlichen Flugzeuge erschienen den hoch fliegenden Nachtjägern wie Schattenrisse auf einer Mattglasscheibe.
Schräge Musik	Starr in den Rumpfrücken eingebaute Waffen, die in einem Winkel von etwa 70° schräg nach oben schossen. Sie ermöglichten ein Bekämpfen der feindlichen Flugzeuge durch Unterfliegen.
Wilde Sau	Freie Nachtjagd auf im Scheinwerferlicht erfaßte Feindmaschinen.

Abkürzungen im Textteil

A-Stand	Waffenstand im Bug
B-Stand	Waffenstand auf der Rumpfoberseite
B1-Stand	Bei zwei Waffenständen auf dem Rumpfrücken der vordere
B2-Stand	Bei zwei Waffenständen auf dem Rumpfrücken der hintere
C-Stand	Waffenstand unter dem Rumpf
C1-Stand	Bei zwei Waffenständen unter dem Rumpf der vordere
C2-Stand	Bei zwei Waffenständen unter dem Rumpf der hintere
DVL	Deutsche Versuchsanstalt für Luftfahrt
EDL	elektrisch betätigte Drehlafette
ETC	Bombenaufhängevorrichtung
FDL	fernbetätigte Drehlafette
FHL	fernbetätigte Drehlafette im Heck
FT	Funkentelegraphie-Einrichtung
FuG	Funkgerät
GM	Sauerstoffhaltiges Zusatzmittel (Stickstoffoxyd) für die kurzzeitige Leistungssteigerung von Flugmotoren
HD	handbetätigter Drehturm
H-Stand	Waffenstand im Heck
HZ-Anlage	Höhenladerzentrale für Höhenflugzeuge, bestehend aus einem zusätzlichen Motor, der ausschließlich Luft für die anderen Triebwerke erzeugt.
LC	Leuchtbomben
Lotfe	Lotfernrohr als Bombenzielgerät
LT	Lufttorpedo
MG	Maschinengewehr
MK	Maschinenkanone
MW	Wasser-Methanol-Einspritzanlage für die kurzzeitige Leistungssteigerung von Flugmotoren
NSFK	Nationalsozialistisches Fliegerkorps
PTL	Propellerturbine
PV	Periskop-Visier
Rb	Reihenbildgerät
REVI	Reflexvisier
RF	Rückblickfernrohr
RLM	Reichsluftfahrtministerium
SC, SD usw.	Sprengbomben
TL	Luftstrahlturbine
T-Stoff, C-Stoff usw.	Raketentreibstoffe. Sie sind im Teil der Flugkörper näher erläutert.
VDM	Vereinigte Deutsche Metallwerke
V-Muster	Versuchsmuster

Umrechnungsfaktoren von Einheiten des SI-Systems

Umrechnung einiger älterer d. h. außer Kraft gesetzter Einheiten in Einheiten des SI-Systems

Techn. Atmosphäre	at ata atü	1 at – 0,980 bar
Kilogramm (Kraft)	kg	1 kg = 9,806 N = 0,0098 kN
Kilokalorie	kcal	1 kcal = 4,187 kJ
Kilopond	kp	1 kp = 9,806 N = 0,0098 kN
Pferdestärken	PS	1 PS = 735,5 W = 0,736 kW

Appendix for English-speaking readers

Translations of the most important German aeronautical terms

Sorts of aircraft

Jagdflugzeug, Jäger	Fighter, interceptor
Aufklärer	(recco-plane), reconnaissance plane
Bombenflugzeug	Bomber
Bombenflugzeug, mittleres	Medium bomber
Bombenflugzeug, leichtes	Light bomber
Bombenflugzeug, schweres	Heavy bomber
Langstreckenflugzeug	long-range airplane
Höhenflugzeug	high-altitude airplane
Flugboot	flying boat
Seenotflugzeug	air sea rescue airplane
Jagdbomber, Jabo	fighter-bomber
Nachtjäger	nightfighter
Schwimmer-, Wasserflugzeug	sea plane
Versuchsflugzeug	experimental aircraft
Düsen- oder Turbinenflugzeug	jet aircraft
Lastensegler	cargo-glider
Transportflugzeug	transport plane
Verkehrsflugzeug	personel transport plane
Schulflugzeug	basic trainer
Übungsflugzeug	trainer
Verbindungsflugzeug	liaison airplane
Sturzbomber, Stuka	dive-bomber

Sorts of powerplants

Verbrennungs- oder Kolbenmotor	piston engine
Flugmotor	aero engine
Raketenmotor	rocket engine
Strahlturbine	turbo-jet engine
Propellerturbine	prop-jet, gas-turbine
Sternmotor	radial engine
Reihenmotor	in-line engine
Kompressor	supercharger
Turbolader	turbo-blower
Einspritzung	fuel injection
Schwerölmotor, Diesel	Heavy-oil-engine, Diesel

Parts of aircraft

Flugzeugzelle, Zelle	airframe
Rumpf	fuselage
Tragfläche, Fläche, Flügel	wing
Leitwerk	tail unit
Brennstoffbehälter	fuel tank
Kühler	radiator
Höhenflosse	horizontal fin
Höhenruder	elevator
Seitenflosse	vertical fin
Seitenruder	rudder
Fahrwerk	undercarriage
Fahrwerk, einziehbares	undercarriage, retractable
Fahrwerk, festes or starres	undercarriage, fixed
Luftschraube	airscrew, propeller
Propellerhaube	spinner

Data of aircraft

Länge	length
Spannweite	span
Höhe	height
Flächeninhalt, Flügelfläche	wing area
Leergewicht	empty weight
Nutzlast, Zuladung	payload
Fluggewicht	gross weight
Höchstgeschwindigkeit (V/max)	maximal speed
Reisegeschwindigkeit (V/R)	cruising speed
Landegeschwindigkeit (V/L)	landing speed
Gipfelhöhe	service ceiling
Reichweite	range
Steiggeschwindigkeit	rate of climb
Bombenlast	bombload
Ausrüstung	equipment
Bewaffnung	armament
FuG, Funkgerät	W/T set, radio device
A-Stand	front gun position
B-Stand	dorsal gun position
C-Stand	ventral gun position
Bola — Bodenlafette	ventral gun mounting
Lenkbombe, Lenkgeschoß	guidet missile
Revi — Reflexvisier	reflecting gunsight
Lotfe — Lotfernrohr, Bombenvisier	bombsight
ETC — äußeres Bombengehänge	external bomb rack
Lastenraum (bei Kampfflugzeugen)	bomb-bay
R-Gerät, Startrakete	RATO, generally ATO
Minensuchgerät	mine-detector
Ballonseil-Abschneidegerät	balloon-cable-cutter
Kuto-Nase	balloon-cable-cutter in leadingedge of wing
MW und GM-Geräte	fuel injection-device for engine
DL — Drehlafette	rotating gun-mount
FDL — Ferngesteuerte Drehlafette	electrically operated rotating gunmount

Aquivalents of German Measures

Zentimeter	Inches	Meter	feet
1	0,394	1	3,281
2	0,787	2	6,562
3	1,181	3	9,843
4	1,575	4	13,123
5	1,969	5	16,404
6	2,362	6	19,685
7	2,756	7	22,966
8	3,150	8	26,247
9	3,543	9	29,528
10	3,937	10	32,808
20	7,874	20	65,617
30	11,811	30	98,425
40	15,748	40	131,233
50	19,685	50	164,042
60	23,622	60	196,850
70	27,559	70	229,658
80	31,496	80	262,467
90	35,433	90	295, 275

Quadratmeter (m^2)	Square feet	Kilogramm (kg)	Pounds
1	10,76	1	2,205
2	21,53	2	4,410
3	32,29	3	6,615
4	43,06	4	8,820
5	53,82	5	11,025
6	64,58	6	13,230
7	75,35	7	15,435
8	86,11	8	17,640
9	96,88	9	19,845
10	107,64	10	22,050
20	215,28	20	44,100
30	322,92	30	66,150
40	430,56	40	88,200
50	538,20	50	110,250
60	645,84	60	132,300
70	753,48	70	154,350
80	861,11	80	176,400
90	968,75	90	198,450

Kilometer (km)	Miles statute	Miles nautical
1	0,621	0,539
2	1,243	1,079
3	1,864	1,619
4	2,486	2,158
5	3,107	2,698
6	3,728	3,238
7	4,350	3,777
8	4,971	4,317
9	5,592	4,856
10	6,214	5,396
20	12,427	10,792
30	18,641	16,188
40	24,855	21,584
50	31,069	26,980
60	37,282	32,376
70	43,496	37,772
80	49,710	43,168
90	55,924	48,564

Liter (l)	US Gallons	Imp. Gallons
1	0,264	0,220
2	0,528	0,440
3	0,793	0,660
4	1,057	0,880
5	1,321	1,100
6	1,585	1,320
7	1,849	1,541
8	2,113	1,761
9	2,378	1,981
10	2,642	2,201
20	5,284	4,402
30	7,926	6,603
40	10,567	8,804
50	13,209	11,005
60	15,851	13,206
70	18,493	15,407
80	21,135	17,608
90	23,777	19,809

Übersetzungstafel/Translation table

Deutsch	English	Français	Español
Flügelspitze	wing tip	bout d'aile, extrémité d'aile	extremo del ala
Ölbehälter, Öltank, Schmierstoffbehälter	oil tank	réservoir d'huile	depósito de aceite
Brandschott	fire-proof bulkhead	cloison-pare-feu, paroi de protection contre l'incendie	tabique parafuego
Motor	engine, motor	moteur	motor
Triebwerksgerüst, Motorträger, Motorbock	engine mounting	bâti-moteur	bancada del motor
Auspuffstutzen Auspuffrohr	exhaust pipe	pipe-d'échappement	tubo de escape
Kühlstoffbehälter Glycolbehälter	glycol tank	réservoir de glycol	depósito de glicol
Propellerhaube	spinner	casserole	caperuza (de la hélice)
Flügelmittelstück	wing center-section	section centrale d'aile	sección central del ala
Flügelanschlüsse	wing junctions	attaches de l'aile	unión del ala
Nasenleiste, Stirnleiste, vordere Randleiste	leading edge	bord d'attaque, aretier	borde de ataque
Holm	spar	longeron	larguero
a) Hauptholm	main spar	longeron principal	larguero principal
b) Hinterholm	rear (back) spar	longeron arrière	larguero posterior
c) Kastenholm	box spar	longeron caisson	larguero en cajón
d) Röhrenholm	tubular spar	longeron tubulaire	larguero tubular
Rippe	rib	nervure	nervadura
a) Hauptrippe	main rib	nervure principale	nervadura principal
b) Hilfsrippe	false rib, form rib stiffening rib	fausse nervure nervure auxiliaire	nervadura auxiliar
Torsionsnase, drehsteife Flügelnase	leading edge stiff against torsion	bord d'attaque résistant à la torsion	borde de ataque resistente a la torsión
Ölfederstrebe	oleo-leg	jambe oléo-ressort	montante amortiguador de aceite
Einziehfahrgestell, Verschwindfahrwerk	retractable undercarriage	train d'atterrissage escamotable (relevable)	tren de aterrizaje replegable
Fahrgestelleinziehschacht	undercart housing	alvéole du train rentrant	compartimiento de repliegue del tren
Verriegelung	locking device	verrouillage	enclavamiento
Landescheinwerfer	landing light	phare d'atterrissage	faro de aterrizaje
Positionslichter	wing lights, position lights	feux de position	luces de posición
Landeklappe	landing flap	volet d'atterrissage	alerón de aterrizaje
Landeklappenbetätigung	flap control	commande des ailerons	mando de los alerones
Steuerknüppel(-rad)	control-stick, control-column, joy-stick (steering wheel, control wheel)	manche à balai, levier de commande (volant de commande) manche de commande	palanca de mando (volante de mando)
Rumpfspant	former, frame	cloison, couple	armazón
Längsprofile	longitudinal stringers	lisses longitudinales	perfil longitudinal
Stoßstange (für Leitwerk)	operating rod, push rod	poussoir de commande, tige de commande	palanca intermedia

Deutsch	English	Français	Español
Rumpfgerüst (Spanten und Längsprofile)	fuselage frame	charpente de fuselage	armazón del fuselaje
Sanitätskasten	first-aid box, medical box	boîte médicale de secours	botiquín
Anschlußpunkte (für Motoren)	points of attachment	points d'attache	puntos de unión
Radgabel, Sporngabel	wheel fork	fourche de roue	horquilla de la rueda
Gewichtsausgleich Ausgleichsgewicht Trimmgewicht	mass balance, counterweight	compensation par contrepoids	compensación por pesos
Funkgerät	wireless apparatus W/T set	appareil radiotélegraphique, appareil de TSF	aparato radiotelegráfico
Höhenflosse	tail plane, stabilizer, horizontal fin	plan stabilisateur, plan fixe horizontal	plano fijo de cola
Seitenflosse	vertical fin	dérive, plan fixe vertical	plano de deriva
Hilfsruder Trimmklappe	trim tab, trim flap	volet de centrage	aleta de centraje
Kraftstofftank	fuel tank	réservoir à carburant	depósito de carburante
Gerätetafel, Instrumentenbrett	instrument board (panel) dash board	tableau de bord, planche de bord, planchette d'instruments	tablero de instrumentos
Öldruckmesser	oil pressure gauge, oil gauge	indicateur de pression d'huile, manomètre d'huile	indicador de la presión de aceite
Kraftstoffdruckmesser	fuel pressure gauge	indicateur de presoin de carburant	indicador de la presión del carburante
Ölthermometer	oil thermometer, oil temperature gauge	thermomètre d'huile	termómetro de aceite
Kraftstoffvorratsmesser	fuel contents gauge	jaugeur de carburant	indicador del carburante
Kühlertemperaturmesser	radiator temperature gauge	thermomètre de radiateur	termómetro del radiador
Seitensteuerfußhebel	rudder bar	palonnier	pedales del timón de dirección
Kompaß	compass	compas	compás, brújula
a) Nahkompaß	direct reading compass	compas à lecture directe	brújula de lectura directa
b) Fernkompaß	remote compass, tele-compass	télé-compas	brújula a distancia
Hydraulische Pumpe	hydraulic pump	pompe hydraulique	bomba hidráulica
Klappenbetätigung	flap control	commande des ailerons	mando de los alerones
Fahrgestellbetätigung	undercarriage control	commande de train l'atterrissage	mando del tren aterrizaje
Trimmung	trim compensation	centrage	centraje
Gashebel	throttle lever	manette de gaz	palanca des gases
Gemischregelung	mixture control	réglage du mélange	control de la mezcla
Bremshebel	brake lever	levier de frein	palanca de freno
Fahrgestellanzeiger	undercarriage position indicator	indicateur de la position du train	indicador de la posición del tren
Navigationsinstrumente	navigation instruments	instruments de navigation	instrumentos de navegación
Sprachrohr	speaking tube	tuyau acoustique	tubo acústico
Kabinendach	cabin roof	toit de la cabine	techo de la cabina
Windschutzscheibe	wind-screen, windshield	pare-brise	parabrisas
Fahrtmesser	airspeed indicator A.S.I.	indicateur de vitesse, anémomètre	indicador de la velocidad, anemómetro
Künstlicher Horizont	artificial horizon	horizon artificiel	horizonte artificial
Steiggeschwindigkeitsmesser	Rate-of-climb indicator, climb indicator, climbing speed indicator	indicateur de vitesse ascensionelle, variomètre	indicador de la velocidad de subida

Deutsch	English	Français	Español
Höhenmesser	altimeter	altimètre	altímetro
a) Grobhöhenmesser		altimètre ordinaire,	altímetro normal
b) Feinhöhenmesser	sensitive altimeter, precision altimeter	altimètre de service courant altimètre sensible, altimètre de précision	altímetro de precisión
Kurskreisel	direction gyro, directional gyro	gyroscope de direction	giroscopio de la dirección, girodirección
Wendezeiger	turn indicator	indicateur de virage	indicador de viraje
Drehzahlmesser	revolution counter,	compte-tours, tachymètre	cuentarrevoluciones
Ferndrehzahlmesser	revolution indicator, tachometer, R.p.m. indicator distance revolution counter	tachymètre à distance	cuentarrevoluciones de mando a distancia
Ladedruckmesser	boost gauge, boost pressure gauge	manomètre de suralimention	manómetro de sobrealimentaciñón
Propellernabe	airscrew boss	moyeu d'hélice	ojiva de la hélice
Rollenlager	roller bearing	roulement à galet	cojinete de rodillos
Kurbelwelle	crankshaft	vilebrequin	cigüeñal
Triebwerksgerüst	engine mounting	bâti-moteur	bancada del motor
Ölsumpf	sump	cuvette d'huile	colector de aceite
Pleuel	connecting rod	bielle	biela
Hauptlager	main hearing	coussinet principal	cojinete principal
Ansaugrohr	suction pipe, induction pipe	pipe d'admission	tubo de admisión
Ölleitung	oil feeder line	canalisation d'huile	tubería de aceite
Zündkerze	spark plug	bougie d'allumage	bujía de encendido
Ölfilter	oil filter	filtre d'huile	filtro de aceite
Magnet	magneto	magnéto	imán
Kühlmittelleitung	coolant supply	canalisation d'agent de refroidissement	canalización del líquido refrigerante
Brennstoffpumpe	fuel pump	pompe à carburant	bomba del combustible
Vergaser	carburettor, carburetor (Am.)	carburateur	carburador
Kompressorantrieb	supercharger drive	commande du compresseur	accionamiento del compresor
Ladedruckregler	boost pressure control, boost control	régulateur de suralimentation	regulador de sobrealimentación
Druckluftverteiler, Luftkompressor	air compressor	compresseur d'air	compresor de aire
Nockenwelle	camshaft	arbre à came	árbol de levas
Zylinderbolzen	cylinder bolt	boulon de cylindre	pasador del cilindro
Zylinder	cylinder	cylindre	cilindro
Kolbenbolzen	piston pin	axe de piston	eje del émbolo
Kompressionsring	compressing ring	segment d'étanchéité	segmento de compresión
Ventil	valve	soupape	válvula
a) Einlaßventil	intake valve	soupape d'admission	válvula de admisión
b) Auslaßventil	exhaust valve	soupape d'échappement	válvula de escape
Wassermantel	water jacket	chemise d'eau	camisa de agua
Kolben	piston	piston	émbolo, pistón
Zylinderkopf	cylinder head	culasse, tête de cylindre	culata
Luftschraubenantrieb	airsrew drive	entrainement d'hélice	accionamiento de la hélice
Kugellager	ball bearing	roulement à billes	cojinete de bolas

Flugzeugtypen MIAG – Zeppelin

MIAG

MIAG, Braunschweig-Waggum

Der MIAG-Konzern hatte nach 1933 seinem Unternehmen eine Abteilung »Flugzeugbau« angegliedert, zu deren Leiter der alte Pilot und Konstrukteur Richard Dietrich berufen wurde, der als Chef seines eigenen Werks, das später in die Hände von Raab-Katzenstein überging und schließlich als Fieseler-Flugzeugbau neu erstand, sich als Konstrukteur leichter Sport- und Schulflugzeuge einen guten Namen gemacht hatte. Seine Dietrich DP IIa gehörte Anfang der zwanziger Jahre zu den meistgeflogenen Sportflugzeugen in Deutschland. Ergebnis des ersten Konstruktionsauftrages an das Werk war die in sechs Monaten konstruierte und gebaute MD 12 (MIAG-Dietrich). Leistungsmäßig lag die Maschine zwischen Fw 44 und He 72. Durch das Auftauchen der Bü 131 kam es dann aber doch nicht zum Serienauftrag. Trotzdem hat die MD 12 V-1 noch nach sieben Jahren bei einer Fliegerschule gute Dienste getan.
Die MIAG wurde nun Lizenznehmer von Heinkel, Arado, Junkers, Focke-Wulf und Messerschmitt. Während des Krieges wurde Waggum dann Hauptreparaturwerk für die Me 110. Auf dem gleichen Flugplatz Waggum befand sich auch der Einflugbetrieb des zum Ju-88-Fertigungsbereich gehörenden Volkswagenwerkes.

Typ: Einmotoriges Schul- und Übungsflugzeug.
Flügel: Einstieliger gestaffelter Doppeldecker ohne Verspannung. Spannweite oben 9,00 m, unten 6,30 m. N-Stiele. Querruder nur im Oberflügel. Zweiholmiger Flügelaufbau in Holzbauweise mit sperrholzbeplankter Nase, sonst stoffbespannt.
Rumpf: Aufbau als geschweißtes Stahlrohrgerüst mit Stoffbespannung.
Leitwerk: Freitragendes Normalleitwerk in Holzbauweise, ebenfalls stoffbespannt.
Fahrwerk: Starres Normalfahrgestell. Bremsbare Haupträder an Dreibeinen. Schleifsporn.
Triebwerk: Ein BMW-Bramo Sh 14 A luftgekühlter Siebenzylinder-Sternmotor mit 1 × 160 PS Startleistung. NACA-Motorhaube. Starre Zweiblatt-Luftschraube aus Metall mit 2,30 m Durchmesser. Kraftstoffkapazität 125 Liter, Schmierstoff 10 Liter.
Besatzung: 2 Mann hintereinander in offenen Sitzen mit Doppelsteuer.

1. MIAG-Dietrich MD 12

2. Michelstadt (DFS) »Maikäfer«

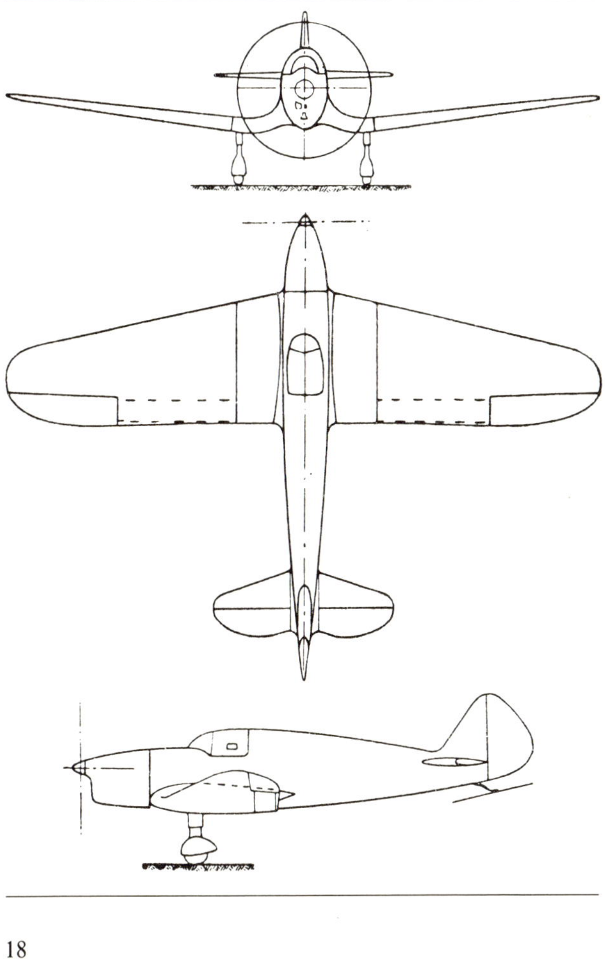

Flugzeugbau Michelstadt

DFS »Maikäfer«

Versuchsbau der DFS in Darmstadt und beim Flugzeugbau Michelstadt im Odenwald gebaut. Versuch eines Ultra-Leichtflugzeugs zur Erprobung von Flügelprofilen. Nur ein Exemplar gebaut.

Möller

Ing. Hans Günter Möller, Flugzeugbau, Hamburg

Ing. Möller konstruierte und baute seit 1930 nach dem Segelflugzeug »Stormann« verschiedene schnittige Sportein- und -zweisitzer. Seine erste Motorflugzeugkonstruktion war der Einsitzer *Möller Stomo 3 V-3* mit einem 18-PS-Motor, die bei einem Leichtflugzeugwettbewerb zu Bruch ging. Zulassung D-YDAL.

Typ: Einmotoriges Sportflugzeug.
Flügel: Freitragender Tiefdecker. Dreiteiliger einholmiger Holzaufbau mit torsionssteifer Sperrholznase, sonst stoffbespannt. Mittelstück fest am Rumpf. Knickflügel. Außenteile anklappbar.
Rumpf: Aufbau als Ganzholzschale mit ovalem Querschnitt.
Leitwerk: Freitragendes Normalleitwerk in Holzbauweise, Ruder stoffbespannt, Flossen sperrholzbeplankt. Höhenflosse im Fluge verstellbar.

1. Möller 3 V 11 »Stürmer« ◁

3. Möller 3V 3 »Temperolus«

4. Möller 3V 11 »Stürmer« ▷

5. Möller »Stromer«

Fahrwerk: Starres Normalfahrgestell. Bremsbare Haupträder an freitragenden Einbeinen, stromlinienförmig verkleidet. Schleifsporn.
Triebwerk: Ein Kroeber M 4 luftgekühlter Zweizylinder-Zweitakt-Boxermotor mit 1 × 18 PS Startleistung. Starre Zweiblatt-Luftschraube aus Holz mit 1,35 m Durchmesser. Kraftstoffkapazität 35 Liter.
Besatzung: 1 Pilot unter klappbarer Plexiglashaube.

Anfang 1939 erschien als Weiterentwicklung der Stomo 3 V-11 mit einem Zündapp-Motor, der dann in *Möller-Stürmer* umbenannt wurde. Strukturell unterschied er sich vom Stomo nur durch zusätzliche Spreizklappen zwischen Querruder und Mittelflügel. Mit diesem Muster konnten im April 1939 folgende von der FAI anerkannte Klassen-Geschwindigkeitsrekorde mit einem 50-PS-Zündapp-Motor erzielt werden: einsitzig über 100 km mit 185,204 km/h, einsitzig über 1000 km mit 187,746 km/h. Pilot war Max Brandenburg. Zulassung D-YNER.

Triebwerk: Ein Zündapp Z 9-092 luftgekühlter hängender Vierzylinder-Reihenmotor mit 1 × 50 PS Startleistung. Starre Zweiblatt-Luftschraube aus Holz mit 1,70 m Durchmesser. Kraftstoffkapazität 35 Liter.

Mit gleichem Aufbau und gleichem Triebwerk, jedoch verbreitertem Rumpf, schuf Möller noch einen Monat vor Kriegsausbruch den Kabinenzweisitzer *Möller Stromer* (D-EFIB) mit nebeneinanderliegenden Sitzen.

Musger

Erwin Musger, Graz

Der durch seine Segelflugzeugkonstruktionen bekannte Grazer Konstrukteur Erwin Musger schuf 1938 mit der *Musger MG III* (OE-DMG) einen Kabinen-Sporteinsitzer.

Typ: Einmotoriges Sportflugzeug.
Flügel: Freitragender Tiefdecker. Zweiteiliger Holzflügel mit einem kurzen Mittelstück fest am Rumpf.
Rumpf: Kastenrumpf mit abgerundetem Rücken. Aufbau als Holzgerüst mit durchgehender Sperrholzbeplankung.
Leitwerk: Normalleitwerk in Holzbauweise. Flossen sperrholzbeplankt, Ruder stoffbespannt.
Fahrwerk: Starres Normalfahrgestell. Nicht bremsbare Haupträder an Dreibeinen. Schleifsporn.
Triebwerk: Ein Mercedes F-7502 luftgekühlter Zweizylinder-Viertakt-Boxermotor mit 1 × 23 PS Startleistung. Starre Zweiblatt-Luftschraube aus Holz mit 2,20 m Durchmesser.
Besatzung: 1 Pilot in geschlossener Kabine.

Nagler-Rolz

Bruno Nagler und Franz Rolz

Der Österreicher Bruno Nagler arbeitete anfänglich als Mitarbeiter von Hafner in England an Tragschraubern. 1935 kehrte er nach Österreich zurück und schloß sich mit Franz

6. Musger MG III

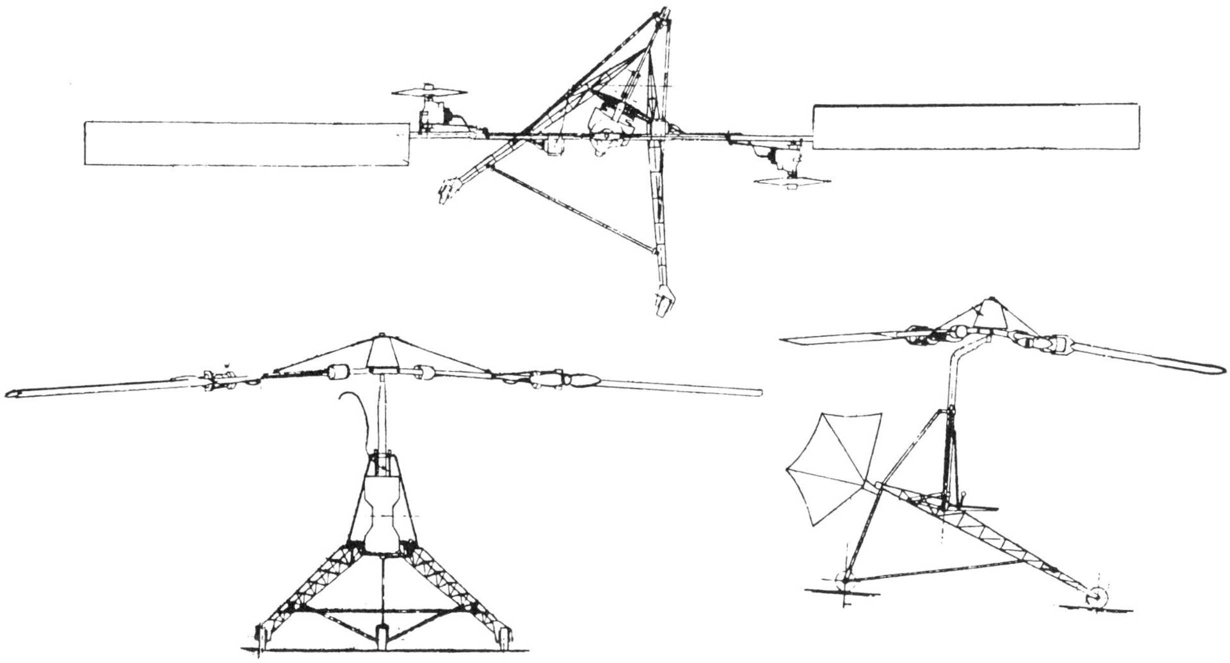

2. Nagler-Rolz NR 54 V 2 △

7. Nagler-Rolz NR 55 ▽

Rolz zusammen, um ultraleichte Hubschrauber zu entwickeln. Diese Arbeiten führten in den ersten Kriegsjahren zum Erfolg. Zwei einsitzige Kleinsthubschrauber, NR 54 und NR 55, führten Freiflüge aus.

Nagler-Rolz NR 54

Das Modell wurde 1941 als zusammenfaltbarer Rucksackhubschrauber gebaut. Er bestand im Prinzip aus einem pyramidenartigen Fahrgestell mit einem darüber rotierenden Drehflügel. Die Erstausführung *NR 54 V-1* besaß einen Einblattrotor mit 3,965 m Radius. An diesem Blatt saß, etwa 3,00 m von der Achse entfernt, ein 24-PS-Motor, der gegenläufige Luftschrauben antrieb. Diese Anordnung erwies sich jedoch als nicht vorteilhaft und das Gerät flog nicht. Bei der *NR 54 V-2* wurde der Einblattrotor durch einen normalen Zweiblattrotor von 7,93 m Durchmesser ersetzt. Auf jedem Rotorblatt war ein 8-PS-Argus-Motor mit einer Luftschraube gesetzt. Diese Anordnung bewährte sich. Die Sinkgeschwindigkeit bei einem senkrechten Abstieg ohne Motor blieb unter 4,8 m/s.

Nagler-Rolz NR 55

Bereits 1940 war das ebenfalls einsitzige Modell NR 55 realisiert worden. Es war gegenüber dem NR 54 in der gesamten Auslegung größer, besaß aber ebenfalls normale Luftschrauben zum Antrieb der Rotorblätter. Die Antriebsquelle bestand aus einem 40-PS-Motor, der entgegengesetzt drehende Luftschrauben an den Rotorblättern, 2,27 m von der Achse entfernt, drehte. Kraftstofftank und Vergaser saßen in der Rotorachse. Der Rotor drehte mit 135 min^{-1} und war mit einer automatischen Blattwinkelverstellvorrichtung versehen, die von 12° bis zur Autorotationsstellung von 4° reichte. Auch mit diesem Modell wurden erfolgreiche Versuchsstarts unternommen.

Pause

Flugzeugbau Rudolf Pause, Pasing vor München

Der Flugzeugbau Pause beschäftigte sich seit 1930 mit der Herstellung von Segelflugzeugen und mit Versuchen für ein Muskelkraftflugzeug. 1938 wurde der Motorflugzeugbau aufgenommen. Anfang des Krieges erschien das zweisitzige Sportflugzeug *Pause »Mücke«* in Prototypform. Gegenüber der geplanten Serie besaß diese Mustermaschine einen Holzrumpf, einen 45-PS-Salmson-Sternmotor und ein in der Form anderes Seitenruder als die geplante Serienausführung. Die untenstehenden Angaben beziehen sich auf die Serienausführung, die durch die Kriegsereignisse nicht mehr fertiggestellt werden konnte. Sie sollte für 5900 RM auf den Markt kommen.

Typ: Einmotoriges Sport- und Reiseflugzeug.
Flügel: Abgestrebter Hochdecker. Zweiteiliger zweiholmiger Holzflügel. Sperrholznase bis zum Vorderholm, sonst stoffbespannt. Durch je einen V-Stiel zum Rumpfuntergurt hin abgefangen.
Rumpf: Geschweißtes Stahlrohrgerüst mit Stoffbespannung.
Leitwerk: Freitragendes Normalleitwerk in Holzbauweise. Flossen sperrholzbeplankt, Ruder stoffbespannt.
Fahrwerk: Starres Normalfahrgestell. Mechanisch bremsbare Haupträder an Dreibeinen, stromlinienförmig verkleidet (Prototyp unverkleidet). Schwenkbares Spornrad.
Triebwerk: Ein Zündapp Z 9-092 luftgekühlter hängender Vierzylinder-Reihenmotor mit 1 × 50 PS Startleistung oder ein Hirth HM 515 luftgekühlter, hängender Vierzylinder-Reihenmotor mit 1 × 65 PS Startleistung. Starre Zweiblatt-Holzluftschraube. Kraftstofftank hinter den Sitzen.
Besatzung: 2 Mann nebeneinander in geschlossener Kabine. Doppelsteuer. Türen an beiden Seiten.

3. Rheinland »Schwalbe« FR 2

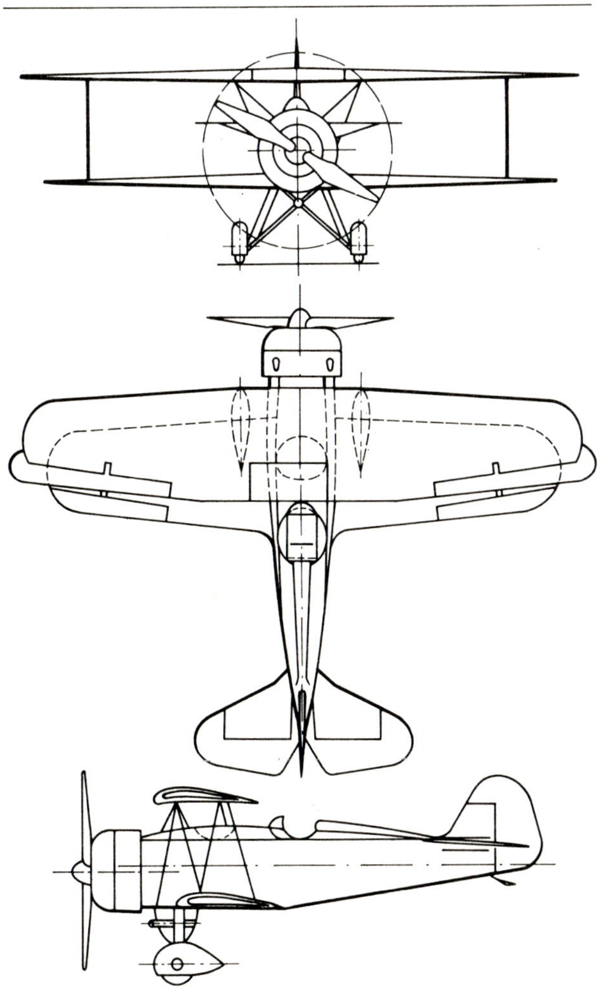

Flugzeugwerft der Fliegerschule Rheinland

Rheinland »Schwalbe« FR 2

In der Flugzeugwerft der Fliegerschule »Rheinland« entstand 1937 durch Umbau einer Fieseler F 1 »Tigerschwalbe« dieses Sport- und Schulflugzeug, dessen Stammvater die Raab-Katzenstein RK 26 von 1926/27 war.

Abmessungen	Spannweite	8,50 m
	Länge	6,25 m
	Höhe	2,70 m
Gewichte	Leergewicht	525 kg
	Fluggewicht	845 kg
Leistung	Höchstgeschwindigkeit	205 km/h
	Reisegeschwindigkeit	175 km/h
	Landegeschwindigkeit	67 km/h
Triebwerk	Siemens Sh 14a	145 PS

S.F.I.

Sächsische Flugzeugindustrie GmbH., Dresden

Die Anfang 1934 gegründete Sächsische Flugzeug-Industrie GmbH brachte noch im gleichen Jahr den Prototyp eines Kombinationsflugzeuges mit der Bezeichnung *S. F. I. Ga 1* heraus. Die Grundkonstruktion war ein offener freitragender Hochdecker mit einer Spannweite von 9,70 m und einer Flügelfläche von 15,85 qm. Diese Version war als Kunstflugflugzeug gedacht. Sie konnte aber durch Auswechseln der Flügelenden und durch Kabinen-Anbauscheiben innerhalb kürzester Zeit in ein Reiseflugzeug mit 12,95 m Spannweite und 19,80 qm Flügelfläche umgewandelt werden. Die untenstehende Beschreibung und die in der Tabelle aufgeführten Daten beziehen sich auf die kunstflugtaugliche Grundversion.

Typ: Einmotoriges Sportflugzeug.
Flügel: Freitragender Hochdecker. Dreiteiliger Flügelaufbau. Mittelstück in Stahlrohrbauweise, über ein Baldachingerüst fest mit dem Rumpfgerüst verschweißt. Außenteile in zweiholmiger Holzbauweise, teilweise mit Stoff bespannt. Mögliche Zusatzflügel ebenfalls aus Stahlrohr. Querruder aus Stahlrohr. Spaltlandeklappe.
Rumpf: Geschweißtes Stahlrohrgerüst, mit Stoff bespannt.
Leitwerk: Abgestrebtes Normalleitwerk in Stahlrohrbauweise, mit Stoff bespannt.
Fahrwerk: Starres Normalfahrgestell. Stromlinienförmig verkleidete Haupträder. Sporn aus Stahldraht.
Triebwerk: Ein Hirth HM 60 R luftgekühlter hängender Vierzylinder-Reihenmotor mit 1 × 80 PS Leistung. Starre Zweiblatt-Luftschraube.
Besatzung: 2 Mann in offenen Sitzen hintereinander mit Doppelsteuer. Sitze können durch Zusatzteile zu einer Kabine geschlossen werden.

Sänger

Projekt Strato-Gleiter

Im Jahre 1933 veröffentlichte Dr. Eugen Sänger ein Buch über die Raketenflug-Technik, was zu seiner Berufung als Leiter eines deutschen Raketenflugversuchs-Instituts führte. 1938 hatte er die Einzelheiten eines Überschall-Gleiters erarbeitet und ein Modell dieses Gleiters im Maßstab 1:20

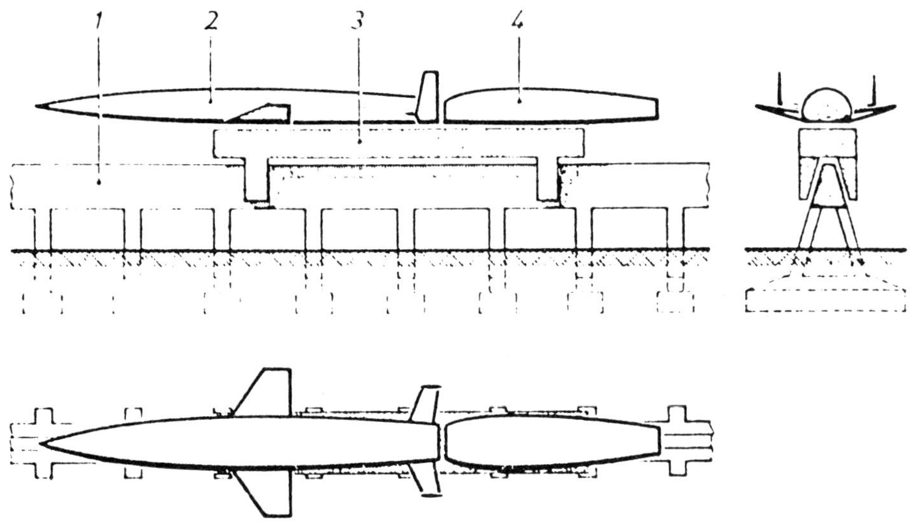

4. Projekt Dr. Sänger

gefertigt. Der Kriegsausbruch stellte Sänger vor die Entscheidung, entweder sein Projekt fallen zu lassen oder es für militärische Zwecke nutzbar zu machen. Das Resultat seiner Arbeit war nun der revolutionäre Entwurf eines einsitzigen Bombers mit folgenden Abmessungen: Spannweite 3,60 m, Länge 28 m, Höhe 2,10 m. Die Maschine war für Flüge in der Stratosphäre vorgesehen, wobei der Pilot in der Druckkabine untergebracht war. Obwohl die Maschine ein Einziehfahrwerk haben sollte, war für den Start eine Startschiene von 3 km Länge vorgesehen, von der das Gerät mit einem mit Raketenantrieb versehenen Startschlitten starten sollte. Dieses Triebwerk sollte einen Startschub von 600000 kp erzeugen. Der Auftrieb wurde nicht nur von dem kleinen Tragflügel, sondern auch von dem vollkommen flachen Rumpfboden erzeugt. Das Gerät selbst hatte einen Raketenmotor mit einem Schub von 100 000 kp. Für den Start waren noch zwei Feststoff-Startraketen vorgesehen. Sänger errechnete, daß das Gerät mit 30° bis auf 1200 m steigen und eine Geschwindigkeit von 1850 km/h erreichen würde. Dann sollte der Raketenmotor für 8 Minuten gezündet werden, der den Bomber bis auf eine Höhe von 145 000 m bringen sollte. Zu diesem Zeitpunkt sollte eine Geschwindigkeit von 22100 km/h erreicht worden sein. Dann sollte die Maschine bis auf 40000 m herabgleiten und dann wie ein flach auf Wasser geworfener Stein wieder Höhe gewinnen. Dieses Manöver sollte so oft wiederholt werden, bis die Schubkraft erschöpft war. Dann sollte die Maschine wie ein normales Flugzeug landen. Sänger errechnete, daß mit diesem Gerät und dieser Flugmethode eine Reichweite von 23500 km zu erreichen sei. Juni 1939 war Sänger soweit, daß mit den ersten Belastungsversuchen begonnen werden konnte, aber man war noch nicht in der Lage, die sich aus dem Überschallflug entstehenden Probleme zu meistern. Sänger arbeitete dabei noch an dem vorgesehenen Raketenmotor, der bis 1941 bereits Leistungen zeigte, die die der Peenemünder A-4 übertrafen. Aber 1942 wurde sein Projekt fallengelassen und Sänger mit seiner Assistentin und späteren Frau Dr. Irene Bredt zur DFS versetzt. Trotzdem an dem Projekt nicht mehr gearbeitet werden durfte, vollendete Dr. Sänger 1944 eine Denkschrift, in dem er vorschlug, New York mit einer einzigen frei fallenden Bombe anzugreifen, die im Rumpf zwischen den Treibstoffbehältern untergebracht werden sollte.

Schmeidler

Versuchsflugzeugbau Technische Hochschule Breslau, Prof. Dr.-Ing. Werner Schmeidler

Der Versuchsflugzeugbau der T. H. Breslau entwickelte und baute unter der Leitung von Prof. Schmeidler ein einsitziges Versuchsflugzeug *Schmeidler SN-2* mit veränderlichem Flügel, um eine Verkürzung der Landestrecken und eine Anpassung an die verschiedenen Flugzustände zu erreichen. Durch teleskopartig ausfahrbare Flächenteile aus der Flügelhinterkante konnte die Flügeltiefe an der Wurzel von 1,60 m auf 2,32 m, in der Flügelmitte von 1,16 m auf 1,54 m vergrößert werden, während die Endtiefe mit 0,75 m konstant blieb. Die Flächenvergrößerung belief sich von 11,64 qm auf 15,38 qm. Zulassung der Versuchsmaschine D-YRON.

Typ: Einmotoriges Versuchsflugzeug.
Flügel: Freitragender Schulterdecker. Aufbau als Holzgerippe mit Sperrholzbeplankung und Stoffbespannung. Flügelhinterkante zur Flächenvergrößerung teleskopartig ausschiebbar.
Rumpf: Aufbau als Holzgerüst mit rechteckigem Querschnitt, durchgehend mit Sperrholz beplankt.
Leitwerk: Verspanntes Normalleitwerk. Aufbau aus Holz. Flossen sperrholzbeplankt, Ruder stoffbespannt.
Fahrwerk: Starres Normalfahrgestell. Nicht bremsbare Haupträder jeweils an einer Strebe mit Gummifederung zum Flügelholm. V-Streben zum Rumpfuntergurt. Schleifsporn.
Triebwerk: Ein BMW X luftgekühlter Fünfzylinder-Sternmotor mit 1 × 45 PS Startleistung. Starre Zweiblatt-Luftschraube aus Metall mit 1,90 m Durchmesser. Kraftstoffkapazität 44 Liter, Schmierstoff 10 Liter.
Besatzung: 1 Pilot.

5. Schneider ESM 5

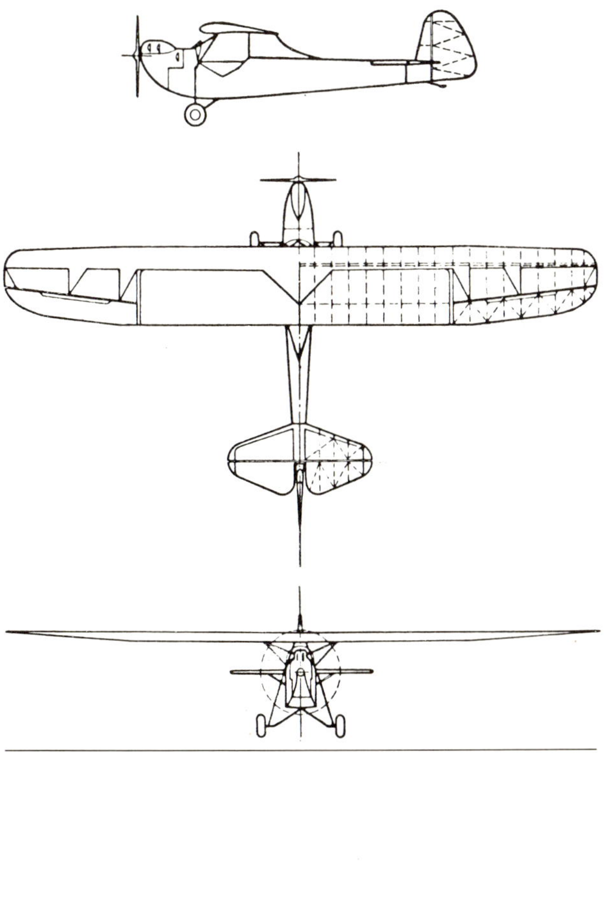

Schneider

Edmund Schneider entwickelte 1936/37 den Hochdecker ESM 5, der beim Motorgleiter-Wettbewerb 1937 in Rangsdorf den 1. Preis errang. ESM 5 war ein freitragender Hochdecker in Gemischtbauweise mit 22-PS-ILO-Motor. Spannweite 10,50 m, Länge 6,00 m, Höhe 1,70 m, Flächeninhalt 12,48 qm. Leergewicht 180 kg. Fluggewicht 285 kg. Einsitzig geflogen erreichte die Maschine eine Höchstgeschwindigkeit von 100 km/h und eine Landegeschwindigkeit von 60 km/h.

Scholz

Richard Scholz, »Alter Adler«, nach 1933 im Ingenieurkorps der Luftwaffe, entwickelte einen kleinen Einsitzer, der absolut überschlagsicher sein sollte, weil bei den damaligen Heckradfahrwerken sich häufig Überschläge bei der Landung ereigneten. Die Maschine war ursprünglich mit einem 2-Zylinder-Haacke-Motor ausgerüstet, der aber nach 1933 durch einen stärkeren Salmson-Motor ersetzt wurde. Die Maschine war tatsächlich überschlagsicher, konnte sich aber nicht durchsetzen.

8. Richard Scholz, Berlin

Siebel

Siebel Flugzeugwerke KG., Halle (Saale)

Generaldirektor: Fritz W. Siebel.
Direktorium: Franz Walter und Dr. Walther Seitz.
Chefkonstrukteur: Dipl.-Ing. Friedrich Fecher.
Werke: Halle (Saale); unter Kontrolle S.N.C.A.C. in Fourchambault und Bourges.

1933 erhielt Hanns Klemm vom RLM den Auftrag, sein Werk nach Mitteldeutschland zu verlegen. Er einigte sich mit den offiziellen Stellen über die Errichtung eines Zweigwerkes in Mitteldeutschland. So begann 1934 auf dem Gelände der ehemaligen Fliegerersatzabteilung 14 in Halle an der Saale der Aufbau der Klemm Flugzeugwerke Halle/Saale GmbH. An dieses Zweigwerk trat Klemm etwa 100 Facharbeiter, Konstrukteure und Betriebsingenieure aus seinem Stammwerk ab. Als Direktor setzte er Franz Walter ein, der seit 1932 Verkaufschef in Böblingen gewesen war. Zum Leiter der Konstruktionsabteilung wurde der Chefkonstrukteur des Böblinger Betriebes, Dipl.-Ing. Fecher, ernannt. Als technische Mitgift übergab Klemm dem neuen Werk noch die gerade fertiggestellte Konstruktion des zweimotorigen Reisefünfsitzers Kl 104, der dann später als erstes eigenes Muster unter der Bezeichnung Fh 104 gebaut wurde, nachdem sich das Werk vollkommen von Klemm gelöst hatte und in Flugzeugbau Halle umgetauft worden war. Bereits damals erwarb Klemms Vertreter in Berlin, Fritz W. Siebel, ein Gesellschafter der Leichtflugzeugbau Klemm GmbH, Anteile an dem Flugzeugwerk in Halle. Später übernahm er das Flugzeugwerk Halle GmbH als Kommanditist und nannte es Siebel Flugzeugwerke KG. Das Werk schuf eine Reihe von erfolgreichen Sport- und Reiseflugzeugen. Dabei diente es aber hauptsächlich der Lizenzfertigung. Im April 1935 verließ der erste Focke-Wulf Fw 44 »Stieglitz« die Hallenser Werkanlagen. Später kam der Lizenzbau von Heinkel He 46

9. Siebel Fh 104 »Hallore«

und Dornier Do 17 dazu. Während des Krieges, als noch die bekannte Siebel-Fähre, ein Landungsboot, gefertigt wurde, mußte die französische S. N. C. A. C. das Siebel-Baumuster Si 204 in ihr Bauprogramm aufnehmen, damit die Siebel-Werke für den Lizenzbau der Fw 44, den Flächenbau der Ju 88 und für Entwicklungsbauten anderer Institute, so der DFS 346, freiblieben.

Siebel Fh 104 »Hallore«

Dieses fünfsitzige Reiseflugzeug mit zwei Triebwerken war ursprünglich bei Klemm in Böblingen als Klemm Kl 104 entworfen worden. Als der Chefkonstrukteur von Klemm und Schöpfer der Kl 104, Dipl.-Ing. Fecher, Anfang 1936 von Böblingen nach Halle übersiedelte, ging die Konstruktion zur Bauausführung mit. Da Klemms Zweigwerk in Halle inzwischen zu einem selbständigen Unternehmen mit dem Namen Flugzeugbau Halle GmbH geworden war, wurde die Konstruktion in Fh 104 umgetauft. Der Erstflug fand 1936 statt, die Fertigung begann 1937. In der Folgezeit wurde das in zahlreichen Exemplaren geflogene Muster zu einem der beliebtesten zweimotorigen Reiseflugzeuge und konnte zahlreiche außergewöhnliche Leistungen vollbringen; Juli 1938 Sieger beim III. Internationalen Raduno del Littorio in Italien; September 1938 eintägiger Europa-Rundflug über 12 Länder mit 6200 km in 21 Flugstunden; Juli 1938 und Juli 1939 schnellstes Flugzeug beim I. und II. Internationalen Luftrennen in Frankfurt am Main; März 1939 Afrikaflug über 40000 km.

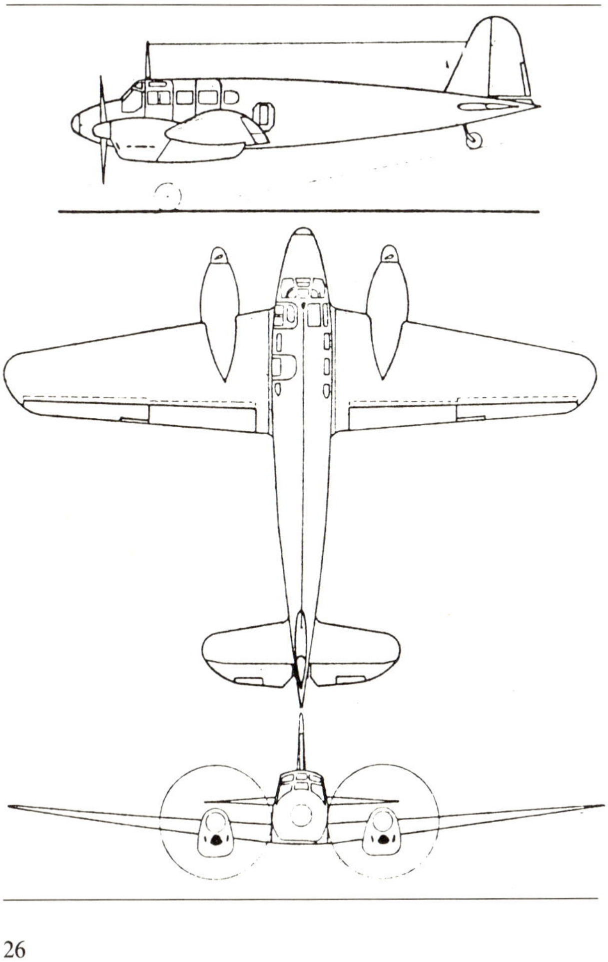

6. Siebel Fh 104 »Hallore«

Auf einem Flugzeug dieses Typs stürzte der Direktor der DLH, Carl-August Freiherr von Gablenz, am 21. 8. 1942 tödlich ab. Er war einer der besten Männer des deutschen Luftverkehrs.

Typ: Zweimotoriges Reiseflugzeug.
Flügel: Freitragender Tiefdecker. Zweiteiliger zweiholmiger Holzflügel mit durchgehender Sperrholzbeplankung. Landeklappen zwischen Querruder und Rumpf.
Rumpf: Aufbau als Ganzmetallschalenkonstruktion mit ovalem Querschnitt.
Leitwerk: Freitragendes Normalleitwerk, Aufbau aus Ganzmetall. Trimmklappen in allen Rudern.
Fahrwerk: Einziehbares Normalfahrgestell. Haupträder an Gabel-Federbeinen hydraulisch nach hinten in die Motorengondeln einfahrbar. Hydraulische Radbremsen. Starres Spornrad.
Triebwerk: Zwei Hirth HM 508 D luftgekühlte Achtzylinder-Λ-Motoren mit 2 × 280 PS Startleistung. Zweiblatt-Verstelluftschrauben aus Holz mit 2,35 m Durchmesser. Kraftstoffkapazität 320 Liter, Schmierstoff 25 Liter.
Besatzung: 1 Pilot und 4 Passagiere in geschlossener Kabine, von links durch zwei Türen zugänglich.

Siebel Si 201

1937 wurden Versuche mit einem Langsamflugzeug für Verbindungs- und Nahaufklärungszwecke durchgeführt, das eigentlich als Konkurrenzentwicklung zur Fi 156 und Me 163 V-1 entstanden war. Die Si 201 schlug in ihrer Konzeption vollständig aus dem Rahmen des Herkömmlichen. Der Rumpf bestand im Vorderteil aus einem stark verglasten viereckigen Kasten für die Aufnahme der Besatzung, im Hinterteil aus einem röhrenförmigen Leitwerksträger, der das abgestrebte Normalleitwerk trug. Das Triebwerk, ein 240 PS Argus As 10 C, saß in Druckanordnung in einer Gondel am Ende der Kabine auf dem Flügel. Als Fahrwerk fungierte ein starres Normalfahrgestell mit bremsbaren Haupträdern an Dreibeinen und einem Schleifsporn. Das Tragwerk bestand aus zwei relativ großen Halbflügeln mit rechteckigem Umriß und leichter Pfeilform. Es wurde zu der Rumpfgondel hin an jeder Seite durch einen V-Stiel abgefangen. Die Hinterkanten beider Flügelhälften trugen je eine durchgehende große Fowlerklappe, die untereinander differierend wirkten. An den Außenteilen der Flügel befanden sich weiterhin Schlitze zur Beeinflussung der Grenzschicht. Die Entwicklung wurde, nachdem Udet die Maschine geflogen hatte, zugunsten der Fi 156 aufgegeben.

Siebel Si 202 »Hummel«

Fecher mit seiner Erfahrung im Sportflugzeugbau und der Sportflieger Fritz Siebel machten es sich 1938 zur Aufgabe, ein zweisitziges Kleinsportflugzeug auf den Markt zu bringen, das robust, anspruchslos und leicht zu fliegen war, um den Flugsport in Deutschland weitesten Kreisen zu ermöglichen. Trotz seiner Schwachmotorigkeit sollte das Sportflugzeug sämtliche Annehmlichkeiten damaliger fortschrittlicher Konstruktionen aufweisen. Dazu gehörte eine geschlossene

10. Siebel Si 201

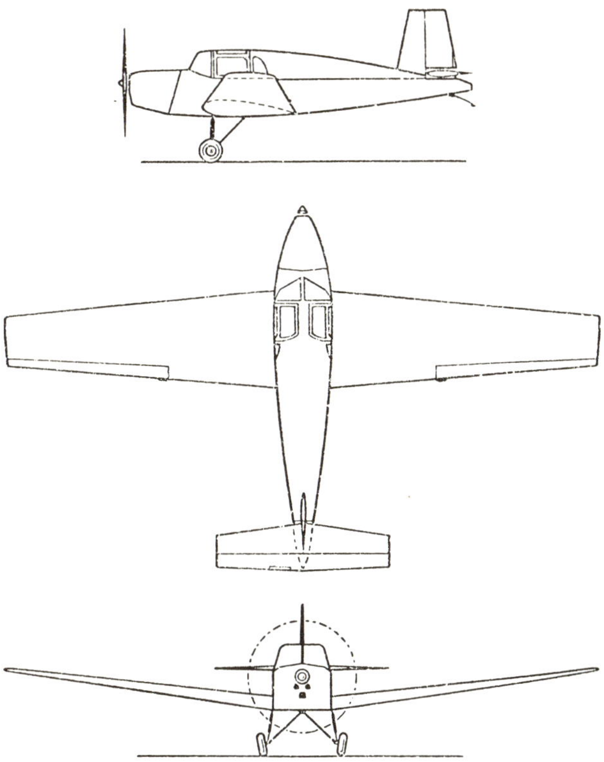

7. Siebel Si 202 »Hummel«

Kabine und zwei nebeneinanderliegende Plätze, so daß das Muster auch als Schulflugzeug eingesetzt werden konnte. Diese neue Konstruktion erhielt die Bezeichnung Si 202 »Hummel« und wurde zu einem großen Erfolg. Bis zum Kriegsausbruch erschienen drei Versionen.

Siebel Si 202 A
Grundmuster mit eckigen Flächenumrissen, um den einfachsten und robustesten Aufbau zu erhalten, der die Unterhaltungskosten herabsetzte und die Reparaturmöglichkeiten vereinfachte. Diese Version entsprach bis auf das Triebwerk der nachstehend beschriebenen Si 202 B. Für den Antrieb der Si 202 A sorgte ein unverkleideter Salmson 7 Ad luftgekühlter Siebenzylinder-Sternmotor mit 1 × 45 PS Startleistung.

Siebel Si 202 B
Version der Si 202 A mit einem 50-PS-Zündapp-Reihenmotor. Ein Muster dieser Ausführung erflog im Januar 1939 einsitzig den von der FAI anerkannten Höhenrekord mit 7043 m. Weitere überragende Leistungen wurden mit Mustern dieser Baureihe vollbracht, darunter der 2. Platz beim Ostlandflug im Mai 1939, der 1. und 3. Platz beim Sternflug nach Rom im Juni 1939, der 2. Platz beim Sternflug in Locarno im gleichen Monat sowie im August 1939 beim Zuverlässigkeitsflug der deutschen Sportfliegerinnen der 2. und der 4. bis 13. Platz.

Typ: Einmotoriges Sport- und Schulflugzeug.
Flügel: Freitragender Tiefdecker. Zweiteiliger zweiholmiger Holz-

11. Siebel Si 202 B

flügel mit sperrholzverkleideter Nase, sonst stoffbespannt. Flügelumriß trapezförmig mit eckigen Enden. 6,5° V-Form.
Rumpf: Kastenrumpf mit rundem Rumpfrücken, ganz aus Holz aufgebaut und durchgehend mit Sperrholz beplankt.
Leitwerk: Freitragendes Normalleitwerk in Holzbauweise, teils sperrholzbeplankt, teils stoffbespannt. Durchgehendes Höhenruder mit Trimmklappe.
Fahrwerk: Starres Normalfahrgestell. Bremsbare Haupträder an robusten Dreibeinen. Gefederter Schleifsporn.
Triebwerk: Ein Zündapp Z 9-092 luftgekühlter hängender Vierzylinder Reihenmotor mit 1 × 50 PS Startleistung. Starre Zweiblattluftschraube aus Holz mit 1,90 m Durchmesser. Kraftstoffkapazität 45 Liter, Schmierstoff 5 Liter.

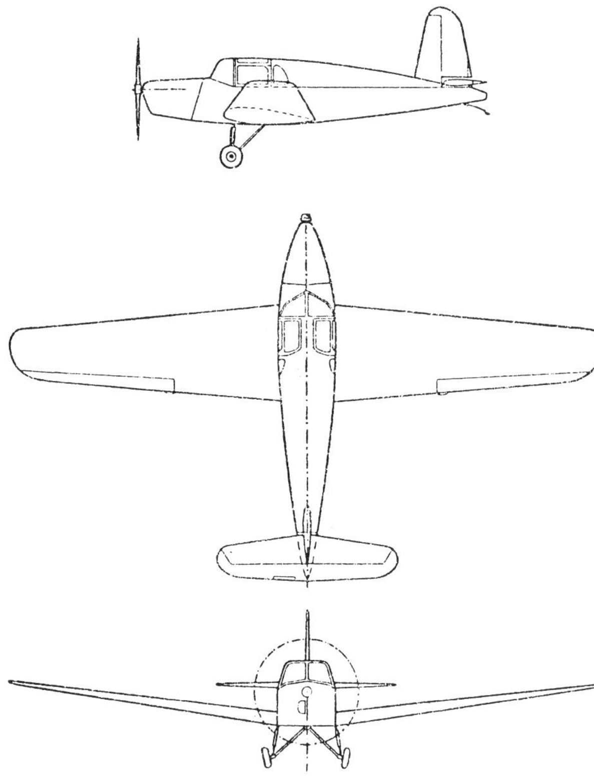

8. Siebel Si 202 C

Siebel Si 202 C

Verbesserte Version mit abgerundeten Flügel- und Leitwerksrandbogen. Ebenfalls erhielten die Leitwerksruder ein Ausgleichshorn. Die Kraftstoffkapazität wurde durch den Einbau eines zweiten Tanks erhöht, der Zündapp-Motor durch einen leistungsfähigeren Hirth HM 515 ersetzt. Sonst entsprach diese Version vollkommen der Si 202 B.

Triebwerk: Ein Hirth HM 515 luftgekühlter hängender Vierzylinder-Reihenmotor mit 1 × 60 PS Startleistung. Starre Zweiblattluftschraube aus Holz mit 1,80 m Durchmesser. Kraftstoffkapazität 80 Liter, Schmierstoff 5 Liter.

Siebel Si 204

Als folgerichtige Entwicklung aus der Fh 104 erschien 1941 die zweimotorige Si 204 als schweres Reiseflugzeug oder Kleinverkehrsflugzeug. Das Muster war aber gleichzeitig so

12. Siebel Si 204 A

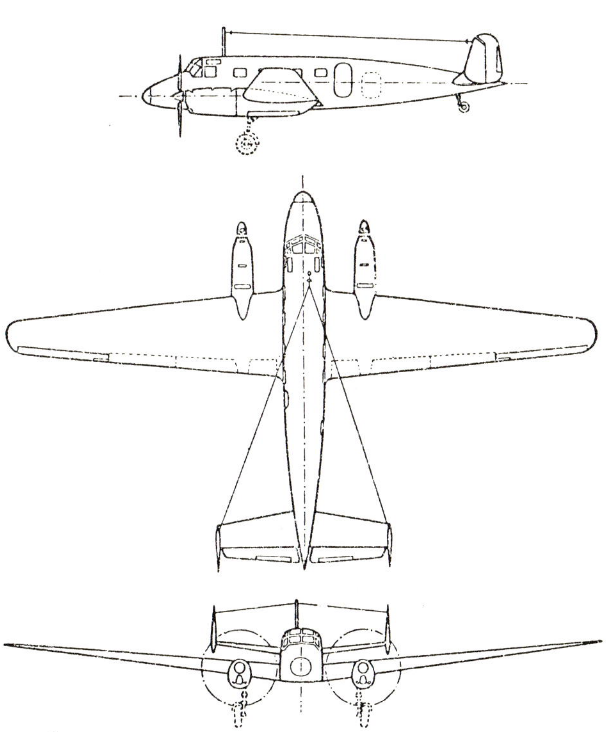

9. Siebel Si 204 A

ausgelegt worden, daß es für eine Anzahl weiterer Funktionen eingesetzt werden konnte. Dazu gehörten in der damaligen Kriegszeit an erster Stelle die Verwendung als Verbindungsflugzeug für höhere Stäbe und der Einsatz als Fracht-, Sanitäts- und Wetterflugzeug. Die Serienfertigung lief in Frankreich bei der S. N. C. A. C., die das Muster auch nach dem Kriege weiterbaute. Die Siebel Si 204 A lief hierbei unter der Bezeichnung NC 702 und die Si 204 D als NC 700.

Siebel Si 204 A

Ursprüngliche Zivilausführung, die sich von der nachfolgend beschriebenen Si 204 D durch den Rumpf und die Triebwerksanlage unterschied.

Triebwerk: Zwei Argus As 410 luftgekühlte Zwölfzylinder-Λ-Motoren mit 2 × 360 PS Startleistung. Argus-Zweiblatt-Verstellluftschrauben aus Holz mit 2,60 m Durchmesser. Kraftstoffkapazität 620 Liter in Flächentanks. Zusätzlicher Einbau von 2 × 240 Liter Langstreckentanks (Reichweite 2000 km) möglich. Zwei Öltanks in jeder Motorengondel, Gesamtkapazität 86 Liter.
Besatzung: 2 Mann nebeneinander (Pilot und Funker) im Führersitz. Dahinter geschlossene Kabine für maximal 8 Passagiere.

Siebel Si 204 D

1942 wurde die Grundkonstruktion als militärisches Schulflugzeug abgewandelt. Diese Si 204 D diente der Blindflug-, Funk- und Navigationsschulung bei der Luftwaffe. Anstelle des bei der Si 204 A vorhandenen vorderen Gepäckraumes wurde eine den Kampfflugzeugen entsprechende Vollsichtkanzel vorgesehen. Ebenfalls erhielt diese Ausführung weit leistungsstärkere Triebwerke, während der strukturelle Aufbau beibehalten wurde.

Typ: Zweimotoriges militärisches Schul- und Übungsflugzeug.
Flügel: Freitragender Tiefdecker. Zweiteiliger Ganzmetallflügel. Aufbau mit einem Haupt- und einem Hilfsholm. Warmluftenteisung der Flügelnase. Frisequerruder mit elektrischen Trimmklappen. Spreizklappen zwischen Querruder und Rumpf, durch die Motorengondeln geteilt.
Rumpf: Aufbau in Ganzmetall-Halbschalenbauweise. Ovaler Rumpfquerschnitt. Bug als Vollsichtkanzel ausgebildet.
Leitwerk: Freitragendes Höhenleitwerk mit V-Form und doppeltes

13. Siebel Si 204 D-1 (V 20)

Seitenleitwerk als Endscheiben. Anstellwinkel der Höhenflosse am Boden verstellbar. Höhenruder mit kombinierten Trimm- und Ausgleichsklappen, Seitenruder, dazu noch Ausgleichshörner. Elektrische Betätigung aller Klappen. Aufbau der Leitwerksflächen aus Ganzmetall.
Fahrwerk: Einziehbares Normalfahrgestell. Hydraulisch bremsbare Haupträder an Einbeinen nach hinten in die Motorengondeln einfahrbar. Starres Spornrad.
Triebwerk: Zwei Argus As 411 luftgekühlte Zwölfzylinder-Λ-Motoren mit 2 × 600 PS Startleistung. Argus-Zweiblatt-Verstellluftschrauben aus Holz mit 2,69 m Durchmesser. Kraftstoffkapazität 890 Liter in Flächentanks, Schmierstoff 122 Liter.
Besatzung: 2 Mann nebeneinander (Pilotenschüler und Lehrer) im verglasten Rumpfbug. Kabinenraum als fliegender Hörsaal für den Funk- und Navigationsunterricht ausgestattet mit Arbeitstischen für 4 Schüler und 1 Lehrer.

14. Drehturm DL 15, Si 204 E

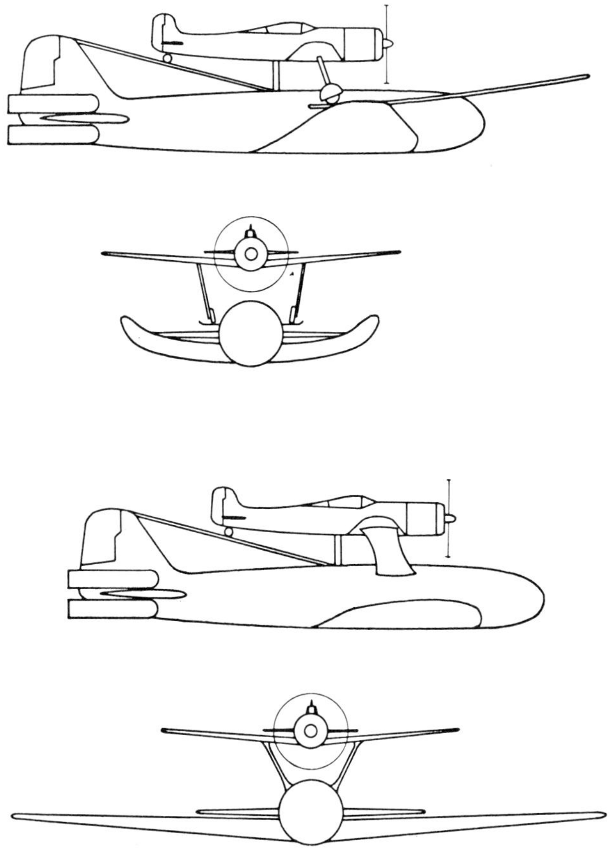

10. Siebel Projekte für Mistel-Einsatz

Siebel Si 204 E
Ähnlich Si 204 D, aber DL 131 auf Rumpfrücken.

Siebel-Mistel-Projekt

1944 meldete die Firma Siebel zwei Entwürfe für unbemannte Bomber mit Feststoff-Raketenantrieb zum Patent an, die nach dem Mistel-Prinzip durch Fw 190 bis in die Nähe des Ziels gelenkt werden und deren Raketenantriebe dann vor Ausklinken des Leitflugzeuges gezündet werden sollten. Nähere Einzelheiten sind unbekannt.

Skoda-Kauba

Skoda-Kauba Flugzeugbau, Cakowitz bei Prag

Im Frühjahr 1942 wurde im Rahmen des tschechischen Skoda-Konzerns vom RLM und dem österreichischen Konstrukteur Otto Kauba der Skoda-Flugzeugbau in der ehemaligen Avia-Flugzeugfabrik in dem Prager Vorort Cakowitz gegründet. Die neue Firma wurde vom RLM beauftragt, vier Prototypen einer fliegenden Bombe zu entwickeln und zu bauen. Das erste Muster, die *Sk V-1a,* wurde in ihrem Aufbau äußerst unkonventionell. Es war als schwanzlose Konstruktion aufgebaut und besaß an den Hinterkanten der Flügelaußenteile große viereckige Flächen, die die kombinierten Quer- und Höhenruder trugen. Die Seitensteuerung erfolgte durch Widerstandsklappen an den Flügelspitzen. Der Antrieb bestand aus einem 105 PS Hirth HM 504 A-2 in Zuganordnung, weil das RLM diese vorschrieb. Um die Flugerprobung besser durchführen zu können, wurde das Muster mit einem Führersitz ausgerüstet, der später zur Sprengstoffaufnahme herangezogen werden sollte. Als die Sk V-1 a beim ersten Probeflug abstürzte, löste das RLM den Vertrag. Kauba führte jedoch die Entwicklung auf privater Basis weiter fort. Die bis auf die Verwendung eines normalen Seitenruders gleiche *Sk V-1* wurde von Leutnant Opitz auf dem Ruzyn-Flugplatz bei Prag erfolgreich eingeflogen. Da

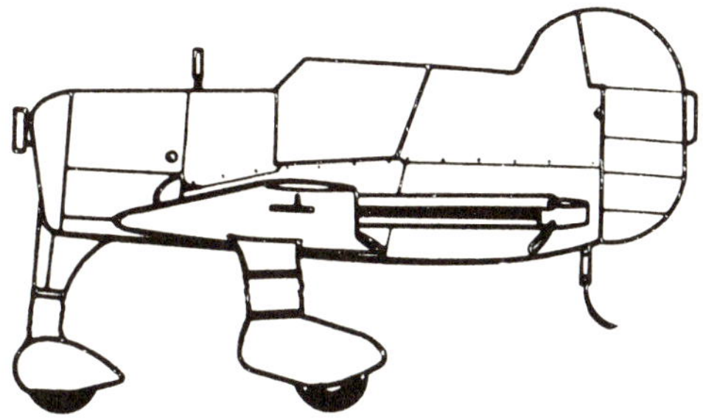

11. Skoda-Kauba V-1

12. Skoda-Kauba V-2

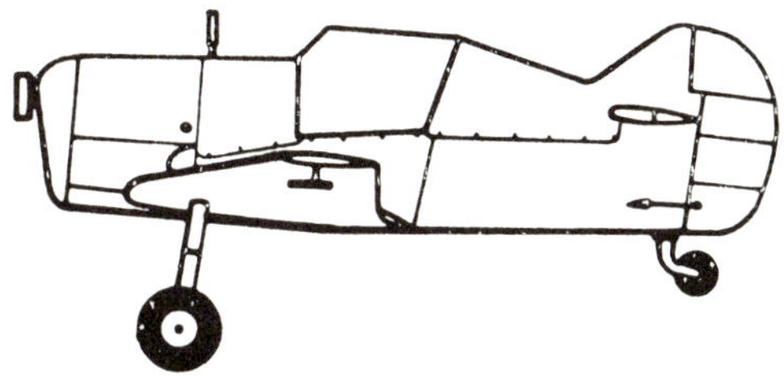

13. Skoda-Kauba V-3

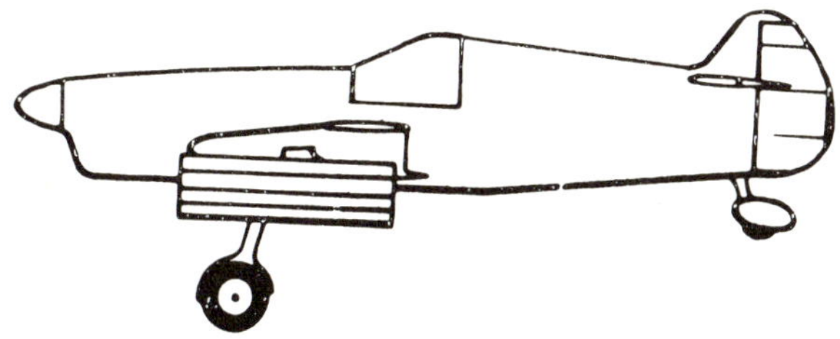

14. Skoda-Kauba V-4 Panzerjäger

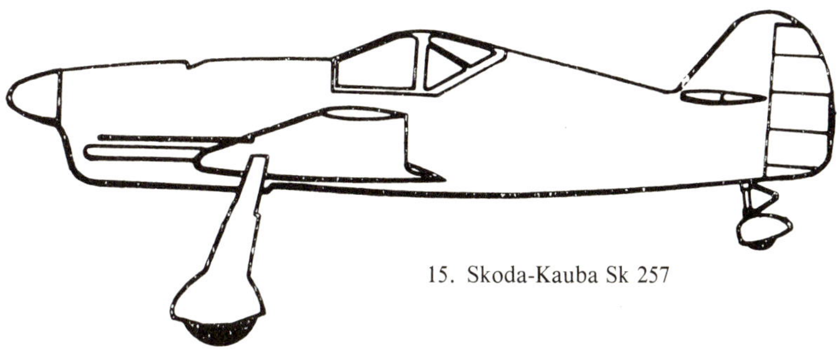

15. Skoda-Kauba Sk 257

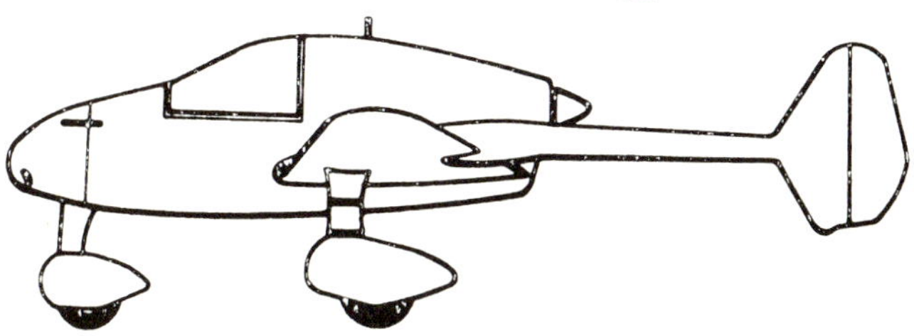

16. Skoda-Kauba V-6

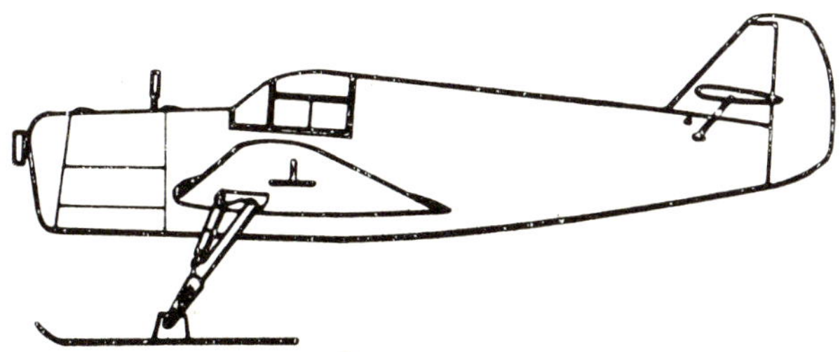

17. Skoda-Kauba V-8

das Muster aber stark buglastig war, entstand als Weiterentwicklung die *Sk V-2* mit einem in der Pfeilung veränderlichen Flügel zur Regulierung des Schwerpunktes. Um aber nun endgültig praktische Versuchsergebnisse für die fliegende Bombe zu erhalten, dienten Teile der Sk V-1a zum Bau eines konventionellen Sporteinsitzers *Sk V-3,* der, ebenso wie alle Vorgänger, mit einem 105 PS Hirth HM 540 A-2 ausgerüstet wurde. Über dieses Muster entstand schließlich in der *Sk V-4* der Entwurf eines einsitzigen Jagdtrainers mit einem 240-PS-Argus-As 10 C-Motor. Dieses Muster erhielt vom RLM die Baugenehmigung und wurde in SK 257 umbenannt. Der Erfolg mit der SK V-4 führte zur Konstruk-

15. Skoda-Kauba V-1a

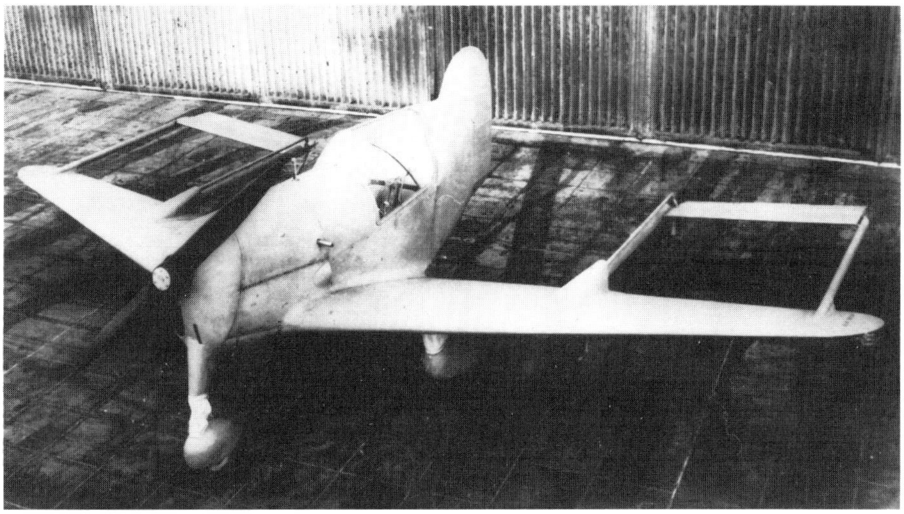

16. Skoda-Kauba V-1

17. Skoda-Kauba V-2

18. Skoda-Kauba V-3

19. Skoda-Kauba V-6

20. Skoda-Kauba V-8

tion des Hochleistungsjägers *Sk V-5* mit einem 1750 PS Daimler-Benz DB 603, der als Konkurrenzentwicklung zur Ta 152 gedacht war. Das RLM genehmigte jedoch die Entwicklung nicht und übertrug dem Skoda-Kauba Flugzeugbau den Auftrag, die Zelle der Fw 190 zu vereinfachen. Als weiteres Leichtflugzeug entstand anschließend die *Sk V-6* aus einem Umbau der Sk V-1, die zwei Leitwerksträger und den Motor in Druckanordnung erhielt. Nach den Angaben des Blohm & Voß Flugzeugbaus wurde das Muster bald wieder abgeändert. Blohm & Voß hatten mit den BV P. 208-02 einen schwanzlosen Kolbenmotorjäger entworfen, dessen Leitwerke an kurzen Auslegern an den Flügelspitzen saßen. Entsprechend dieser Anordnung erfolgte die Umkonstruktion der Sk V-6, die nun die Bezeichnung *Sk SL-6* erhielt. In einem Exemplar wurde schließlich noch das Leichtflugzeug *Sk V-8* gebaut, ein Kabinentiefdecker in Ganzholzbauweise mit zwei nebeneinanderliegenden Sitzen. An das starre Normalfahrwerk konnten Räder oder Skier angebaut werden. Der Antrieb bestand aus einem 105-PS-Hirth HM 504 A-2-Reihenmotor. Weitere Projekte kamen durch die Kriegsereignisse nicht mehr zur Durchführung. Dazu gehören die Leicht-Ente *Sk V-7* mit einem Walter-Mikron II-Motor, das Ultraleichtflugzeug *Sk V-9* mit einem 15-PS-Motor und die zweimotorigen Trainer *Sk V-10* und *Sk V-11*.

Skoda-Kauba P.14-01

Weiterhin befand sich mit der *Sk P-14* bei Kriegsende ein interessantes Höchstgeschwindigkeitsjäger im Projektstadium. Er war rund um eine riesige Staustrahldüse gebaut, die Kohlen und Dieselöl verbrennen sollte und von Dr.-Ing. Eugen Sänger konstruiert war. Erfolgversprechende Vorversuche mit Staustrahlrohren waren auf dem Rücken einer Do 217 E-2 bereits erfolgt. Die Sk P-14 sollte ein freitragender Mitteldecker mit einem massigen Rumpf werden, der hauptsächlich aus dem Staustrahlrohr von 1,50 m Durchmesser und etwa 10,00 m Länge gebildet wurde. Um den Stirnwiderstand gering zu halten, war für den Piloten eine liegende Anordnung auf dem Rumpfrücken vorgesehen. Der Start der Maschine sollte auf einem abwerfbaren Dreiradfahrwerk erfolgen, die Landung auf einer Zentralkufe unter dem Rumpf. Mit diesen Projektarbeiten waren bei Kriegsende im Skoda-Kauba-Flugzeugbau 80 tschechische und 40 deutsche Konstrukteure beschäftigt.

Skoda-Kauba Sk 257

Ursprünglich als Sk V-4 bezeichnet, zog der schnittige Jagdtrainer die Aufmerksamkeit des RLM auf sich, das schließlich einen Entwicklungs- und Bauauftrag erteilte und das Muster mit der Bezeichnung Sk 257 in die Gl/C-Reihe einstufte. Zwei Prototypen wurden gebaut. Die *Skoda-Kauba Sk 257 V-1* besaß eine glatte Propellernabe für die Argus-Verstelluftschraube und einen stark ausgebuchteten Kabinenaufsatz. Das Muster flog noch unter der Zivilzulassung D-EZWA. Die *Skoda-Kauba Sk 257 V-2,* die der Serienausführung entsprach, erhielt die patentierte Argus-Windmühlen-Probellernabe und eine einfachere Kabinen-Klapphaube. Die Serienfertigung lief in Biskupice in Polen an. Bis Kriegsende wurden jedoch nur noch 5 Serienmaschinen fertig.

21. Skoda-Kauba Sk 257 V 2

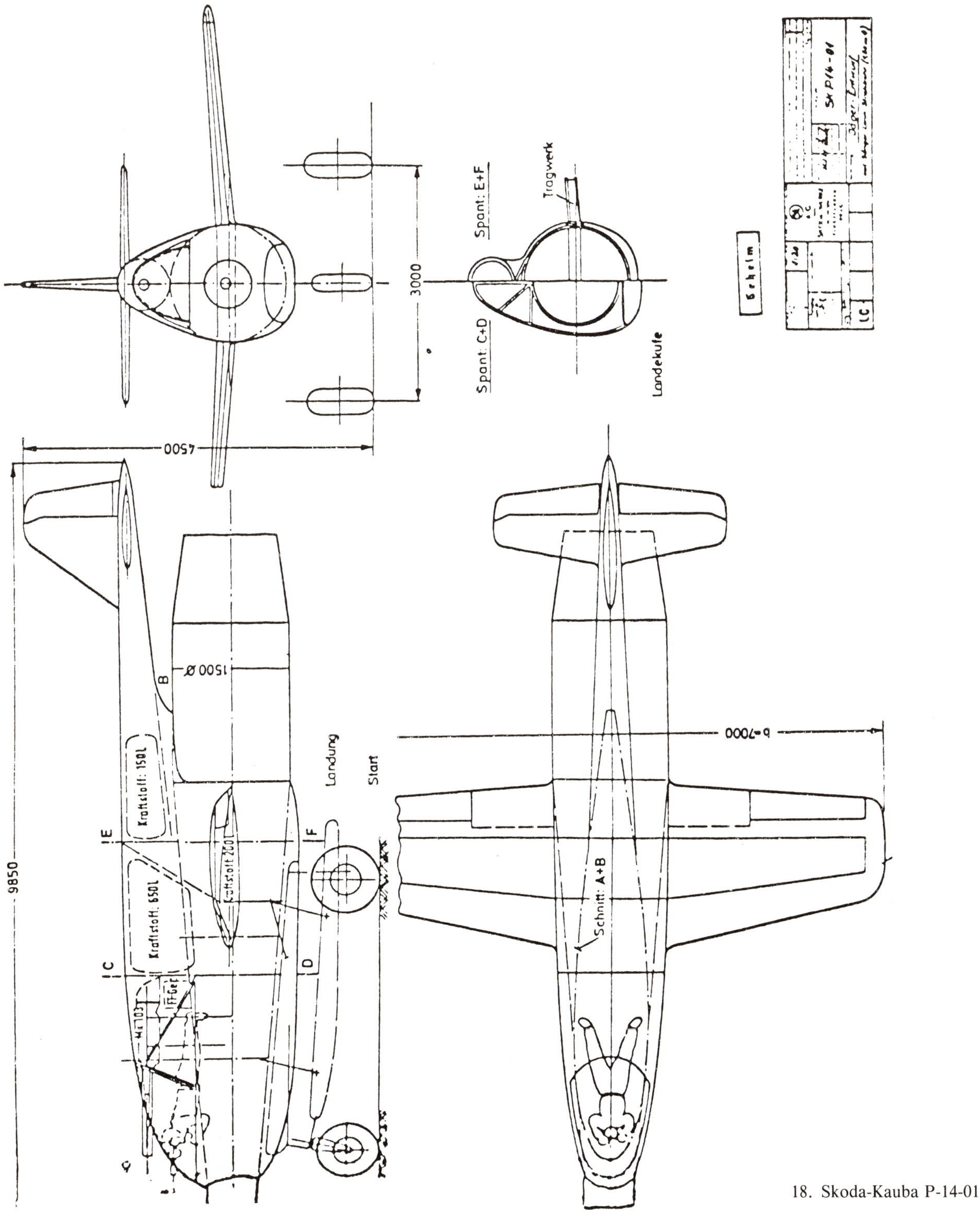

18. Skoda-Kauba P-14-01

Typ: Einmotoriger Jagdtrainer.
Flügel: Freitragender Tiefdecker. Einfach aufgebauter zweiteiliger Ganzholz-Flügel mit einem Kastenholm. Spreizklappen zwischen Querruder und Rumpf.
Rumpf: Aufbau als geschweißtes Stahlrohrgerüst, durch Sperrholzschalen formgebend beplankt.
Leitwerk: Freitragendes Normalleitwerk in Holzbauweise. Höhenflosse elektrisch verstellbar.
Fahrwerk: Einziehbares Normalfahrgestell. Elektrisch nach innen in die Flügel einziehbare Haupträder. Festes, stromlinienförmig verkleidetes Spornrad.
Triebwerk: Ein Argus As 10 luftgekühlter Achtzylinder-Λ-Motor mit 1 × 240 PS Startleistung. Argus-Zweiblatt-Verstelluftschraube aus Holz.
Besatzung: 1 Pilot unter nach hinten klappbarer Abdeckhaube.

Weserflug

Dieses zum DESCHIMAG-Konzern gehörende Werk ist als Nachbauwerk zu betrachten. Teilefertigung und Fertigbau der Ju 52 wurden abgelöst durch den Serienbau der Ju 87. Bei der Vorbereitung der Serienfertigung hat sich der bei Weser tätige bekannte deutsche Flugzeugkonstrukteur Adolf Rohrbach große Verdienste erworben. Der Junkers-Konzern gab nach Anlaufen der B-Serien auch die gesamte Weiterentwicklung der Ju 87 an Weser. Wenn man bedenkt, daß der heute noch lebende Konstrukteur Hermann Pohlmann, der Vater der Ju 87, nach Fertigstellung der ersten Versuchsmaschinen von Junkers zu Blohm & Voß wechselte, dann kann man behaupten, daß die Ju 87 im Grunde gar keine Junkers-Entwicklung gewesen ist. Seit 1940 befand sich die gesamte Entwicklung und Steuerung der Serienfertigung sowie Reparatur ausschließlich bei „Weser".

Weserflug Bf 163

Ohne die sorgfältige Ermittlungs- und Koordinierungsarbeit des Herrn H. J. Meier, VFW, wäre es wahrscheinlich nie gelungen, Klarheit über die Entwicklung dieses fast unbekannten Baumusters zu erlangen. Da praktisch keinerlei Unterlagen über dieses Flugzeug existierten, mußte erst in zweijähriger Arbeit rekonstruiert werden.

Die Bf 163 war ein Wettbewerbsflugzeug für die Entwicklung eines 2—3sitzigen Verbindungsflugzeugs. Konkurrenten waren Fieseler Fi 156 und Siebel Si 201. Die Bf 163 wurde ursprünglich bei BFW in Augsburg konzipiert. Die Weiterentwicklung erfolgte dann bei Rohrbach in Berlin, Bau und Einflug erfolgten bei Weserflug in Lemwerder.

Das Technische Amt des RLM hatte als Termin für die Fertigstellung der Attrappe März 1936 vorgeschrieben. Dieser Termin verzögerte sich aber etwas. Auf Veranlassung des RLM besichtigten im Frühjahr 1936 Dr. Rohrbach und Dir. Feilcke von Weserflug die Attrappe. Rohrbach wollte die Weiterentwicklung nicht übernehmen, aber Dir. Feilcke entschied dann doch die Übernahme der Entwicklung in das »Werk Rohrbach«, Berlin. Hier begann im Sommer die Detailkonstruktion. 1937 wurde die gesamte Entwicklung und Fertigung nach Lemwerder verlegt. Das Amt hatte als Termin für den Erstflug September 1937 vorgeschrieben. Als dieser Termin nicht gehalten werden konnte, erfolgte Kürzung des Entwicklungsauftrags auf zwei Musterflugzeuge, beide mit Argus As 10c. Die Erprobung sollte bereits im Dezember 1937 beginnen, jedoch erfolgte der Erstflug des ersten und einzigen Versuchsmusters Bf 163 V-1 D-IUCY, Werk-Nr. 163.001, unter Werkspilot Hubrich erst am 19. Februar 1938. In der Zeit vom 22. bis 23. Februar 1938 wurden neun weitere Flüge durchgeführt. Im April sollte die Übergabe der Maschine zur Schlußerprobung an die E-Stelle Rechlin übergeben werden. Da inzwischen schon die Entscheidung bereits zugunsten der Fi 156 gefallen war, wurde die Bf 163 V-1 im Herbst an Messerschmitt zurückgegeben. Sie wurde in Augsburg im Oktober anläßlich des Besuchs italienischer Fliegeroffiziere zufällig im Hintergrund stehend photographiert. Am 29. September wurde sie aber offiziell

22. Weserflug Bf 163 V 1 Modell

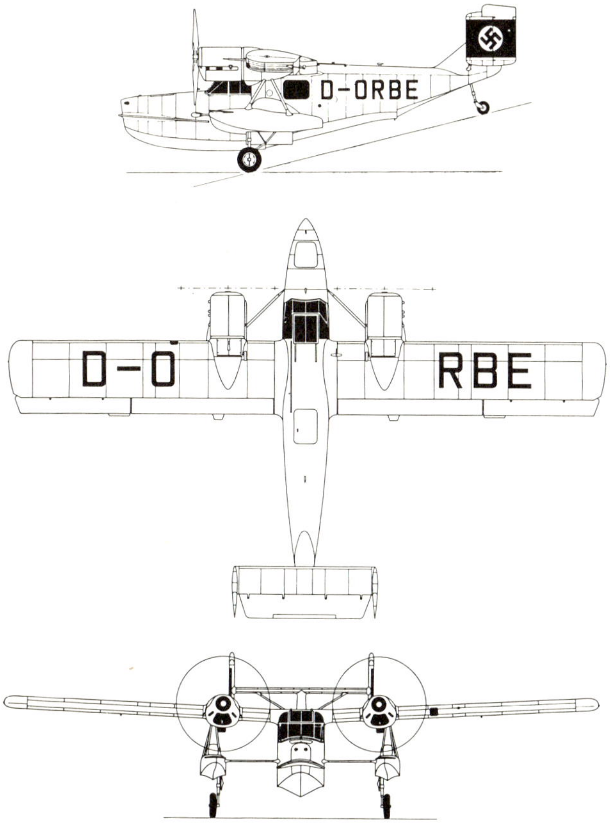

19. Weserflug We 271 V 1

bereits der Fliegertechnischen Schule München übergeben. Über ihr weiteres Schicksal ist nichts bekannt. Teile der Bf 163 V-2 und eventuell sogar V-3 sind gefertigt, aber nicht mehr verwendet worden.

Die Bf 163 war ein unbewaffnetes Verbindungsflugzeug für 2 bis 3 Personen. Abgestrebter Hochdecker in Ganzmetallbauweise.

Triebwerk	Argus As 10c 240 PS
Spannweite	13,58 m
Länge	9,75 m
Flächeninhalt	22,80 qm
Leergewicht	812,4 kg
Fluggewicht	1310 kg
Höchstgeschwindigkeit	170—200 km/h
Landegeschwindigkeit	49,5 km/h
Flugweite ca.	450 km
Flugdauer ca.	3 Std.

Weserflug We 271 V-1

1937/38 brachte Weserflug eine eigene Konstruktion heraus, ein kleines zweimotoriges Amphibium We 271 V-1, D-ORBE. Die rechteckige Flügelform läßt darauf schließen, daß an dieser Konstruktion Dr. Adolf Rohrbach mitgewirkt hat. Als Triebwerk dienten zwei Argus As 10c von je 240 PS. Die seitlichen Stützschwimmer hatten eigenartigerweise keine Boots-, sondern Tropfenform. Auch das doppelte Endscheiben-Leitwerk hatte rechteckige Form mit abgerundeten Ecken. Das Flugboot hatte ein Fluggewicht von 3 500 kg. Die Flächenbelastung betrug 95 kg/m², die Leistungsbelastung 5 kg/PS.

Die Flugerprobung fand 1938 statt, Bodenstarts in Lemwerder, Wassererprobung in Einswarden. Frühjahr 1940 wurde

23. Weserflug We 271 V1

die Maschine durch die Piloten Hubrich und Schmücker nach Rechlin gebracht. 1941 wurde sie beinahe durch eine Spitfire abgeschossen. Geplante Rekordflüge konnten wegen des Krieges nicht durchgeführt werden. Im weiteren Verlauf des Krieges wurde die Maschine verschrottet.

We 271 V-1	D-ORBE	Amphibium mit zwei Argus As 10c je 240 PS Spannweite 13 m Fluggewicht 2600 kg Erstflug als Landmaschine 26. 6. 1939 Erstflug als Flugboot 28. 6. 1939 Bis 29. August 1939 wurden insgesamt 19 Flüge von und auf Land und Wasser durchgeführt.

Weserflug P 1003/1

Bereits vor 1933 hatte sich der bekannte deutsche Flugzeugkonstrukteur Dr. Adolf Rohrbach mit dem Gedanken eines Triebflügelflugzeugs befaßt, der erste Ideen zum Kurzstart und zur Kurzlandung verwirklichen sollte. Zur Verwirklichung dieses Entwurfs, von dem nur ein Modell erstellt wurde, kam es nicht mehr. Dr. Rohrbach wurde nach 1935 Technischer Leiter des neu entstandenen Weser-Flugzeugbaus, Werk Lemwerder. Hier entwickelte Dipl.-Ing. Simon 1938 dann das Projekt eines Flugschraubers mit schwenkbaren Schrauben von 4 m Durchmesser, die bei Start und Landung vertikal und nach Erreichung der Flughöhe horizontal arbeiten sollten. Das errechnete Fluggewicht dieser Maschine sollte etwa 2000 kg betragen. Als Triebwerk war ein Reihenmotor von 900 PS (Daimler-Benz DB 600?)

20. Weserflug Projekt WP 1003/1

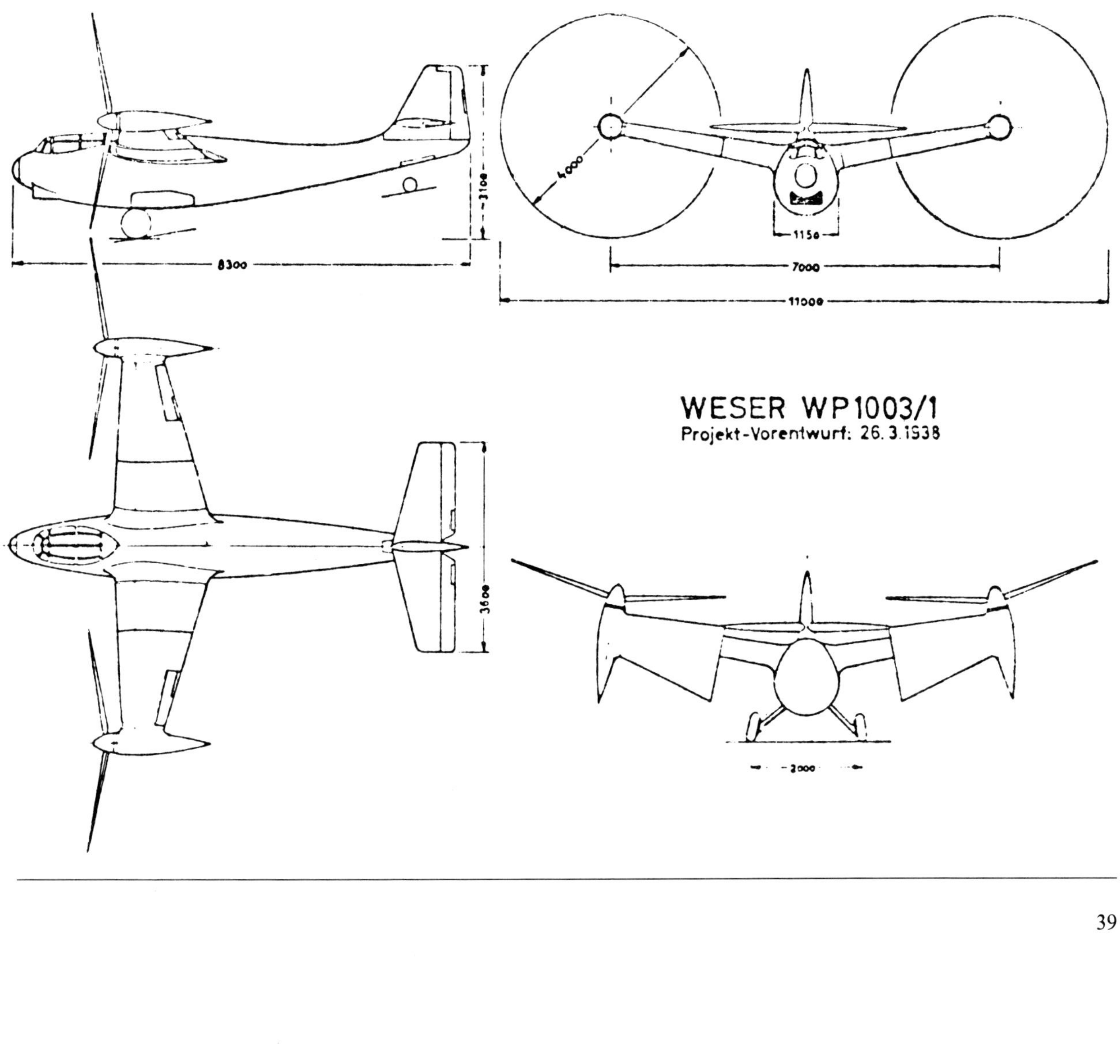

vorgesehen, der hinter der Kabine angeordnet war. Der Schacht für die Kühlluftzufuhr befand sich in der Rumpfnase. Die errechnete Höchstgeschwindigkeit sollte rund 650 km/h betragen. Es ist wahrscheinlich, daß Dr. Rohrbach zumindest fördernd auf diesen Entwurf eingewirkt hat, wenn man bedenkt, daß auch in der von Weserflug zur Weiterentwicklung übernommenen Ju 87-Patente von Rohrbach verarbeitet wurden, wie aus den damaligen Veröffentlichungen des Reichspatentamtes hervorging.

Man kann dieses Weserflug-Projekt ruhig als ersten Entwurf eine Flugschraubers oder Senkrechtstarters bezeichnen, der in Deutschland damals nie aufgegriffen wurde und erst später in den USA und in der UdSSR zur Weiterentwicklung führte.

Spannweite ohne Luftschrauben	7,00 m
Spannweite mit Luftschrauben	11,00 m
Länge	8,30 m
Höhe	3,10 m
Luftschraubendurchmesser	4,00 m
Fahrwerkspurweite	2,00 m
Rumpfbreite	1,15 m

Weserflug P 2136

Projekt eines Langstreckenflugbootes für die Kriegsmarine aus dem Jahre 1939. Die Bearbeitung des Entwurfs lag in den Händen von Dr.-Ing. H. Herb. Man rechnete mit einem Startgewicht von etwa 56000 kg. Während das Bootsvorderteil stark an die Short »Empire«-Boote erinnerte, war der hintere Teil stark hochgezogen und trug das Doppelleitwerk. Die ungefähren Abmessungen waren: Spannweite ca. 50 m, Länge ca. 40 m, Höhe ca 10 m. Der Flügel sollte in der von Adolf Rohrbach entwickelten Bauweise hergestellt werden. Als Triebwerke waren 6 × 1500 PS-Motoren Jumo 208 vorgesehen. Der Flächeninhalt betrug 342 m². Die errechnete Höchstgeschwindigkeit betrug 380 km/h. Als Abwehrwaffen waren 7 Maschinenwaffen verschiedener Kaliber vorgesehen. Die Besatzung sollte aus 12 Mann bestehen. Haupteinsatzzweck war das Minenlegen.

21. Weserflug Projekt 2136

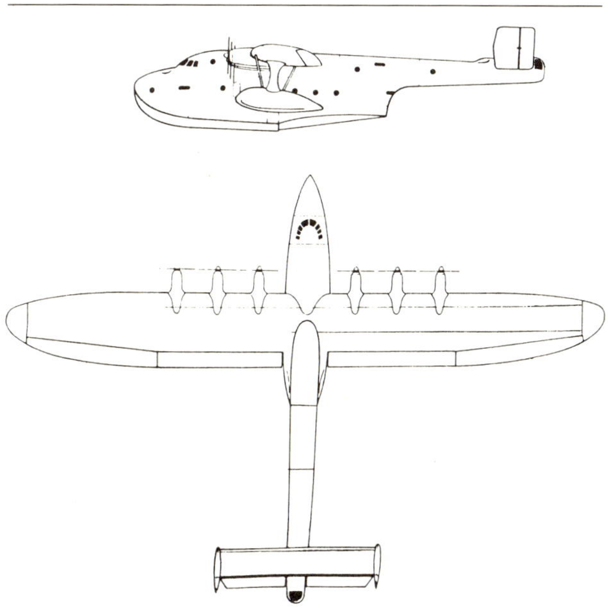

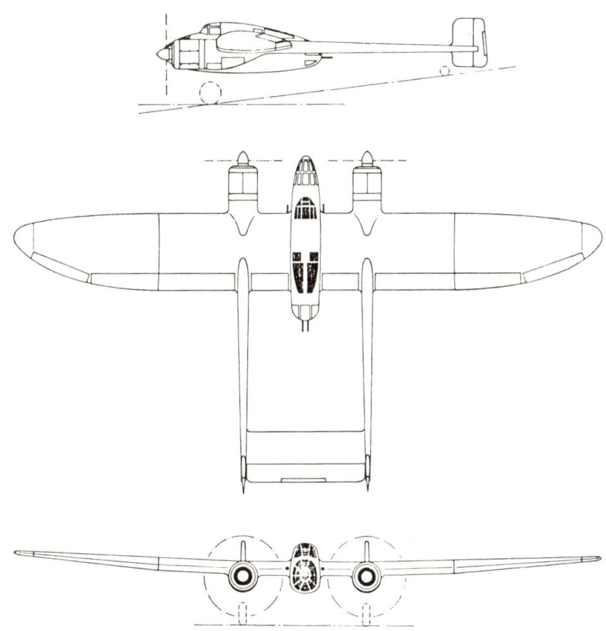

22. Weserflug Projekt 2137

Weserflug P 2137

1939 entstand bei Weserflug der Entwurf eines Schnellbombers mit doppeltem Leitwerksträger, der sowohl als Land- wie auch als Seeflugzeug verwendbar sein sollte. Der Entwurf erlangte noch Attrappenreife, wurde dann aber verworfen. Als Triebwerk waren zwei Argus As 410 vorgesehen, jedoch konnten auch luftgekühlte Sternmotoren gleicher Stärke eingebaut werden. Spannweite 27,20 m, Länge 18,20 m, Höhe 5,10 m.

Weserflug P 2138

Parallelentwurf zu P 2136, aber größer und doppelt so schwer. Ursprünglich als Marineflugboot konzipiert, aber

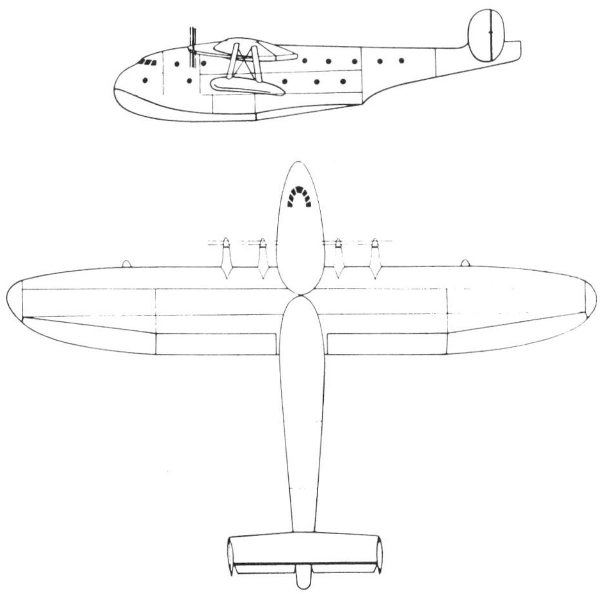

23. Weserflug Projekt 2138

auch für Transatlantik-Passagierverkehr verwendbar. Als Triebwerk waren acht Motoren vorgesehen, von denen jeweils zwei über ein Getriebe auf gegenläufige Luftschrauben arbeiten sollten. Jedes dieser Doppeltriebwerke sollte 4400 PS entwickeln. Flügel in Rohrbachbauweise, Flächeninhalt 556 m^2. Bei einer Spannweite von ca. 70 m hätte die Länge bei ca. 60 m gelegen. Die Höhe entsprach ungefähr dem P 2136. Bei einem Fluggewicht von 125000 kg wurde eine Höchstgeschwindigkeit von 448 km/h errechnet. Die Bewaffnungsfrage war noch nicht diskutiert worden.

Weserflug P 2146

Weiterentwicklung aus We 271 aus dem Jahre 1941 mit 2 As 410 a. Spannweite 14,6 m, Fläche 32 m^2, Fluggewicht 3850 kg, Höchstgeschwindigkeit 325 km/h, Reisegeschwindigkeit 295 km/h. Nicht gebaut.

Weserflug P 2147

Ähnlich We 271, Projekt 1941, 2 Hirth HM 508c, Spannweite 13,2 m, Fläche 25,75 m^2, Fluggewicht 2650 kg, Höchstgeschwindigkeit 275 km/h.

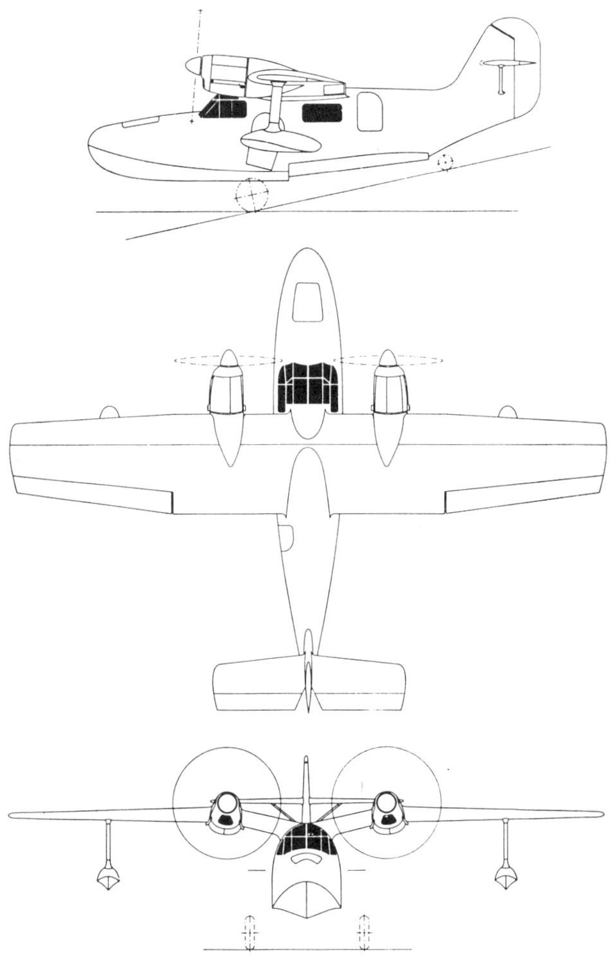

24. Weserflug Projekt 2147

Winter

Institut für Flugzeugbau an der Technischen Hochschule Braunschweig, Prof. Dr. Hermann Winter

Prof. Dr.-Ing. Hermann Winter, dessen konstruktive Ideen die Entwicklung des Fieseler »Storch« beeinflußten, entwickelte 1939 an der T.H. Braunschweig das Versuchs-Langsamflugzeug »*Zaunkönig*«, von dem zwei Prototypen erstellt wurden. Die günstigen Flugeigenschaften sollten durch einen im Anstellwinkel um 16° verstellbaren Flügel in Verbindung mit Hochleistungs-Landehilfen erreicht werden. Die Flugeigenschaften des »Zaunkönigs« waren verblüffend. Eine Maschine kam bei Kriegsende nach England und

24. Prof. Winter (TH Braunschweig) »Zaunkönig«

erhielt als einziges Flugzeug die Zulassung für die Einsitzerschulung. Nach dem Kriege wurde von Prof. Winter ein dritter Prototyp gebaut.

Typ: Einmotoriges Langsamflug-Versuchsflugzeug.
Flügel: Abgestrebter Hochdecker. Zweiteiliger Ganzholzflügel, während des Fluges um 16° im Anstellwinkelbereich verstellbar. Zum Rumpf hin durch zwei umgekehrte V-Streben abgefangen.

25. »Zaunkönig« mit Bewaffnung »Panzerfaust«

Über die ganze Vorderkante durchlaufender Vorflügel aus Leichtmetall. Gesamte Hinterkante als Spaltklappe ausgebildet, außen als Querruder, innen als Düsenspalt-Landeklappe.
Rumpf: Aufbau als geschweißtes Sahlrohrgerüst, zu einem ovalen Rumpfquerschnitt formgebend mit Sperrholz beplankt.
Leitwerk: Abgestrebtes Normalleitwerk. Höhenleitwerk in T-Anordnung auf der Seitenflosse aufliegend, an jeder Seite durch eine umgekehrte V-Strebe zum Rumpf hin abgefangen. Höhenflosse im Fluge verstellbar. Seitenflosse fest am Rumpf. Aufbau aller Flächen in Holz.
Fahrwerk: Starres Normalfahrgestell. Mechanisch bremsbare Haupträder an Dreibeinen mit Stahlfederstrebe. Gefederter Spornschuh.
Triebwerk: Ein Zündapp Z 9-092 luftgekühlter Vierzylinder-Reihenmotor mit 1 × 50 PS Startleistung. Starre Zweiblatt-Luftschraube aus Holz mit 1,80 m Durchmesser. Kraftstoffkapazität 40 Liter, Schmierstoff 3,5 Liter.

WNF

Wiener-Neustädter-Flugzeugwerke GmbH, Wiener-Neustadt

Auf dem Steinfeld bei Wiener-Neustadt wurde 1914 von den Österreichischen Daimler-Motoren-Werken die Österreichische Flugzeugfabrik AG gegründet. Auf dem gleichen

26. Wiener Neustädter Wn 11

Gelände entstanden im März 1938 die Wiener-Neustädter-Flugzeugwerke aus einem Zusammenschluß der Abteilung Flugzeugbau der Hirtenberger Patronenfabrik und der Flughafenbetriebsgesellschaft Wiener-Neustadt. Die Abteilung Flugzeugbau der Hirtenberger Patronenfabrik war 1935 aus dem Flugzeugbau Hopfner hervorgegangen. Die Flugbetrieb GmbH Wiener-Neustadt war ebenfalls 1935 gegründet worden und baute Konstruktionen von Lampich und Meindl. WNF wurde hauptsächlich als Lizenzfertigungswerk für die Me 109 eingerichtet, entwickelte aber eigene Konstruktionen weiter. Anfang des Krieges entstand noch das Leicht-Versuchsflugzeug Wn 16 von Meindl.

WNF Wn 11

Das zweimotorige Leicht-Amphibienflugzeug war noch als Hopfner HV 11 bei der Hirtenberger Patronenfabrik entstanden und wurde bei der WNF als Wn 11 weiterentwikkelt.

Typ: Zweimotoriges Reiseamphibium.
Flügel: Freitragender Schulterdecker. Flügelaufbau aus Holz mit zwei Kastenholmen und Gitterfachwerkrippen, komplett mit Birkensperrholz beplankt.
Rumpf: Als einstufiges Boot mit verbreitertem Kielboden aufgebaut. Ganzholzbauweise mit Sperrholzbeplankung.
Leitwerk: Abgestrebtes Normalleitwerk. Höhenleitwerk hoch an der Seitenflosse angelenkt und an jeder Seite durch zwei Parallel-Stiele mit dem Bootskörper verstrebt. Sämtliche Ruder mit Trimmklappen. Flossen in Holzbauweise mit Sperrholzbeplankung, Ruder als Leichtmetallgerüst mit Stoffbespannung.
Fahrwerk: Einziehbares Normalfahrgestell. Das Einziehen geschieht hydraulisch. Starres Spornrad hinter der Kielschneide. Zwei starre Stützschwimmer unter den Außenflügeln, Holzbauweise.
Triebwerk: Zwei BMW-Bramo Sh 14 A-4 luftgekühlte Siebenzylinder-Sternmotoren mit 2 × 160 PS Startleistung. Einbau in Gondeln über dem Flügelmittelstück. Zweiblatt-Verstelluftschrauben aus Holz. Kraftstoffkapazität 300 Liter in zwei Tanks des Flügelmittelteils, Schmierstoff 26 Liter in zwei Tanks.
Besatzung: 4 Mann in geschlossener Kabine, je zwei Sitze nebeneinander, vorne mit Doppelsteuer.

WNF entwickelte das Muster zur *WNF Wn 11C* weiter. Diese leicht vergrößerte Version besitzt leistungsstärkere Hirth HM 508 D mit 2 × 240 PS. Weiterhin unterscheidet sie sich vom Ausgangsmuster durch eine fünfsitzige Kabine, Spreizklappen und ein einziehbares Spornrad. Nur Windkanalmodell gebaut.

27. Wiener Neustädter Wn 11c (Modell)

WNF Wn 15

Ebenfalls von Hopfner vor dem Zusammenschluß mit der WNF bei der Hirtenberger Patronenfabrik konstruiertes

28. Wiener Neustädter Wn 15

Baumuster, welches zuerst die Bezeichnung HV 15 besaß, die aber dann in Wn 15 abgeändert wurde. Bei dem Muster handelt es sich um einen zweimotorigen Reisetiefdecker in Gemischtbauweise. Der Antrieb bestand aus 2 × 160-PS-BMW-Bramo Sh 14 A-Motoren.

WNF Wn 16

Das Leichtflugzeug Wn 16 wurde von Ing. Meindl als Studienflugzeug mit dem Zweck entworfen, durch systematische Versuche Vergleichswerte über die Vorteile des Dreiradfahrwerks gegenüber dem Normalfahrwerk zu erhalten. Das Muster wurde in einem Exemplar gebaut.

Typ: Einmotoriges Versuchs-Leichtflugzeug.

Flügel: Freitragender Tiefdecker mit leichter Pfeilform. Pfeilung 18 ° 20' in 25 % der Flügeltiefe. Dreiteiliger Flügelaufbau. Mittelteil in zweiholmiger Stahlgerüstbauweise, mit dem Rumpfgerüst verschweißt. Durchgehende Rohrholme mit aufgeschweißten Rippen aus Stahlrohr, Sperrholznase und Stoffbespannung dahinter. Spreizklappen über die gesamte Mittelflügelbreite. Außenflügel in einholmiger Holzbauweise mit durchgehendem Hilfsholm, beiderseitig mit Sperrholz beplankt. Querruder über die gesamte Hinterkante reichend. Düsenspalt.

Rumpf: Aufbau als Rumpfgondel mit zwei Leitwerksträgern. Rumpfgondel als geschweißtes Stahlrohrgerüst, vorne und hinten mit Elektronblech beplankt, in der Mitte stoffbespannt. Leitwerksträger in Holzschalenbauweise.

Leitwerk: Auf den Leitwerksträgern aufliegendes Höhenleitwerk mit doppeltem Seitenleitwerk als Endscheiben. Aufbau in Holz mit sperrholzbeplankten Flossen und stoffbespannten Rudern mit Stahlrohrholm.

29. Wiener Neustädter Wn 16

Fahrwerk: Starres Dreiradfahrwerk. Alle Radeinheiten an Einbeinen sind stromlinienförmig verkleidet. Die Federung geschieht durch Druckgummi. Bugrad mit der Seitensteuerung gekuppelt.
Triebwerk: Ein Salmson 9 Ad luftgekühlter Neunzylinder-Sternmotor mit 1 × 50 PS Startleistung. Einbau in Druckanordnung am Ende der Rumpfgondel. Townend-Ring. Starre Zweiblatt-Luftschraube aus Holz. Kraftstoffkapazität 38 Liter in einem Rumpftank.
Besatzung: 2 Mann hintereinander unter langgestreckter und seitlich klappbarer Haube. Doppelsteuer.

Zeppelin

Luftschiffbau Zeppelin GmbH., Abteilung Flugzeugbau, Friedrichshafen

Mit dem Beginn des Zweiten Weltkrieges mußte die Entwicklung von Luftschiffen bei der Luftschiffbau Zeppelin GmbH eingestellt werden. Um das Facharbeiterteam der Firma zusammenzuhalten, erfolgte im Herbst 1942 die Gründung einer Abteilung Flugzeugbau, die sich der Entwicklung großer Verkehrsflugzeuge widmen sollte, falls das Luftschiff nach dem Kriege nicht mehr mit den schnelleren Flugzeugen in Konkurrenz treten konnte. Die erste Arbeit der Abteilung Flugzeugbau bestand allerdings darin, gemeinsam mit einer Messerschmitt-Konstruktionsgruppe unter der Leitung von Konstrukteur Fröhlich, den Messerschmitt-Großraumtransporter Me 323 »Gigant« weiter zu entwickeln. Diese Arbeiten beeinflußten die Konstruktion eines eigenen Großraumtransporters wesentlich. Entwicklungsleiter dieses Projektes war Ing. Walter Stender, der maßgeblich an den Blohm & Voß-Großflugbooten mitgearbeitet hatte. Ihm zur Seite stand der Chefstatiker aus dem Luftschiffbau, Arthur Förster. Da die Konstruktionskapazität der Abteilung Flugzeugbau nicht ausreichte, wurde in echter Partnerschaft mit dem französischen S.N.C.A.S.O. zusammengearbeitet. Aus den beiden Namen wurde dann auch der Typenindex ZSO abgeleitet, der die offizielle RLM-Nummer 523 erhielt.

Zeppelin/SNCASO ZSO 523

Projekt eines sechsmotorigen Großraumtransporters, der gemeinsam von der Luftschiffbau Zeppelin und der französischen S.N.C.A.S.O. entwickelt wurde. Das Muster war für eine rein zivile Verwendung gedacht. Erfahrungen mit der Me 323 wurden in dem Entwurf sinngemäß verwertet, so die reihenweise Anordnung der Räder am Rumpf und die Beladung durch den aufgeklappten Rumpfbug. Dazu sollte das Fahrwerk aber noch absenkbar gestaltet werden, um den Beladevorgang zu erleichtern. Zu der Rumpfklappe im Bug standen noch die Seitentüren und eine als Rampe gebaute hintere Bodenöffnung zur Verfügung. Zwei 22 m lange Laufkatzen sollten durch den Lastenraum führen. Der

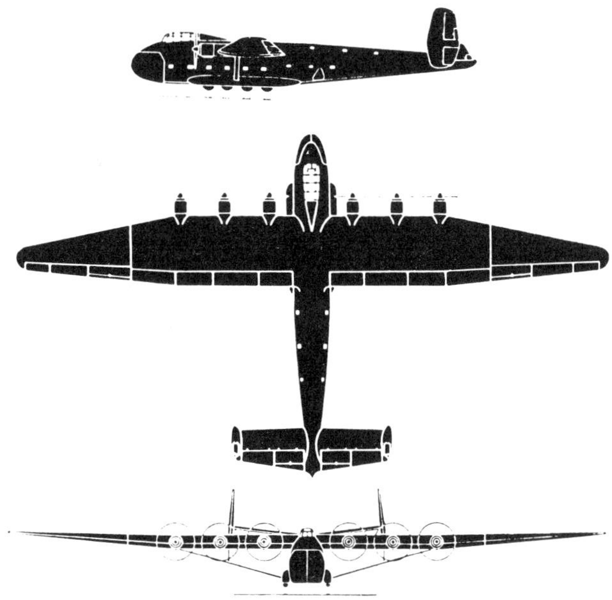

25. Zeppelin Projekt ZSO 523

konstruktive Aufbau nahm auf die seinerzeitige Rohstofflage Rücksicht. Trotzdem besaß er sämtliche Raffinessen des modernen Großflugzeugbaues. Im Flügel befanden sich Kriechgänge bis in die Flügelspitzen. Ebenso konnte das Rumpfheck bis zur äußersten Spitze inspiziert werden. Die Entwicklungsarbeiten an der ZSO 523 wurden mit der alliierten Invasion beendet.

Typ: Sechsmotoriger Großraumtransporter.
Flügel: Abgestrebter Schulterdecker. Dreiteiliger Aufbau. Weitspannendes Mittelstück an jeder Seite durch eine I-Strebe zum Rumpf hin abgefangen. Achtteilige Landeklappen im Mittelstück, dreiteilige Querruder mit Trimmklappen in jedem Außenteil. Flügelaufbau als geschweißtes Stahlrohrgerüst, durchgehend tragend mit formgepreßten Sperrholzplatten beplankt.
Rumpf: Aufbau als geschweißtes Stahlrohrgerüst in einer gewichtssparenden Rautengitterkasten-Bauweise. Sperrholzbeplankung.
Leitwerk: Freitragendes Höhenleitwerk mit leichter V-Form und doppeltes Seitenleitwerk als Endscheiben. Höhenruder vierteilig mit Trimmklappen, geteiltes Seitenruder.
Fahrwerk: Starres Vielradfahrgestell, bestehend aus je 4 Rädern hintereinander in einem Kasten seitlich der Rumpfuntergurte. Radpaare einzeln hydraulisch abfahrbar, um die Beladung je nach der Art zu erleichtern.
Triebwerk: Sechs Gnôme-Rhône 18 R luftgekühlte Achtzylinder-Doppelsternmotoren mit 6 × 2100 PS Startleistung.
Besatzung: Führerraum als stark verglaste Kabine auf dem Rumpfbug aufgebaut. Laderaum 280 m^3 bei einer Ladefläche von 67 m^2, zugänglich durch das Bugtor mit 11 m^2 lichter Fläche, durch Seitentüren oder durch eine Heckklappe.

Typ	Zweck	B	Triebwerk Muster	× N	Abmessungen b (m)	l (m)	h (m)	F (m²)
DFS								
»Maikäfer«	V	1	Köller M 3	1 × 18 PS	14,00	6,85	2,14	17,80
MIAG								
MD 12	Ü	2	Sh 14 A	1 × 150 PS	9,00	6,70	2,65	19,30
Möller								
Stomo 3	S	1	Kroeber M 4	1 × 18 PS	7,60	6,00	1,30	9,60
»Stürmer«			Z 9-092	1 × 53 PS		5,90	1,60	
Musger								
Mg III	s	1	Mercedes	1 × 23 PS	9,50	6,00	1,80	9,00
Nagler-Rolz								
NR 54 V-1	XH	1	Argus	1 × 24 PS	7,93	.	.	.
V-2				2 × 8 PS		.	.	.
NR 55	XH	1	—	1 × 40 PS	10,67	.	.	.
SN 2	X	1	BMW X	1 × 45 PS	10,00	6,87	2,00	11,64
Siebel								
Fh 104	R	1+4	HM 508 D	2 × 280 PS	12,00	9,50	2,64	22,30
Si 201	A	2-3	As 10c	1 × 240 PS	14,00	10,40	3,40	31,00
Si 202 A	S	2	Salmson 7 Ad	1 × 45 PS	10,50	6,40	1,85	14,00
B			Z 9-092	1 × 50 PS		6,50		
C			HM 515	1 × 60 PS	10,60			
Si 204 A	R	2+8	As 410	2 × 360 PS	21,33	13,02	4,25	46,00
D	Ü	2+5	As 411	2 × 600 PS		11,95		
Sk 257	Ü	1	As 10c	1 × 240 PS	7,65	—	—	—
Weserflug								
We 271 V 1	FB	1+3	As 10E	2 × 270 PS	15,20	10,06	—	27,30
Bf 163 V 1	A	2-3	As 10C	1 × 240 PS	13,58	9,75	—	22,80
We P. 1003/1	V	2	DB 600	1 × 900 PS	11,00	8,30	3,10	—
P. 2136	FB	12	Jumo 208	6 × 1500 PS	55,00	40,00	10,00	342,00
2137	B	2-3	As 410	2 × 310 PS	27,20	18,20	5,10	—
2146	FB	1+5	As 410	2 × 310 PS	13,20	—	—	32,00
2147	FB	1+3	HM 508c	2×225 PS	14,60	—	—	25,75
Winter								
»Zaunkönig«	X	1	Z 9-092	1 × 50 PS	8,02	6,08	2,38	8,50
WNF								
Wn 11	R	1+3	Sh 14 A-4	2 × 160 PS	14,10	10,10	3,15	30,40
Wn 15	R	—	Sh 14A	2 × 160 PS	15,00	10,65	2,90	.
Wn 16	S	2	Salmson 9 Ad	1 × 50 PS	9,84	7,27	1,80	13,50
Zeppelin								
ZSO 523	T	—	G&R 18R	6 × 2100 PS	70,00	40,25	11,00	456,00

Gewichte		Leistungen									
G_L (kg)	G_F (kg)	V max (km/h)	in H (m)	V Reise (km/h)	V Lande (km/h)	V Steig (m/min)	V Steig (min	f. m)	Rw. (km)	Gipfh. (m)	Militärische Ausrüstung
210,0	310	95	0	90	50	—	—	—	280	—	—
540,0	850	200	.	170	70	.	5,2	1 000	570	3 800	—
135,0	250	152	.	141	50	90	13,0	1 000	500	3 300	—
205,0	330	215	.	210	60	325	3,2	1 000	650	5 200	—
200,0	325	150	.	127	71	138	7,5	1 000	520	4 000	—
77,0	180	.	.	88	.	.	.	.	.	.	—
36,0	142	.	.	80	.	145	.	.	48	457	—
.	394	.	.	97	.	.	.	.	.	.	—
380,0	495	160	.	.	44	150	.	.	300	3490	—
1510,0	2350	350	0	312	99	570	1,9	1 000	920	6 600	—
1120	1440	185	0	150	—	—	4,2	1 000	450	5 500	—
300,0	520	155	0	140	70	.	8,5	1 000	470		
320,0	550	160	0	140	72	120	10	1 000	500	3 300	—
355,0	620	180	0	150	73	126	9	1 000	800		
3460,0	5 000	322	3 000	300	110	258	4,0	1 000	1 000	6 400	—
3950,0	5 600	364	3 000	340	.	.	3,3	1 000	1 800	7 500	—
.	1 000	385	0	.	.	.	.	.	.	.	—
2304,0	2 900	—	233	—	127	—	4,8	1 000	—	3 800	—
812,4	1310	170	0	—	49,5	—	—	—	450	—	—
—	2 000	650	—	—	—	—	—	—	—	—	—
	56 000	380	—	—	—	—	—	—	—	—	7 × MG + MK
—	—	—	—	—	—	—	—	—	—	—	
2644,0	3850	330	2 000	275	110	—	—	—	960	6 500	—
2650,0	2 650	295	2 000	270	105	—	—	—	660	6 400	—
253,0	370	141	.	125	46	171	6,7	1 000	450	3820	—
1460,0	2 100	210	.	185	90	180	6,5	1 000	650	4 000	—
1550,0	2 200	235	.	.	.	.	.	.	.	.	—
350,0	550	160	0	145	65	132	.	.	400	2 800	—
48 200	85 000	345	4 000	300	.	.	.	.	2 300	.	—

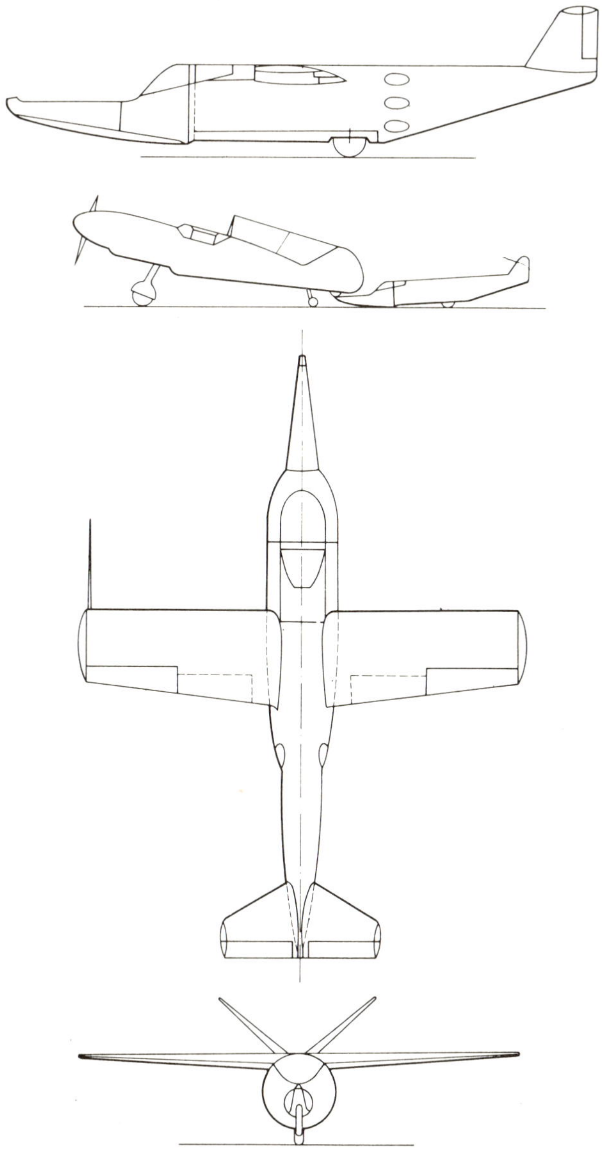

26. Zeppelin Projekt »Fliegende Panzerfaust«

FZ Zeppelin »Fliegende Panzerfaust«

Dieses von der Forschungsanstalt »Zeppelin« entwickelte Miniaturflugzeug, bei dem der Pilot in liegender Stellung untergebracht war, verfügte über einen Bedarfsantrieb von 6 Pulverraketen und eine Bewaffnung von zwei RZ 65-Raketengeschossen. Das Gerät sollte im Starrschlepp (»Deichselschlepp«) von beliebigen zur Bomberabwehr startenden Flugzeugen mitgenommen werden und bei günstiger Gelegenheit vom Schleppflugzeug (Bf 109G) gelöst werden. Geschützt hinter einem Panzerspant konnte der Pilot seine Raketengeschosse nahe am Ziel auslösen. Danach wurde zum Fallschirmabstieg das ganze Bodenblech, auf dem der Pilot lag, einschließlich der Kopfstütze abgelöst. Erst nach Erreichen einer erträglichen Fallgeschwindigkeit sollte der »Liegeplatz« verlassen werden. Das auf dem Bugrüssel und Heckrad landende Fluggerät konnte rasch abmontiert und von 3 Mann auf einem Lastwagen verladen werden. Die verbrauchten Pulverraketen waren schnell austauschbar.

Abmessungen	Spannweite	4,50 m
	Länge	6,00 m
	Flächeninhalt	3,80 qm
Gewicht	Fluggewicht	1200 kg
Leistung	Höchstgeschwindigkeit	850 km/h

FZ Zeppelin Großraumtransporter

Entwurf eines Großraumflugzeugs mit zwei Passagierdecks und darüber befindlichem Aufenthaltsraum I. Klasse. Triebwerk vier Doppelmotoren von je 2000 PS. Fahrwerk ähnlich ZSO 523. Ladeluke im Rumpfbug.

27. Zeppelin Großraum-Transporter-Projekt

Flugkörper

Als einige Jahre nach dem letzten Weltkrieg in der Bundesrepublik Deutschland die erste wissenschaftliche Tagung über Raketen abgehalten wurde, hielt ein Schweizer Raketenexperte es für angebracht, die Veranstaltung mit folgenden Worten zu eröffnen: Die Geschichte der modernen Raketenentwicklung ist in Deutschland geschrieben worden. Dies besagt eigentlich schon alles über die deutsche Raketenentwicklung während des Zeitraumes, den dieses Buch behandelt. Professor Wagner führte dazu auf dem 1. Seminar für gesteuerte Waffen im April 1959 in München (History of german guided missiles development) aus, daß zu Beginn des Krieges noch keine speziellen Gruppen für gesteuerte Waffen bestanden, wohl aber zahlreiche Versuchsgruppen, die, als eine Aufgabe an sie herangetragen wurde, sie diese innerhalb kürzester Zeit trotz des technischen Neulandes meisterten. Auch hierfür gab Professor Wagner eine Definition: Die Grundlagenforschung war zu Beginn des Krieges bereits so weit fortgeschritten, daß es nur einer zentralen Lenkung bedurfte, um zu den erzielten Erfolgen zu kommen. Es ist eine Tatsache, daß alle Kriegsentwicklungen auf fertige Vorkriegs-Einzelarbeiten aufbauten.

Die Raketen- und Lenkwaffen-Grundlagenforschung begann in Deutschland schon relativ früh. Bereits 1910 legte Professor Hermann Oberth, wohl der bekannteste Raketenforscher überhaupt, den Grundstein zu seinen umfangreichen Forschungen über den Rückstoßantrieb. Oberth, ein Siebenbürger Volksdeutscher, wurde am 25. Juni 1894 in Hermannstadt geboren. 1923 erschien als Dissertation sein Manuskript über »Die Rakete zu den Planetenräumen«, das als Grundlage der modernen Flüssigkeitsrakete überhaupt angesehen werden kann. Es ist allerdings verwunderlich, daß dieses Genie für die gesamte deutsche Raketenentwicklung kaum in Anspruch genommen wurde. Erst 1938 konnte er seinen Lehrstuhl in Mediasch verlassen und kam nach Deutschland, um sich Spezialaufträgen zu widmen. Trotzdem war das Mißtrauen gegenüber einem Volksdeutschen so stark, daß Oberth nie einen vollständigen Überblick über die Fortschritte der deutschen Forschung erhielt. 1941 wurde er schließlich an das Versuchsgelände nach Peenemünde berufen, um sich mit der Prüfung von Patentschriften auf ihre Eignung für raketentechnische Zwecke zu befassen. Ein weiterer profilierter Kopf der Raketentechnik wurde damals nicht nur in Deutschland Dr.-Ing. Eugen Sänger, der am 2. September 1905 in Pressnitz geboren und 1964 gestorben ist und 1926 mit seinen grundlegenden Arbeiten begann. An der TH Wien holte er sich seinen Doktortitel durch die Dissertation über die »Die Statik vielholmiger Flügel«. Aber schon während seiner Studienzeit hatte er sich mit gasdynamischen und gaskinetischen Rechenverfahren in der Raketenflugtechnik, hohen Überschallgeschwindigkeiten, Flüssigkeitsraketen-Treibstoffen und Fernraketen mit kurzer Antriebsdauer auseinandergesetzt. 1933 erschien sein bis heute grundlegendes Werk »Raketenflugtechnik«. An der TH Wien erhärtete Sänger bis 1935 seine Theorien durch praktische Versuche. 1936 wurde er zum Deutschen Institut für Luftfahrtforschung nach Berlin-Adlershof berufen. Später arbeitete er auch in den Forschungsanstalten von Braunschweig-Völkenrode, Trauen und Ainring. Während dieses Zeitraumes, in dem er mit seiner Frau, Dr. Irene Bredt, zusammen die Forschungen betrieb, oblag ihm auch der Entwurf, der Aufbau und die Leitung des Raketenflugtechnischen Forschungsinstituts in Trauen. Hier arbeitete er unter anderen Projekten den Entwurf eines Raketen-Gleit-Bombers mit 100 Tonnen Schub aus. Seine weitere Tätigkeit bestand darin, grundlegende praktische Versuche über Staustrahlrohre für den Antrieb von Flugzeugen zu führen.

Bezeichnung der Flugkörper

Im Gegensatz zu allen anderen militärisch verwendbaren Luftfahrtgeräten war vom RLM bei den Flugkörpern kein einheitliches Bezeichnungssystem eingeführt worden. Lediglich einige Waffen, durchweg solche aerodynamischer Konzeption, wurden noch in der RLM-Liste der normalen Flugzeuge geführt. Diese Typen sind im einzelnen:

8—117 Henschel »Schmetterling«
8—143 Blohm & Voß
8—217 Henschel »Föhn«
8—226 Blohm & Voß
8—246 Blohm & Voß
8—293 Henschel
8—294 Henschel
8—295 Henschel
8—296 Henschel
8—297 Henschel, später in Hs 117 umbenannt
8—298 Henschel
8—344 Kramer, später in X-4 umbenannt.

Trotzdem läßt sich die deutsche Flugkörperentwicklung in neun große Gruppen einteilen:
Blohm & Voß mit der BV-Reihe
Deutsche Raketenversuchsanstalt Peenemünde mit der A- und C-Reihe.
Elektromechanische Werke mit der »Taifun«
Fieseler mit der Fi 103 (FZG 76, V 1)
Henschel mit der Hs-Reihe
Konrad in Zusammenarbeit mit Messerschmitt mit der »Enzian-Reihe«
Kramer mit der X-Reihe
Rheinmetall-Borsig mit der »Rhein-Reihe«, und
Allgemeine Luftkampfraketen.

Blohm & Voß

Blohm & Voß Schiffswerft, Abteilung Flugzeugbau, Hamburg-Steinwerder

Im Oktober 1940 wurde bei der DVL ein Torpedo LT 5F mit Gleitfläche und Leitwerk in Windkanal erprobt. Es wurden dann die Gleit-Torpedos GT 1 und GT 2 geplant. Eine Fertigung fand aber nicht statt. Stattdessen wurde bei der Luftfahrt-Forschungsanstalt Braunschweig-Völkenrode ein Gleittorpedo LT 9,2 »Frosch« entwickelt: Inzwischen hatte aber Chefkonstrukteur Dr.-Ing. Richard Vogt bei Blohm & Voß den Gleittorpedo L 10 »Friedensengel« als Entwurf vorgelegt, zu dessen Gunsten dann die anderen Entwicklungen aufgegeben wurden.

Blohm & Voß L 10 »Friedensengel«

Hierbei handelte es sich um einen Torpedoträger zur Erhöhung der Abwurfentfernung des Torpedos LT 950 C. Dieser Gleiter sollte aus einer Höhe von 2500 m abgeworfen werden und eine Reichweite von 8500 m besitzen. Bereits 3 Sekunden nach dem Abwurf wurde ein kleiner Flugdrachen aus einem Behälter unter der linken Tragfläche ausgestoßen, der an einem 25 m langen Kabel nachgeschleppt wurde. War der L 10 etwa 10 m über der Wasseroberfläche, so streifte der Flugdrachen diese und löste durch die vorn angebrachte Membrane elektrisch den Sprengbolzen aus, mit denen der LT 950 C am L 10 befestigt war. Der LT löste sich vom L 10 und lief nun auf einer Unterwasserbahn auf das Ziel zu. Es wurden 54 Stück hergestellt, die ab September 1942 bei den Versuchsabwürfen verbraucht wurden. Es wurden dann 330 Stück in verschiedenen Versionen geplant, von denen 270 Stück auch tatsächlich gebaut worden sind. Hiervon wurden 136 Stück bei Versuchen verbraucht und 34 Stück zur Truppenerprobung an das KG 26 geliefert. Am 21. Dezember 1943 wurde von der He 111 H-6, ND + AS, das Versuchs-

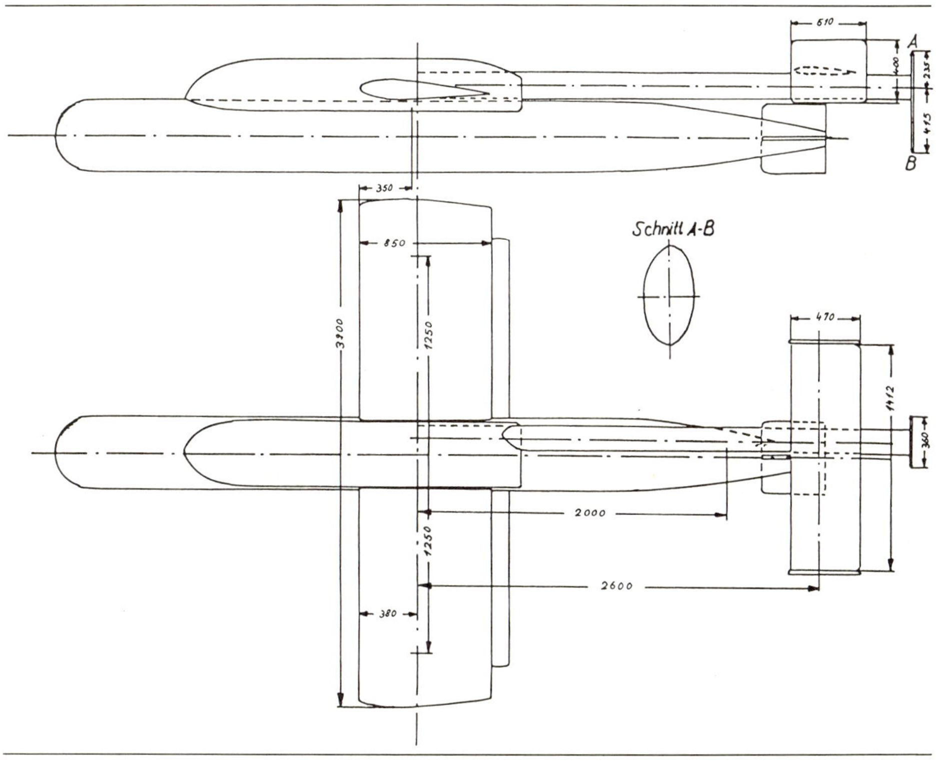

28. Torpedogleiter L 10 »Friedensengel«

30. Blohm & Voß L 10 »Friedensengel«

gerät Nr. 58 aus 428 m Höhe bei 281 km/h abgeworfen und bei einem Gleitwinkel von 16° in 18,9 Sekunden Flugzeit eine Weite von 1448 m erreicht. Eine andere He 111, PB + PJ, konnte mit einem anderen Versuchsgerät eine Reichweite von 3276 m erreichen. Bis Kriegsende baute man etwa 450 L 10, die in Peenemünde und Gotenhafen-Hexengrund erprobt wurden. Zu einem Fronteinsatz kam es nicht mehr.

Abmessungen: Spannweite 2,802 m, Länge 3,894 m, Höhe 0,588 m. Gewicht des L 10 ohne LT 950 C etwa 220 kg.

Blohm & Voß L 11 »Schneewittchen«

Hier handelte es sich um eine Weiterentwicklung des L 10, bei dem sich der LT 950 C in zwei Rumpfhalbschalen befand,

29. Torpedogleiter L 11 »Schneewittchen« (Skizze)

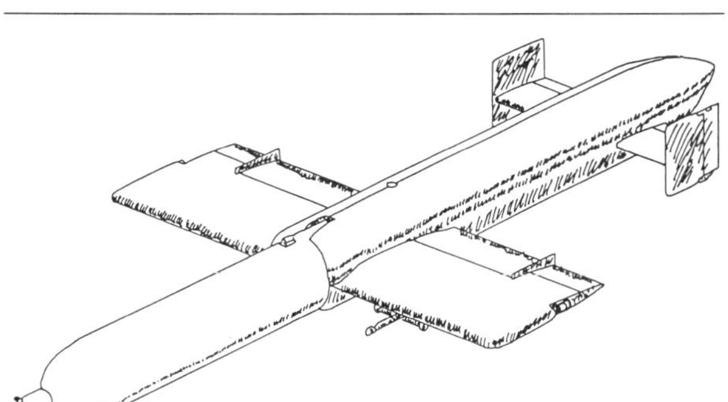

aus denen er sich in einem ähnlichen Verfahren wie beim L 10 löste. Als Trägerflugzeug war das Blohm & Voß-Projekt P. 204 vorgesehen.

Das RLM lehnte diesen Entwurf aber aufgrund eines Preises von RM 15000,— pro Stück ab.

Blohm & Voß Bv 143

Bei der BV 143 handelt es sich um einen mit einer kleinen Walter-Rakete ausgerüsteten Gleittorpedo, der zum Einsatz gegen Schiffsziele bestimmt war. Es war vorgesehen, daß das mit einem Infrarot-Zielsuchkopf »Hamburg« ausgestattete Projektil etwa 5 bis 7 km vom Ziel entfernt von einem Trägerflugzeug abgeworfen und im automatisch gesteuerten Sinkflug auf das Ziel zugleiten sollte. Aus der geneigten Gleitflugbahn sollte die BV 143, bevor sie in das Wasser eintauchte, kurzzeitig Schub aus dem Raketenmotor erhalten und — dicht über der Wasseroberfläche — noch einmal kurz in den Steigflug übergehen. Für die Umsteuerung auf die neue Flugbahn bei der geringsten Wasserberührung wurde ein mechanischer Fühler entwickelt, der aber nicht befriedigte. Weitere Versuche mit einer normalen Barometerdose schlugen ebenfalls fehl. Erfolg versprach nur ein elektrisches Höhenlot, welche aber seinerzeit noch nicht zur Verfügung stand. Zu erwähnen bleibt noch, daß für den Gleittorpedo auch ein chemisch betriebenes Katapult für den Katapultstart von Schiffen aus entwickelt wurde. Insgesamt aber stieß die Entwicklung dieses Steuerungs- und Triebwerksautomaten auf so große Schwierigkeiten, daß sie vor der Serienreife abgebrochen wurde.

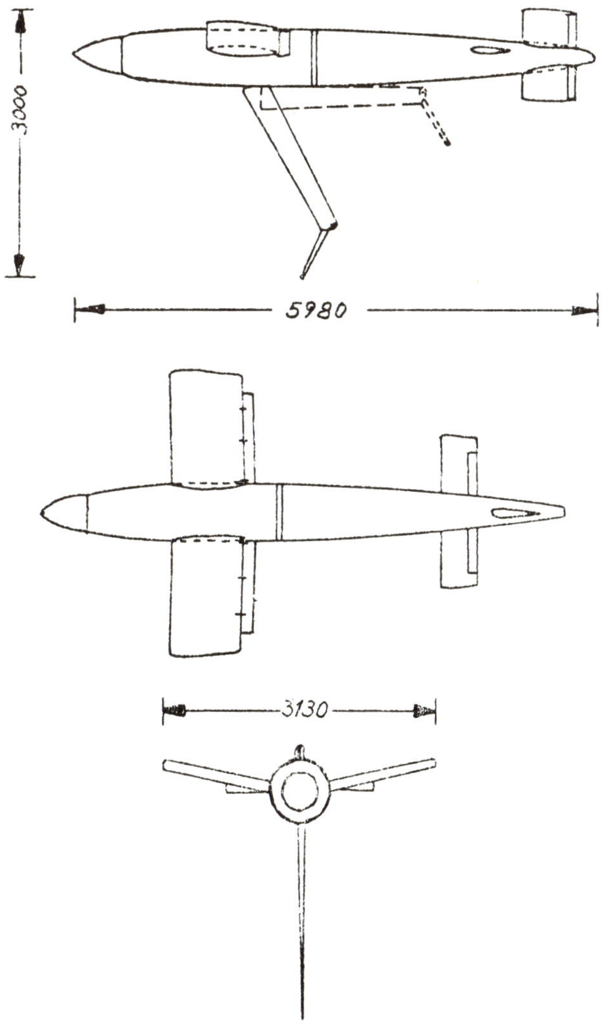

30. Blohm & Voß Bv 143 A ◁

Abmessungen: Spannweite 3,13 m, Länge 5,98 m, Gewichte: Leergewicht 407,5 kg, Sprengladung 500 kg, Treibstoff 165,5 kg, Fluggewicht 1073 kg.

Als Triebwerk war die Walter-Startrakete 109-501 vorgesehen. Es wurden vorerst 200 Stück hergestellt, später diese Menge auf 250 erhöht. Die Erprobung mit He 111 H-6 als Trägerflugzeug wurde ab Februar 1941 im Raum Zinnowitz, östlich Peenemünde, durchgeführt. Obwohl mit Bv 143 V 17 im April 1941 bei einer Brennzeit des Triebwerks von 70 Sekunden eine Flugstrecke von 24 km in drei Minuten und 40 Sekunden erreicht wurde, blieb die Einhaltung des Abstandes zur Wasseroberfläche ein unlösbares Problem. So wurde nach Fertigung einer kleinen Serie die ganze Entwicklung bei der Luftwaffe gestrichen.
Da die Kriegsmarine Interesse zu zeigen begann, wobei man sich Bv 143 als Katapultwaffe vorstellte, begann Dr. Vogt bei Blohm & Voß das Gerät entsprechend umzukonstruieren. So entstand die Bv 143 B, nachdem man vorher bereits eine Bv 143 A-2 als »B« bezeichnet hatte. Dieses Gerät hatte äußerlich nicht mehr viel Ähnlichkeit mit der Bv 143. Tragflächen und Leitwerk besaßen Endscheiben mit schmalen Rudern, wobei die Spannweite des Höhenleitwerks nicht viel geringer als die der Tragflächen war. Zumindest ein Exemplar dieser Katapultausführung ist erprobt worden. Zu einem Fronteinsatz kam es nicht mehr.

Blohm & Voß Bv 226/246 »Hagelkorn«

Dr. Vogt schlug als Ersatz für die V 1 (FZG 76 / Fi 103) eine Ferngleitbombe vor, die von He 111 H und Ju 88 A-4 getragen werden sollte, wobei man hoffte, bis zu drei dieser

31. Blohm & Voß Bv 143 A ▽

32. Blohm & Voß Bv 143 Katapultversion auf Abschußrampe

Geräte transportieren zu können. Als Lastenträger war das ETC 2000 vorgesehen. Dieses Gerät, zuerst als Bv 226, später als Bv 246 »Hagelkorn« bezeichnet, sollte aus einer Höhe von 7000 m bei einer Abwurfgeschwindigkeit von 550 km/h abgeworfen werden und eine Reichweite von 210 km erzielen, wobei sich die Geschwindigkeit der Bombe in Bodennähe auf 450 km/h verringerte. Da nach den ersten Versuchen die Treffgenauigkeit nicht befriedigte, sie war schlechter als bei der V 1, lehnte das RLM dieses Projekt ab. Erst im Sommer 1943 besann man sich im RLM auf die Bv 246, von der nun elf Versionen geplant wurden. Am 2. Juli 1943 erhielt die Erprobungsstelle Karlshagen den Erprobungsauftrag für die Bv 246 B. Die Truppenerprobung sollte beim KG 101 in Greifswald erfolgen.

Die Erprobung wurde mit einer Ju 188 E-1, W.Nr. 260393, durchgeführt, führte aber zu keinen befriedigenden Ergebnissen. Gleitwinkel und Treffgenauigkeit entsprachen nicht den gestellten Forderungen. Als das Trägerflugzeug zu Bruch ging, wurden die Versuche abgebrochen. Trotzdem wurde am 12. Dezember 1943 Serienbauauftrag erteilt, aber bereits am 26. Februar 1944 wieder gestoppt. Auf Grund neuer Beratungen am 8. März 1944 wurde dann die Erprobung am 14. März 1944 wieder aufgenommen, jedoch am 13. Mai 1944 die Produktion wegen zu großer Trefferabweichungen abgebrochen. Nur eine Kleinserie von 550 Bv 246 B wurde zur Verwendung als Flakzielmodell in Auftrag gegeben. Zwischen dem 3. Juli 1943 und 5. Juli 1944 erprobte man 238 Bv 246 mit verschiedenen Steuerungssystemen, wobei Ju 88 A-4,

31. Blohm & Voß Bv 226/246

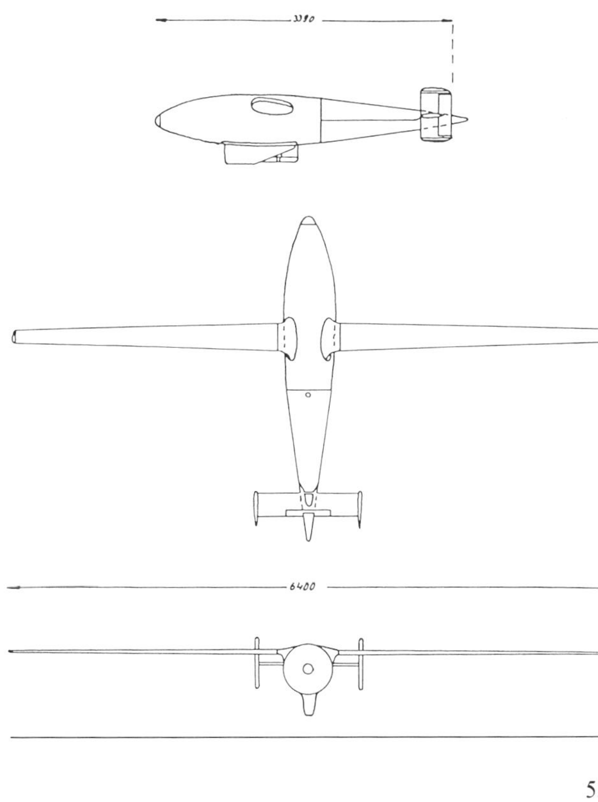

33. Blohm & Voß Bv 246

He 111 H-6 und Fw 190 A-6 als Trägerflugzeug dienten. Am 5. Juli 1944 forderte KG 101 60 Bv 246 zur Truppenerprobung an, einen Tag später wurde jedoch wieder alles, außer dem Flakzielmodell, gestoppt.
Als erstes Flugzeug wurde eine Fw 190 A VL + FG als Trägerflugzeug für die Bv 246 verwendet. Weitere Erprobungen wurden Juli 1944 mit der Fw 190 G-8, W.Nr. 130975, durchgeführt. Hierbei wurden in Karlshagen vier Probewürfe ausgeführt. Dort wurden dann am 17. Juli 1944 29 Bv 246 durch Luftangriff zerstört.

Typ: Automatisch gesteuerte Gleitbombe.
Art: Luft/Boden.
Aufbau: Normaler Flugkörper-Aufbau als freitragender Mitteldekker mit einem Flügel großer Streckung und einem kreuzförmigen Leitwerk. Ein großer Teil des Rumpfes wird von dem Bombenkörper gebildet, der aus zwei verschweißten Tiefziehblech-Halbschalen von 1,5 mm Dicke besteht. Das Rumpfheck ist als konische Halbschale aus Holz gebaut und durch einen ebenfalls als Halbschale aufgebauten Deckel verschlossen. Der zweiteilige Flügel besitzt massiven Stahlholm, der sich aus einzeln miteinander verschweißten Blechlamellen zusammensetzt. Die restliche Flügelstruktur besteht aus einer Umgießung des Holmes mit Magnesit-Zement, Querruder besitzt der Flügel nicht. Freitragendes Leitwerk in Kreuzform mit weit nach unten durchgezogener Kielflosse. Kleine zweiteilige und feststellbare Höhenruder, miteinander gekuppelt. Einteiliges Seitenruder. Aufbau der Flossen aus Preßfurnier mit eingeleimten Rippen, Ruder voll aus Lignidur gepreßt.
Antrieb: Ohne Antrieb.
Startart: Freier Fallstart vom ETC des Trägerflugzeuges.
Steuerung: Automatische Kreiselkurssteuerung, über eine Stoßstange nur auf das Seitenruder wirkend.
Militärische Nutzlast: Bombensprengkopf mit 430 kg Pulverladung, Aufschlagzünder.

Die in Karlshagen vorhandenen 29 Bv 246 zerstörte am 17. Juli ein Luftangriff. Am 14. August 1944 wurden alle Versionen der Bv 246 zur Erprobung freigegeben und eine neue Erprobungsstelle in Faßberg bei Celle vorgesehen. Es sind im ganzen fast 1100 Bv 246 hergestellt worden, von denen am 1. Januar 1945 noch 599 vorhanden waren. Obwohl die He 111 H-6 mit dem als Höhenmesser eingebauten FuG 103 mit zwei Bv 246 in 45 Minuten auf 7000 m Höhe stieg und Arado Ar 234 und Me 262 als Trägerflugzeuge vorgesehen waren, konnte nicht einmal die Truppenerprobung abgeschlossen werden.
Gegen Ende des Krieges wurden noch zehn Bv 246 mit dem »Radieschen«-Zielsuchkopf (von Rahmen-Dipol) ausgerüstet und auf dem Artillerie-Schießplatz in Unterlüß erprobt. »Radieschen« war ein Spezialzielsuchkopf, der die Geschosse selbsttätig in die Radar- und Leitanlagen für die alliierten Bomber an der englischen Süd- und Südostseite leiten sollte. Durch die unzureichende Steuerfähigkeit in Verbindung mit mangelnder Stabilität führten allerdings nur zwei der Abwürfe mit der Bv 246 B zum Erfolg.

34. Focke-Wulf Fw 190 A-4 mit Bv 24

Fieseler

Gerhard Fieseler Werke GmbH, Kassel

Die damaligen artilleristischen Mittel, die keine Fernbeschießung Englands zuließen, führten schon frühzeitig zu Plänen, automatisch gesteuerte Flügelbomben für diese Zwecke zu entwickeln. Als schließlich im intermittierenden Pulso-Schubrohr ein billiges Verschleißtriebwerk heranreifte, erhielten die Fieseler-Werke am 5. Juni 1942 den Auftrag, für dieses Triebwerk eine entsprechende Zelle zu bauen. Die Entwicklung des Prototyps lief bei den Gerhard Fieseler Werken GmbH unter der Bezeichnung Fi 103. Später erhielt das Projektil die Untergruppenbezeichnung FZG 76 und, kurz vor dem Einsatz, den allgemein bekannten Namen V 1 (Vergeltungswaffe 1). Rein äußerlich unterschied sich der Prototyp von dem nachfolgenden Serienmuster. Das Leitwerk besaß noch Kreuzform, hatte also eine Kielflosse von der gleichen Größe der Seitenflosse. Eine weitere Stabilisierungsflosse befand sich vor dem Lufteinlauf des Triebwerkes auf der Rumpfoberseite in Höhe der Flügel. Die weitere Entwicklung bis zur Serienreife wurde bei der Luftwaffen-Sonderentwicklungsstelle Peenemünde-West durchgeführt.

Fieseler Fi 103 (FZG 76 V 1)

Das Geschoß war wie ein normales Flugzeug aufgebaut und benötigte zur Herstellung etwa 280 Arbeitsstunden und 3 500 RM. Der erste Einsatz war für den 15. Februar 1944 vorgesehen, mußte aber, da die Abschußrampen inzwischen zerstört worden waren, verschoben werden und fand erst am 16. August 1944 statt. Innerhalb von 80 Tagen wurden dann

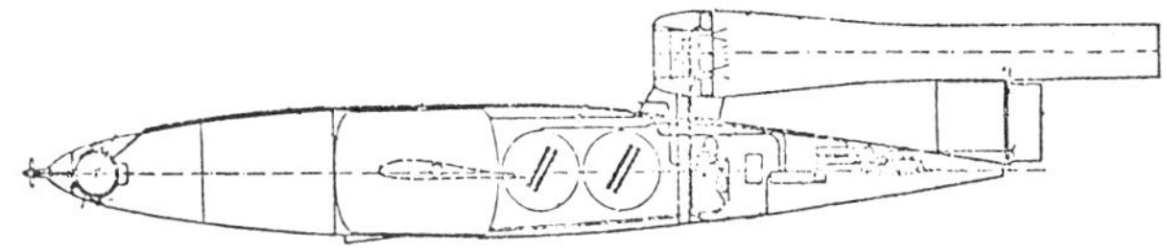

32. Fieseler Fi 103 (FZG 76)

mehr als 9300 Projektile gegen Ziele in London und Südengland verschossen. Etwa 2000 fielen sofort nach dem Start durch technische Fehler aus. Von den übrigen wurden durch Jäger 24 % zum Absturz gebracht, 17 % von der Flakartillerie abgeschossen und 5 % in den Ballonsperren aufgefangen. Nur etwa 2400 V 1 erreichten wirklich London. Nach der Aufgabe der Abschußbasen an der Kanalküste wurde der Beschuß durch Trägerflugzeuge von der Nordsee aus fortgesetzt. Von diesen Geschossen erreichten jedoch nur 80 Stück, das waren 56 % der eingesetzten Menge, die englische Hauptstadt. Weitere V 1-Beschüsse richteten sich gegen Lüttich (3141 Stück) und gegen Antwerpen (8696 Stück).

Typ: Geflügelte Fernbombe.
Art: Boden/Boden.
Aufbau: Flugzeugähnlicher Aufbau als simpler freitragender Mitteldecker. Der symmetrische Rotationskörper-Rumpf besitzt 6 Teile: Bug mit Propeller für die Reichweitenkontrolle und Raum für Magnet-Kompaß; Sprengkörper; Kraftstoff-Tank; Druckluftbehälter; Raum für das Steuergerät und, im Heck, die Servoanlage für die Steuerbetätigung. Der zweiteilige Rechteckflügel ist freitragend und rund um einen Rohrholm aufgebaut. Er besitzt Rippen und Blechbeplankung. Ballonkabelabscherer unter der Flügelnase. Zur

35. Fieseler Fi 103 (FZG 76)

Befestigung dient ein Rohrstück, welches durch den Kraftstofftank führt. Querruder besitzen die Flügel nicht. Normales freitragendes Leitwerk mit rechteckigen Umrissen, sämtlich aus Flossen und Ruder bestehend. Seitenflosse nach hinten versetzt, als Heckabstützung des Triebwerkes benutzt. Alle Bauteile außer dem Leichtmetallbug mit einem Holzring für die Aufhängung des Magnetkompasses aus gewalztem Stahlblech.

Antrieb: Ein Argus As 014-Pulso-Schubrohr mit 1 × 335 kp Maximalschub. Lage des Schubrohres oberhalb des Rumpfes, getragen von einem Pylon auf dem Rumpfrücken und der Seitenflosse. Kraftstoffkapazität 550 Liter, gefördert durch Preßluft.

Startart: Schrägstart von einem 55 m langen Katapult unter 6°. Das Katapult besteht aus zwei Schienenträgern mit einem dazwischenliegenden geschlitzten Rohr, durch welches ein Kolben mit dem Starthaken läuft. Startbeschleunigung des Kolbens auf 320 km/h durch chemischen Dampfdruck aus Wasserstoffsuperoxyd und Kaliumpermanganat. Nach dem Verlust der Abschußbasen gegen England an der Küste auch Freistart von Flugzeugen (Heinkel He 111) aus.

Steuerung: Automatische Kreiselkurs-Steuerung durch ein preßluftgetriebenes Steuergerät, über Servoeinheiten auf die Steuerorgane wirkend. Reichweitenkontrolle durch einen Anemometer-Zählpropeller in der Rumpfspitze.

Militärische Nutzlast: Bombenkopf mit 850 kg Pulverladung.

Fieseler Fi 103 (V 1 / R 3)

Gegen Kriegsende wurden Versuche mit bemannten V 1 für den Einsatz als Rammjäger gegen alliierte Bomberverbände durchgeführt. Diese Aktion erhielt die Tarnbezeichnung »Reichenberg« und die V 1-Umbauten die Rüstsatzkennummer Fi 103 / R 3. Der Umbau bestand hauptsächlich im Einbau einer Pilotenkanzel vor dem Lufteinlauf des Triebwerkes. Es wurden allerdings auch Schulversionen ohne Triebwerk, die jedoch für die Landung eine Kufe besaßen, gebaut und geflogen. Zum Einsatz gelangte »Reichenberg« nicht mehr.

Peenemünde

Deutsche Raketenversuchsanstalt Peenemünde, Peenemünde auf Usedom

Untrennbar verbunden mit der Deutschen Raketenversuchsanstalt Peenemünde ist der Name Walter Dornberger. Der 1895 geborene Dornberger, ehemaliger Artillerieleutnant der Reichswehr, studierte zwischen 1925 und 1930 allgemeinen Maschinenbau an der TH Berlin. Ab 1930 arbeitete er im Heereswaffenamt in Berlin, zunächst als Assistent der Ballistischen- und Munitionsabteilung — beauftragt mit der Entwicklung von Pulverraketen für Heereszwecke — dann als Abteilungschef für die gesamte Raketenentwicklung. Dazwischen leitete er die Versuchsstelle für die Entwicklung von Flüssigkeitsraketen in Kummersdorf bei Berlin. 1935

36. Fieseler Fi 103 »Reichenberg«-Gerät

erhielt Dornberger seinen Dr.-Ing. e.h. der TH Berlin, 1936 wurde ihm die verantwortliche Leitung der Raketenentwicklung des Heeres und, nach Kriegsbeginn, auch der Luftwaffe übertragen. Ab 1943 fungierte er zugleich als Kommandeur der Heeresversuchsstelle Peenemünde. Am 6. Juli 1943 wurde er zum Generalmajor befördert. Nachdem Dornberger bereits im Herbst 1943 mit der Durchführung des A 4-(V 2)-Programms beauftragt worden war, übernahm er ab Januar 1945 als Vorsitzender der Kommission für Fernschießen des Munitionsministeriums die Entwicklung aller gesteuerten Flugabwehrraketen und der V-Waffen.
Die Keimzelle für die größte deutsche Raketenforschungsanstalt in Peenemünde lag auf dem Kummersdorfer Schießgelände, auf welchem 1932 Dornberger eine Versuchsanlage für Flüssigkeitsraketen errichtet hatte. Zu seinen damaligen Mitarbeitern gehörten der spätere technische Leiter von Peenemünde, der vom Raketenflugzeugplatz Reinickendorf kommende Student Wernher von Braun, sowie Grünow und Ing. Riedel. Hier entstanden bereits die A 1 und A 2 der später so berühmten A-Reihe. Die Platzbeschränkungen in Kummersdorf ließen jedoch für die weiteren Versuche eine neue Anlage nötig erscheinen, deren notwendige Abgeschiedenheit im Dezember 1935 von Wernher von Braun bei dem Fischerdorf Peenemünde auf der Insel Usedom gefunden wurde. Die Pläne fanden die Bewilligung des Chefs des Heeres-Waffen-Amtes — General der Artillierie Professor Dr. Dr. Becker — und der Luftwaffe, die unter der zentralen Leitung des Heeres zwei unabhängige Versuchsanlagen bauen wollten. 1937 begann der Bau der bis zum Kriegsende größten Raketenforschungsanstalt der Welt mit einem Kostenaufwand von über 10 Millionen Mark. Während des Krieges beherbergte Peenemünde zeitweise über 20 000 Arbeiter und Angestellte. Die bekannteste Entwicklung aus den Peenemünder Anlagen war das A 4 (Aggregat 4), das unter dem Name V 2 (Vergeltungswaffe 2) als erste Groß-Fernrakete in die Geschichte eingegangen ist. Am 18. August 1943 wurde Peenemünde durch einen RAF-Luftangriff größtenteils in Trümmer gelegt. Die Entwicklung des A 4 konnte jedoch nicht mehr gestört werden, weil inzwischen bereits der Serienbau in unterirdischen Fabriken lief.
Nachfolgend sollen aus den Peenemünder Arbeiten nur die Entwicklungen der Heeresversuchsabteilung — die Projektile der A- und C-Reihe — beschrieben werden, obwohl fast sämtliche deutschen Flugkörper in der Entwicklung und in den Versuchen eng mit der Forschungsanstalt Peenemünde verbunden waren.

A 1

Gemäß dem Heeresbezeichnungssystem für die Flüssigkeitsraketenversuche wurden die einzelnen Projektile als Aggregate bezeichnet und durch den Index A gekennzeichnet. Die Bezeichnung A 1 kennzeichnet also das Geschoß als erstes Aggregat der Heeresversuchsanstalt für Flüssigkeitsraketen, da gleichzeitig auch eine bei 1 beginnende fortlaufende Numerierung gewählt wurde.
Die Entwicklung des A 1 begann 1933 auf dem Heeres-Raketen-Versuchsgelände Kummersdorf-West. Es war ein 1,40 m langer Geschoßkörper mit einem Durchmesser von 0,304 m, der in der Hauptsache die beiden Treibstofftanks für 40 kg flüssigen Sauerstoff und Alkohol aufnahm. Diese Treibstoffmenge reichte für eine Betriebszeit von 16 Sekunden aus, um in der Brennkammer aus Aluminium einen Schub von 300 kp zu erzeugen. Die Treibstoff-Förderung erfolgte über komprimierten Stickstoff. Der Wirkungsgrad der Brennkammer war noch recht schlecht, aber sie brannte wenigstens nach einigen Versuchen nicht mehr durch. Einmal durch ihre noch enorme Baulänge, dann aber auch zu Kühlzwecken ragte sie in den Alkoholtank hinein. Probleme brachte die Stabilisierung des Geschosses mit sich. Eine stabilisierende Rotation um die eigene Längsachse schied von vorneherein aus, weil die auftretende Zentrifugalkraft die Treibstoff-Förderung erschwert hätte. Schließlich wurde die Lösung in einer Art Stabilisierungskreisel gefunden, einem mit einer Achse in Kugellagern laufenden, schweren, als Nutzlastträger ausgebildeten Stahlkörper, der mit seinen 40 kg Gewicht einen wesentlichen Anteil des Gesamtgewichtes des A 1 mit 150 kg stellte. Der als Achse eines Drehstrommotors ausgebildete Rotationskörper mußte vor dem Start auf höchste Tourenzahl gebracht werden. Der Start selbst sollte aus einer mehrere Meter langen Abschußrinne senkrecht nach oben erfolgen. Die Startversuche mißlangen jedoch. Prüfungen und Nachrechnungen ergaben, daß das A 1 zu kopflastig war und deshalb nicht einwandfrei abheben konnte. Das Gerät wurde danach nur noch für Brennversuche am Stand verwendet.

A 2

1934 wurde, ebenfalls noch in Kummersdorf, das A 1 nach den ersten Erfahrungen umgebaut. Bei gleichem Triebwerk und sonst analogem Aufbau erhielt dieses A 2 die Kreisel-Stabilisierungsanlagen in die Mitte zwischen den Treibstofftanks eingebaut. Mit dieser Ausführung konnten Anfang Dezember 1934 zwei erfolgreiche Starts auf der Nordseeinsel Borkum durchgeführt werden, bei denen eine Gipfelhöhe von 2200 m erreicht wurde.

A 3

Bereits 1933 war mit der Entwicklung größerer Brennkammern begonnen worden, besonders einer, die für 45 Sekunden Brennzeit einen Schub von 1000 kp abgeben sollte. Kühlschwierigkeiten, die immer wieder zum Durchbrennen der Brennkammern an den engsten Querschnitten führten, zogen die Versuche über Jahre hinaus. Startversuche mit größeren Raketen konnten darüber hinaus nicht mehr in Kummersdorf durchgeführt werden. So ruhten dann die Schießversuche bis Anfang 1937. Inzwischen wurde nun in

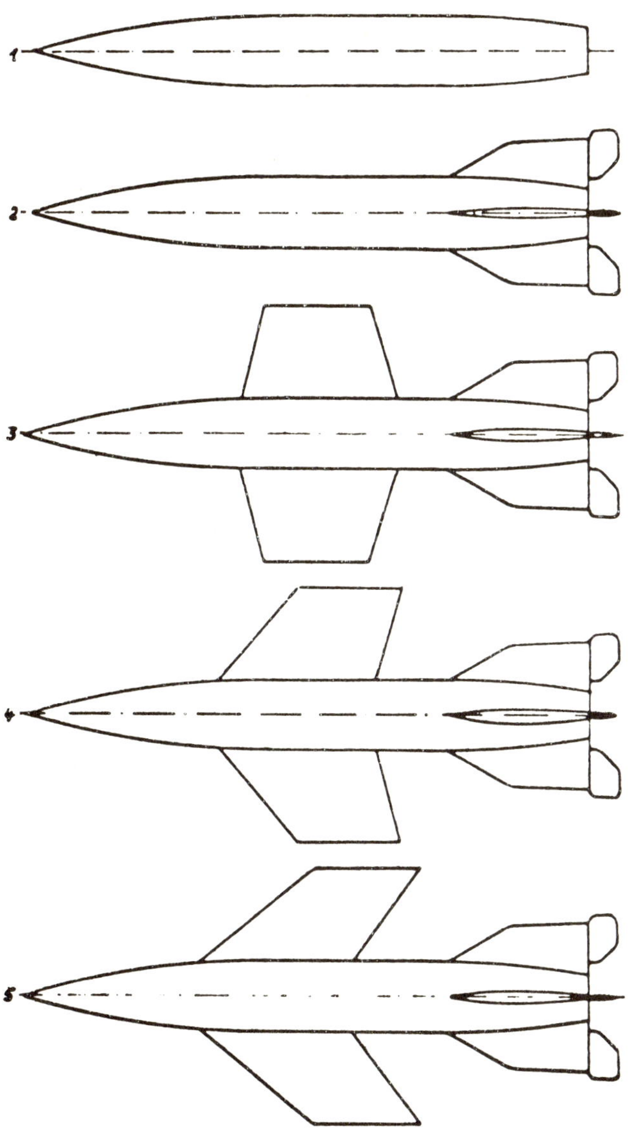

36. Erprobungsmodelle für A 4b (Ausführung: Modell 5)

fördern konnte. Die ganzen Schwierigkeiten wurden bis Anfang 1942 beseitigt. Der erste Versuchsabschuß, es war die A 4 V-2, fand am 13. Juni 1942 in Peenemünde statt. Er schlug fehl und die Rakete explodierte in 1,3 Kilometer Entfernung. Auch der zweite Start am 16. August 1942 mit der A 4 V-3 wurde ein Versager. Erfolgreich verlief erstmals der Abschuß der A 4 V-4 am 3. Oktober 1942. Das Projektil erreichte eine Entfernung von 190 km und wich nur 4 km seitlich von der Ziellinie ab. Bis zum 9. Juli 1943 erfolgten insgesamt 31 Versuchsabschüsse, dann ging das Muster in die Serienfabrikation, hauptsächlich in den unterirdischen Mittelwerken. Bis zum Beginn der Massenabfeuerungen im September 1944 wurden etwa 12000 A 4 fertiggestellt. Jede erforderte einen Aufwand von 12950 Arbeitsstunden und kostete 38000 RM.

Der erste kriegsmäßige Einsatz — inzwischen waren rund 100 Versuchsabschüsse mit etwa 20 % Fehlstarts erfolgt — fand am 8. September 1944 statt.

Bis zum 27. März 1945 wurde fast pausenlos geschossen. Insgesamt kamen etwa 5500 Geräte zum Abschuß. Davon trafen rund 2000 das Stadtbild von London und etwa 1600 das von Antwerpen. Die Reichweite konnte im Verlauf der Entwicklung von anfänglich 320 km auf 380 km erhöht werden.

Typ: Ballistische Fernrakete.
Art: Boden/Boden.
Aufbau: Zentraler Geschoßkörper für den reinen ballistischen Flug. Die Spitze wird vom Sprengkörper gebildet. Darunter befindet sich der Geräteraum mit den Kontroll- und Funkgeräten, dann folgt der Behälter mit Alkohol und der mit dem flüssigen Sauerstoff. Diese beiden Behälter nehmen das Hauptvolumen des gesamten Körpers in Anspruch. Unterhalb des Sauerstoffbehälters befindet sich schließlich die Kraftstoff-Förderanlage und im Heck letztlich die Brennkammer. Die gesamte Raketenhülle ist aus Stahlblech aufgebaut, welche durch Quer- und Längsstringer versteift wird. Die Blechdicke beträgt im Bereich der Treibstoffbehälter 0,6 mm. Zur Flugstabilisierung des Gerätes dient eine kreuzförmige Heckflossenpartie mit je vier aerodynamischen und vier Strahlrudern. Letztere bestehen aus Graphit.
Antrieb: Flüssigkeitsraketenmotor, betrieben mit A-Stoff (flüssiger Sauerstoff) und Alkohol (Gemisch aus 75 % Äthylalkohol und 25 % Wasser). Zwei Tanks für 3500 kg Äthylalkohol und 5250 kg Sauerstoff liegen hintereinander im Raketenkörper und sind durch Laschen gegen die Außenhaut abgestützt. Bei Inbetriebnahme stehen beide Haupttanks unter einem Druck von 1,4 at, um einerseits die Kraftstoff-Förderung zu unterstützen, andererseits während der Beschleunigungsperiode ein Einknicken der Behälter zu verhindern. Die Treibstoff-Förderung erfolgt über ein Pumpensystem. Dieses besteht aus einer zweistufigen Dampfturbine mit durchlaufender Welle, an deren beiden Enden sich jeweils die Alkohol- und Sauerstoffpumpe befindet. Der zum Antrieb der Dampfturbine erforderliche überhitzte Dampf wird auf chemischem Wege aus Wasserstoffsuperoxyd und Permanganat gewonnen. Beide Stoffe werden durch Druckluft in einen Dampfgenerator geleitet. Die Turbine leistet 680 PS bei 5000 min^{-1} und 113 Sekunden Betriebszeit. Gewicht der für die Dampferzeugung nötigen Stoffe 181 kg. Die Sauerstoff-Zentrifugalpumpe besitzt bei 268 mm Zentriraddurchmesser eine Förderleistung von 72,5 kg/sec bei 500 min^{-1}, und einen Betriebsdruck von 24,5 atü. Die Alkohol-Zentrifugalpumpe mit 341 mm Durchmesser hatte eine Leistung von 56,5 kg bei gleicher Drehzahl, und 26 atü Betriebsdruck. Nach der Expansion in der Dampfturbine wird der Dampf durch einen Wärmeaustauscher geleitet und dann im Heck der Rakete ins Freie geführt. Der Wärmeaustauscher dient dazu, beim Startvorgang eine geringe Menge von Flüssigsauerstoff schnell zu verdampfen, um im Sauerstofftank einen höheren Druck zu erhalten. Die Brennkammer selbst, die einen größten Durchmesser von 1,10 m aufweist, besteht

37. Peenemünde A-4 (V 2) auf Meilerwagen, Aufrichten zum Abschuß

aus zusammengeschweißten Stahlblechsegmenten von 6 mm Wandstärke. Darüber wölbt sich ein Stahlblech-Kühlmantel. Zwischen den beiden Mänteln fließt der zur Kühlung herangezogene Alkohol-Treibstoff vom Düsenende zu den Mischdüsen am Brennkammerboden. Über diesen Alkoholstrom werden auch die winzigen Bohrungen in der Brennkammerwand für die Filmkühlung gespeist. Auf dem Brennkammerboden befinden sich, verteilt auf zwei konzentrischen Kreisen, 18 Mischdüsen. Das Triebwerk leistet über 68 Sekunden Brenndauer bei einer Ausströmgeschwindigkeit von 2160 m/sec einen Schub von 27500 kp.
Startart: Freistehender Senkrechtstart von einer Abschußplattform. Für die Beförderung war das Gerät so ausgelegt worden, daß es den Eisenbahnnormen entsprach. Für den Straßentransport über lange Strecken wurde ein Spezialwagen entwickelt (Vidalwagen). Endtransport bis zum Abschußort ebenfalls auf einem Spezialwagen (Meillerwagen), der das Aufrichten der Rakete aus der Horizontalen in die vertikale Startstellung ermöglicht. Startvorbereitungen in 12 Minuten durch Auffüllen von Sauerstoff, Alkohol, Wasserstoffsuperoxyd und Kaliumpermanganat, weiterhin durch Anwärmen der Hauptventile und des Pumpenaggregates durch Warmluft. Startvorgang selbst fernbetätigt von einem Feuerleitwagen aus: Einführen des mit einer Heizspirale versehenen Zündstabes in die Brennkammer, Öffnung der Treibstoff-Hauptventile und anschließender Inbetriebnahme der Turbopumpe.
Steuerung: Automatische Kreiselkurssteuerung. Zur Erreichung einer maximalen Schußweite erfolgt der Flug über eine Parabelbahn. Der senkrechte Start bedingt deshalb nach einer gewissen Zeit eine Aussteuerung des Projektils aus der Vertikalen, was mit Hilfe der Strahlruder geschieht. Die Betätigung der Strahlruder (und auch der aerodynamischen Ruder) erfolgt über einen Autopiloten, welcher generell aus zwei Kreiselsystemen mit je drei Freiheitsgraden besteht. Je ein System ist für die Bewegungen um die Längs- und um die Querachse verantwortlich, so daß die Flughöhe und die Schlingerbewegungen beeinflußt werden können. Zusätzlich sind für den Ausgleich der Schlingerbewegungen zwei Potentiometer vorhanden, die ebenfalls einen entsprechenden Ausschlag der Strahlruder bewirken. Die Auslenkung aus der vertikalen Startrichtung in etwa 20 km Höhe auf einen Winkel von 45 bis 40° erfolgt durch die Einschaltung eines zeitbedingten Flugwegprogramms. Die ersten Geschoße der A 4-Reihe erhielten ein Radio-Empfangs- und Sendegerät, welche zur Streckensteuerung und Meßwertübermittlung dienten. Die jeweilige Geschwindigkeit ließ sich unter Anwendung des Doppler-Effekts bestimmen. Sobald die Rakete die Impulse über die rechnerisch ermittelte Geschwindigkeit abgab, wurde durch ein Radiosignal vom Boden aus die Treibstoffzufuhr unterbrochen. Die Radiosteuerung wurde jedoch bald fallengelassen und durch einen Beschleunigungs-Integrator ersetzt. Dieses Gerät arbeitet rein automatisch und schaltet damit Reaktionsfehler der Steuermannschaft aus. Die zahlreichen Steuerkreisel und Kommandowalzen für die Befehlskontakte werden durch komprimierten Stickstoff angetrieben, der sich, in Flaschen gelagert, ebenfalls innerhalb des Steuerraumes befindet.
Militärische Nutzlast: Sprengkopf mit 975 kg Pulverladung und Aufschlagzünder.

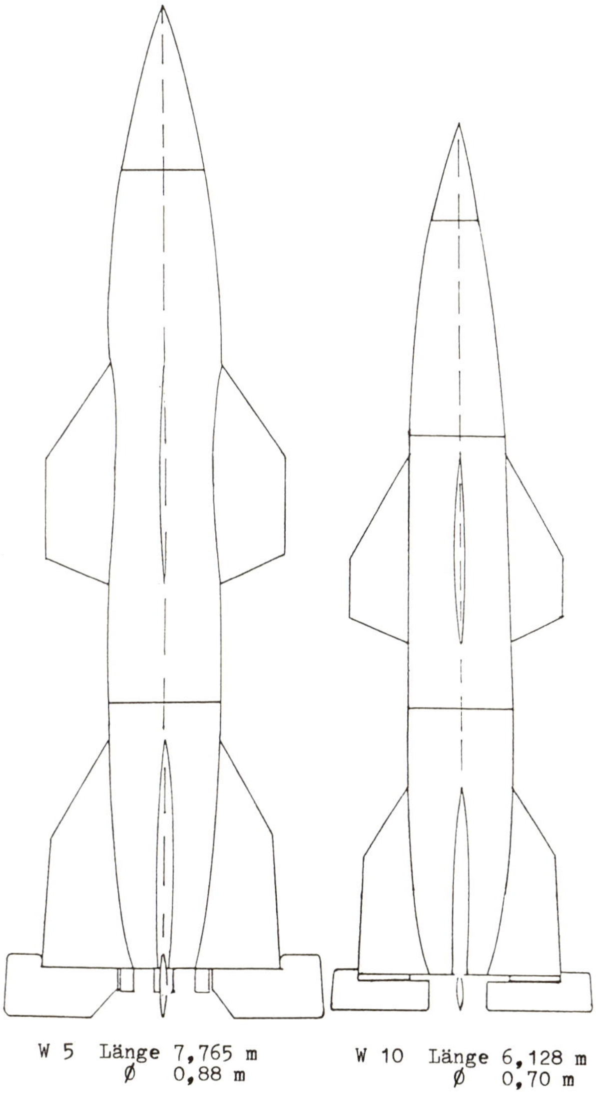

38. Peenemünde C 2 »Wasserfall« Version W 5 und W 10

Der anschließende Gleitflug schließlich sollte mit einer Sprengladung von 975 kg über eine Entfernung von 4800 bis 5000 km reichen.

C 2 »Wasserfall«

Erster Anlaß für die Entwicklung von Flugkörpern für die Belange der Luftabwehr war der Wunsch nach einer Funklenkanlage für Zieldarstellungen für die Flakartillerie. Bereits ab 1936 arbeiteten die Argus-Flugmotorenwerke zusammen mit der DFS an einem »Flakzielgerät FZG«. Aus dem Erprobungsmuster Mo 09 entstand das Gerät Mo 12, später als As 292 bezeichnet. Es hatte 2,4 m Spannweite und erreichte mit einem 3-PS-Motor eine Geschwindigkeit von 90 km/h. Dr. Kloepfer von der Firma Lorenz entwickelte dafür 1939/40 die Funksendeanlage FuG 204 »Kehl II«. Die Empfangsanlage war in dem stabförmigen Rumpf des As 292 untergebracht. Im November 1939 besichtigte der Generalluftzeugmeister Udet das erfolgreich erprobte Gerät und 100 Stück wurden hergestellt.

Eine vergrößerte Ausführung mit eingebauter Kamera sollte als unbemannter Aufklärer eingesetzt werden. Die nach dem Kriege in den USA entwickelten »Drones« haben also damals schon Vorgänger in Deutschland gehabt.

Der ab 1941 ständig steigende Einsatz feindlicher Bomberverbände über dem Deutschen Reich zeigte, daß die Flakartillerie bald die Grenze ihrer Wirkungsmöglichkeit erreichen würde. So konnte der General der Flakartillerie von Axthelm am 18. September 1942 einen Befehl zur Entwicklung von Flugabwehr(Fla)-Raketen durchsetzen. Noch vor Ende 1942 gab das RLM den Entwicklungsauftrag für die Fla-Rakete »Wasserfall« an die Flakversuchsanstalt in Karlshagen bei Peenemünde, der unter der Leitung von Dr.-Ing. Haase durchgeführt wurde. Diese Dienststelle wurde nunmehr als »Flak-Versuchskommando Nord« bezeichnet und unterstand in technischer Beziehung Dr. von Braun. Obwohl dieser bereits im November 1942 den Ausbau eines neuen Prüfstandes P IX beantragt hatte, begann der eigentliche Ausbau und damit die Arbeit am Projekt »Wasserfall« erst im Sommer 1943, nachdem Göring die Genehmigung dafür am 17. Dezember 1943 erteilte. Die endgültige Planung für

39. Peenemünde C 2 »Wasserfall«

»Wasserfall« konnte aber, da die notwendigen Fachleute erst einzeln von Frontverbänden zurückgerufen werden mußten, erst am 20. April 1943 fertiggestellt werden.
»Wasserfall« glich äußerlich einer verkleinerten A4 (V 2). Das erste Versuchsmuster explodierte bereits beim ersten Startversuch am 8. Januar 1944. Am 29. Februar startete von P IX das zweite Muster und erreichte eine Höchstgeschwindigkeit in senkrechtem Flug von 2772 km/h. Es wurden etwa 50 dieser Geräte erprobt. Zur Serienfertigung bei den Firmen Arado und Henschel kam es nicht mehr. Ab September 1944 begann die 2. Batterie der Flak-Lehr- und Versuchsabteilung mit dem Vergleichsschießen verschiedener Fla-Raketenmuster. Von allen in Deutschland entwickelten Fla-Raketen ist »Wasserfall« wahrscheinlich die leistungsfähigste, aber auch komplizierteste und aufwendigste gewesen.
Da bereits kurz nach dem Kriege in USA unter Mithilfe von Dr. von Braun die erfolgreiche Fla-Rakete »Nike« entstand, kann man die »Wasserfall« als Vorgängerin für die »Nike« ansehen.
Der Preis der »Wasserfall« lag zwischen RM 7000,— und 10000,—. So kostete ein Volltreffer ca. RM 14000,—, während für den gleichen Erfolg rund 4000 Flak-Granaten, Kostenaufwand RM 400000,—, hätten eingesetzt werden müssen. Die Produktion der »Wasserfall« wurde am 26. Februar 1945 eingestellt, obwohl beim ersten Einsatz, es wurden etwa 50 verschossen, ein durchschlagender Erfolg gegen feindliche Bomberverbände erzielt worden war.

Typ: Fla-Rakete.
Art: Boden/Luft.
Aufbau: Zentraler Geschoßkörper. Die Spitze wird vom Sprengkörper gebildet. Darunter befindet sich der Drucktank für Stickstoff, dann folgen — im Mittelteil des Körpers liegend — hintereinander die Tanks für Visol und SV-Stoff. Zwischen Tanks und der Brennkammer im Heck schließlich befindet sich die elektrische und Steuer-Ausrüstung, während die Rudermaschinen mit den Servokolben in den Heckflossenwurzeln liegen. Am Rumpfmittelstück befinden sich kreuzförmig vier Stummelflügel von je 0,61 m Spannweite, 2,15 m Wurzeltiefe und 1,07 m Endtiefe. Ebenfalls Kreuzform besitzen die Heckflächen mit großen aerodynamischen Rudern und vier Strahlrudern. Der gesamte Raketenkörper ist aus Stahl aufgebaut.
Antrieb: Flüssigkeitsraketenmotor, betrieben mit SV-Stoff und Visol. Zwei Tanks mit 1500 kg SV-Stoff und 450 kg Visol liegen hintereinander im Raketenkörper, Treibstoff-Förderung durch komprimierten Stickstoff. Die 65 kg schwere Stickstoffladung befindet sich unter 200 atü in einem Kugelbehälter hinter dem Sprengkopf. Die Brennkammer ähnelt mit der Regenerativkühlung der des A 4, die Kühlung erfolgt jedoch durch den SV-Stoff. Das Triebwerk leistet über 41 Sekunden Brenndauer einen maximalen Schub von 8000 kp.
Startart: Freistehender Senkrechtstart ähnlich des A 4 von einer Plattform aus.
Steuerung: Leitstrahlsteuerung. Nach einem automatisch stabilisiertem Senkrechtstart wird nach 6 Sekunden Steigzeit die Steuerung von einem Leitstrahl übernommen, der das Projektil nach optischer Sicht an das Ziel heranführt.
Militärische Nutzlast: Sprengkopf mit 100 kg Pulverladung. Elektrischer Zünder.

Elektromechanische Werke

Elektromechanische Werke, Karlshagen

Die Elektromechanischen Werke, die auch das Flüssigkeitsraketentriebwerk für die Peenemünder C 2 »Wasserfall« Fla-Rakete entwickelten, betrieben gegen Ende des Krieges die Entwicklung einer eigenen Klein-Fla-Rakete mit Flüssigkeits-Raketenmotor unter der Bezeichnung »Taifun«.

»Taifun«

Die »Taifun« wurde als vollbetankt-lagerfähige Flüssigkeits-Fla-Rakete konstruiert und sollte ungesteuert im Massenabschuß vom Boden aus gegen feindliche Bomberverbände eingesetzt werden. Die Erprobung war jedoch bei Kriegsende noch nicht abgeschlossen.

Typ: Fla-Rakete.
Art: Boden/Luft.
Aufbau: Zentraler Geschoßkörper. Die Spitze wird vom Sprengkörper gebildet. Darunter befindet sich der Feststoff-Gaserzeuger zum Austreiben der Treibstoffe, dann folgen koaxial angeordnet die Treibstoffbehälter für SV- und R-Stoff. Das Heck schließlich wird von der Brennkammer mit der Ausströmdüse gebildet. Bug-, Mittel- und Heckteil bestehen jeweils aus dünnen Blechschalen, die mittels Muffen untereinander verschraubbar sind. Zur Stabilisierung besitzt das Heckteil noch vier Flossen von je 155 cm^2 Fläche in Kreuzform.
Antrieb: Flüssigkeits-Raketenmotor, betrieben mit SV-Stoff und R-Stoff (Optolin). Zwei Tanks mit 8,3 kg CV-Stoff und 2,5 kg R-Stoff befinden sich in koaxialer Anordnung in Geschoßkörpermitte. Den Kern bildet ein Druckbehälter für den SV-Stoff aus korrosionsbeständigem Material; die Wandung des darumliegenden R-Stoff-Behälters bildet gleichzeitig die Außenhaut des Geschoßmittelteils. Für das Austreiben der Treibstoffe befindet sich ein Feststoff-Druckgaserzeuger hinter der Geschoßspitze, der mit einem Cordit-Pulversatz arbeitet. Als Trennwand zwischen Druckgaserzeuger und den Behältern wurde eine Sprengmembrane vorgesehen, die zwischen einem Druck von 2,5 bis 5 atü zertrümmert wird. Der maximal mit dem Cordit-Satz erreichbare Austreibdruck beträgt 50 atü. Zwischen den Tanks und der Brennkammer befindet sich eine weitere Sprengmembrane, um ein Auslaufen der bei der Lagerung bereits startfertig gefüllten Raketen zu verhindern. Diese Sprengmembrane ist so eingerichtet, daß bei der Inbetriebnahme erst der R-Stoff in die Brennkammer gelangt, dann der SV-Stoff. Die Zündung erfolgt hypergol, die Treibstoffe zünden also beim Zusammentreffen von selbst. Die Brennkammer selbst läuft über die gesamte Hecklänge von 0,685 m, davon 0,3 m Ausströmdüse. Das Triebwerk leistet über eine Brenndauer von 2,5 Sekunden einen Schub von 800 kp.
Startart: Salvenabschuß, senkrecht aus Startgestellen.
Steuerung: Ungesteuert.
Militärische Nutzlast: Sprengkopf mit 0,5 kg Pulverladung. Einstellbarer Verzögerungszünder.

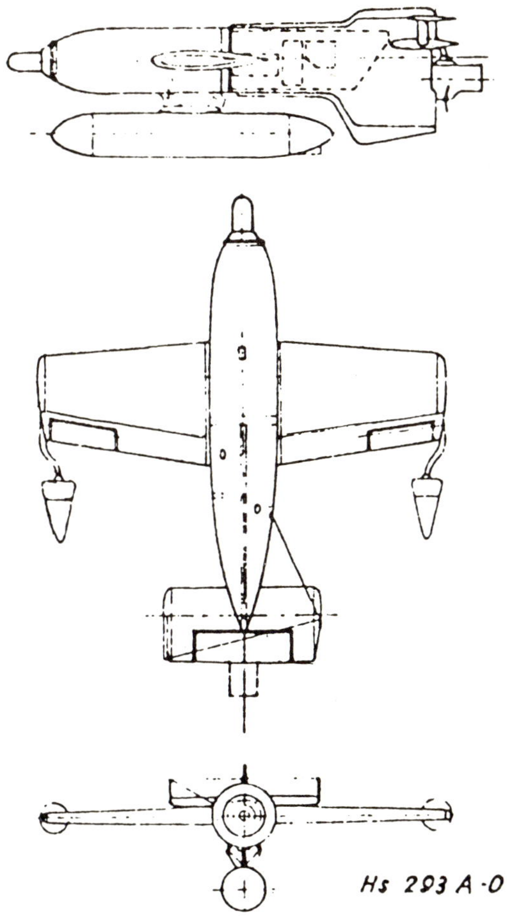

39. Henschel Hs 293 A-O

keit entworfen waren, wurden versuchsweise hinter jedem Flügelspitzenende Widerstandskörper angehängt, die den Widerstand ab Mach 0,75 bis 0,8 so rapide ansteigen ließen, daß sich die Geschwindigkeit nicht erhöhte. Sie kamen jedoch nicht mehr zum Einsatz.

Typ: Gesteuerte Gleitbombe.
Art: Luft/Boden.
Aufbau: Normaler Aufbau als aerodynamischer Flugkörper mit einem zentralen Rumpf, Flügel in Mitteldecker-Anordnung und einem Kreuz-Leitwerk. Das gesamte Vorderteil über ¾ der Rumpflänge nimmt der Sprengkörper, eine Ableitung aus der SC 500-Sprengbombe ein. Im Rumpfheck befinden sich die Fernsteuergeräte. Das Triebwerk hängt als separate Einheit unter dem Rumpf. Sämtliche Teile außer dem Bombenkopf sind als Leichtmetall-Schalenstücke aufgebaut. Der Flügel besitzt einen Rohr-Hauptholm und normale Rippen. Ebenfalls normal sind alle Steuerruder für die Dreiachsensteuerung.
Antrieb: Ein Walter HWK 109-507-Flüssigkeitsraketenmotor, angetrieben durch T-Stoff und Z-Stoff. Als separate Einheit von 0,356 m Durchmesser und 2,18 m Länge an drei federbelasteten Schnappbolzen unter dem Rumpf des Flugkörpers hängend. Treibstoffkapazität 63,4 kg. 590 kp Schub für 10 Sekunden Brenndauer.
Startart: Freier Fall von ETC des Trägerflugzeuges.
Steuerung: Radio-Befehlssteuerung mit Sender »Kehl« (FuG 203) und Empfänger »Straßburg« (FuG 230); UKW auf 48 mHZ mit 18 Steuerkanälen. Steuerung durch Steuerknüppel nach der Zieldeckungsmethode. Zur besseren Verfolgung der Gleitbombe befindet sich in einem Ansatz des Hecks für den Tageseinsatz eine elektrische Leuchte, für den Nachteinsatz eine Leuchtpatrone.
Militärische Nutzlast: Bomben-Sprengkopf mit 325 bis 500 kg Pulverladung. Aufschlagzünder.

Hs 293 B

Versuchsausführung mit Drahtlenkung. In dieser Version trug der Flugkörper selbst 20 km Draht mit sich, während vom Trägerflugzeug zusätzlich noch 10 bis 12 km Draht abgespult werden konnten. Ansonsten entsprach diese Version vollkommen der Ausführung Hs 293 A.

Hs 293 C

Abwandlung der Hs 293 A als Versuchsträger für den Unterwasserkopf der Hs 294 mit Stolperkante. Diese Version besaß ebenfalls anstelle der Querruder über Segmenthebel elektromagnetisch gesteuerte Spoiler.

Hs 293 D

Versuchsausführung mit Fernsehlenkung. Diese Version besaß den Grundkörper der Hs 293 A, jedoch auf dem Bombenkopf als Bugzusatzteil die Fernsehkamera aufgebaut. Ein weiteres Rumpfzusatzstück befand sich zwischen Bug- und Heckteil und beherbergte den Fernsehsender. Das dritte Zusatzteil war schließlich die große Yagi-Antenne am Heck. Die Steuerung erfolgte wie bei den durch Radio oder Draht gelenkten Ausführungen mit einem Steuerknüppel, jedoch erfolgte die Zieldeckung durch den Steuermann über einen Fernsehschirm, in dessen Mitte das Ziel immer stehen mußte. Diese Aufgabe erwies sich jedoch als zu schwierig und konnte bis zum Ende des Krieges nicht einsatzreif gemacht werden. In diese Version wurde auch erstmals das neue Schmidding-Gleitbomben-Triebwerk eingebaut, welches speziell als Ersatz für das zu leistungsschwache Walter-Triebwerk 109-507 entwickelt worden war.

Antrieb: Ein Schmidding 109-513-Flüssigkeitsraketenmotor, angetrieben durch Sauerstoff und M-Stoff. Als separate Einheit unter dem Rumpf des Flugkörpers hängend und, genau wie bei dem Aggregat Walter 109-507, mit einer im Winkel von 30° nach unten abgelenkten Ausströmdüse versehen, um die Schubachse durch den Flugzeugschwerpunkt zu bekommen. Das Triebwerk enthält einen Sauerstoff-Hochdruckbehälter für komprimierten Sauerstoff mit einem Fassungsvermögen von 81,5 Liter und einen M-Stoff-Tank mit 27,1 Liter Kapazität. Die Förderung des M-Stoffes erfolgt durch den auch zur Verbrennung herangezogenen Sauerstoff über eine im

M-Stoff-Tank liegende Verdrängungs-Gummiblase. Das Triebwerk gibt für eine Brenndauer von 10 Sekunden einen Maximalschub von 1000 kp.

Hs 293 G

Analog der Hs 293 A, jedoch mit einem WASAG-Pulverraketentriebwerk.

Antrieb: Ein WASAG 109-512-Pulverraketenmotor mit 66 kg Diglycol-Pulverladung. Der Schub beträgt 1200 kp bei 10 Sekunden Brenndauer.

Nachstehend eine Gesamtübersicht über die Entwicklung dieses Flugkörpers sowie Beschreibung der Version H.

Baureihe A	B	C	Kurzbeschreibung
V 1			Prototyp ohne Triebwerk
V 2		100	Verbesserte Prototypen. Ursprüngl. ohne Triebwerk, später mit 109-515 bzw. 109-507. 41 Würfe, davon 2 ungesteuert, ohne Antrieb; 39 gesteuert, davon 11 mit Antrieb (14 Fehlwürfe)
V 3		100	Neuer Funkempfänger
	A-0	1700	Basiert auf V 2. Stückzahl bezieht sich evtl. auf A-0, A-1 und A-2 zusammen.
	A-1	1250	Basiert auf V 2. Groß-Serienbau und Einsatz.
	A-2		Störklappen an Flächen u. Höhenleitwerk. Bei Kriegsende serienreif.
V 4		80	Umbauten aus A 0-Zellen. Neue Höhensteueranlage (Steuererprobung für A-2), Anlage später in Hs 117 und Hs 298 eingebaut.
V 5			Basiert auf A-1 mit kleineren Flächen.*
V 6			2 × 109-507, die nacheinander zünden.
	B	200	Umbauten aus A-1 mit Drahtlenkung. Einige Würfe von Fw 200 C aus durchgeführt.
	C		Torpedobombe als Vorläufer der Hs 294. Heckteile entsprechend Hs 293.
C-V 1			Modifiziertes Steuersystem. Leistungen wie
	C-1		A-1 Sp. 3,05; L. 4,27; Durchm. 0,47 m. Fluggewicht 930 kg; Nutzlast 515 kg.
C-V 2			Modifizierte Funksteuerung Größer als C-1
	C-2	50	Wahlweise Funk oder L. 4,42 m; Flug-
	C-3		Drahleitung gew. 960 kg
	C-4	6	Drahtlenkung. L. 4,30 m; Fluggew. 1090 kg.
	D	260	Basiert auf A-1. Funklenkung über Fernsehkopf. L. 4,34 m (ohne Antenne?), Fluggew. 1040 kg.
	E	18	Zelle wie A-1, Steuerung wie C-2.
	F		Projekt mit schwanzlosem Aufbau u. 2. Feststoff-Triebwerken 109-533. Zahlr. Varianten mit Infrarot-Zielsuchkopf, Fernsehsteuerung usw.
	G	10	Sturzbombe für Steilabwurf (mit Schwenkkreisel) WASAG 109-512 zur allgem. Einführung bei Hs 293 statt 109-511 vorgesehen. Geschwindigkeit auf ca. 900 km/h erhöht.
	H		Für Luft/Luft-Einsatz gegen Bomberpulks. Urspr. 2 × 109-543, später 109-513 vorgesehen.
H-V 1			Prototyp
H-V 2			Verbesserter Prototyp
H-V 3			Annäherungszünder
H-V 4			Annäherungszünder »Kakadu« (durch Triebwerk gestört).
H-V 5			Fernsehkopf. Vorläufer einer aus A-2 umzubauenden Variante entspr. H (für Me 262 usw.).

A: Versuchsversionen B: Hauptvarianten C: Ungefähr gebaute Stückzahlen

* Für Einsatz von TL-Flugzeugen, z. B. Ar 234, aus. Zelle verstärkt, Geschwindigkeit erhöht.

Hs 293 H Ferngesteuerte Gleitbombe

Baumusterbeschreibung	Ferngesteuerte Gleitbombe. Kommandoübertragung durch Funk, später Draht.	
	Länge	3818 mm (ohne Abstandszünder)
	Spannweite	3100 mm
	Gesamtgewicht	980 kg
	Bombengewicht	605 kg
	Sprengstoffgewicht	295 kg
	Triebwerksgewicht	150 kg
	Triebwerksleistung	12000 kg, sec
	Zünder	Abstandszünder; barometrischer Zünder; Zerstörzünder.
Geschwindigkeit	Anfangsgeschw.	Fluggeschw. des Trägers
	max. Geschw.	240 m/sec
	Beschleunigung	3 g max. aussteuerbar
Trägerflugzeuge	Do 217 K-2/U-1; D 217 M	
Einsatzzweck	gegen Bomberverbände vom Flugzeug aus	
Abwurfhöhe	0,8—3,0 km über Ziel	
Abwurfentfernung	0,5—4,0 km	
Entwicklungsstand	Entwicklung im neuesten Ausführungszustand (293 HV 1) abgeschlossen. Weitere Entwicklungen abgebrochen.	
Bemerkungen	Vorläufige Ausführung: Fernzündung mittels Beobachterflugzeug oder NEPTUN-R-Gerät, 134 kg — Triebwerk mit 6500 kp/sec Leistung (HV 1). Serienfertigung HV 1 eingestellt.	

Henschel Hs 294

Ferngesteuerter Lufttorpedo für die Bekämpfung von Schiffen. Im Prinzip gleicht er der Hs 293-Gleitbombe, ist jedoch in den Abmessungen größer. Als Kampfkopf besaß diese Version den in der Hs 293 C erprobten langen konischen Unterwasserkopf mit Stolperkante. Zwei Walter HWK 109—507-Flüssigkeitsraketenmotor-Aggregate mit 2 × 590 kp Schub für 10 Sekunden befanden sich nebeneinander unter dem Rumpf. Ebenfalls war die Radio-Befehlslenkung der Hs 293 A vorgesehen. Die Hs 294 sollte wie die

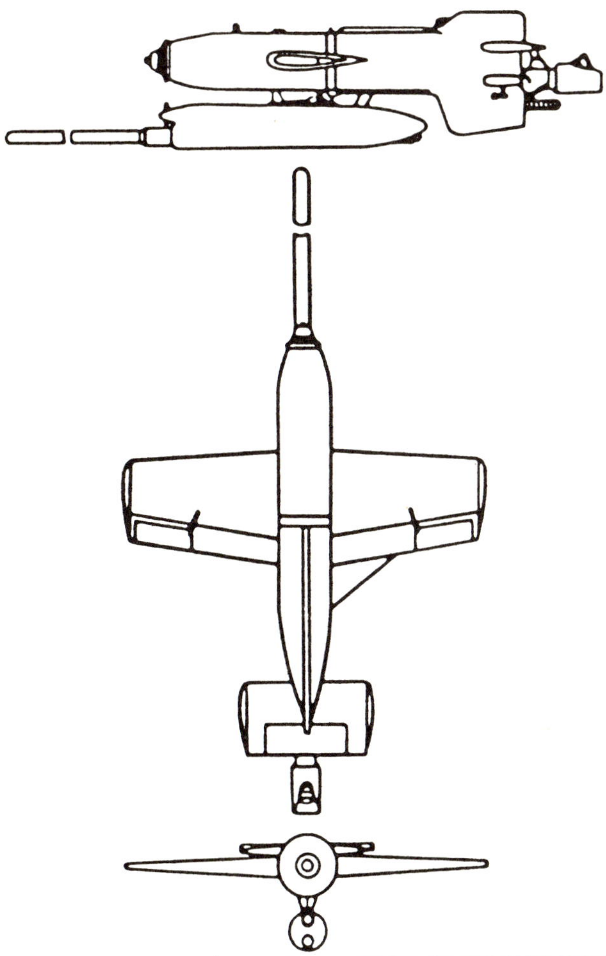

40. Henschel Hs 293 H

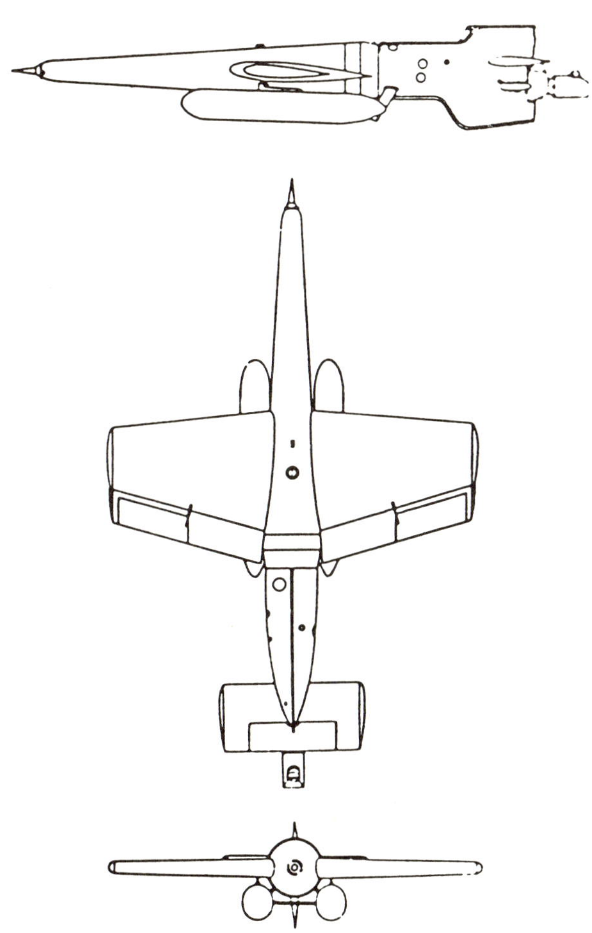

41. Henschel Hs 294

Hs 293 abgeworfen und auf das Ziel zugesteuert werden, aber 300 bis 400 m vor dem Ziel ins Wasser tauchen, wobei Flächen und Rumpf an Sollbruchstellen abbrachen und dann unter Wasser mit einer Geschwindigkeit von 230 km/h auf das Ziel zulaufen.

Länge	6114 mm,
Spannweite	4025 mm,
Höhe	1340 mm,
Gewichte	2170 kg,
Bombenkörper	1456 kg,
Geschwindigkeit	245 m/sec.

Es wurden insgesamt etwa 100 bis 120 Stück gebaut.

Hs 295 Ferngesteuerte Gleitbombe

Baumuster-beschreibung	Ferngesteuerte Gleitbombe, Kommandoübertragung durch Funk, später Draht.

	Länge	5443 mm
	Spannweite	4625 mm
	Gesamtgewicht	2100 kg
	Bombengewicht	1260 kg
	Sprengstoffgewicht	580 kg
	Triebwerksgewicht	2 × 134 kg
	Triebwerksleistung	2 × 6500 kg sec
	Zünder	El. A. t. 38 B, Aufschlagzünder, Zerstörzünder
Geschwindigkeit	Anfangsgeschw.	Fluggeschw. des Trägers
	max. Geschw.	240 m/sec
	max. Querbeschl.	3 g
Trägerflugzeuge	voraussichtlich He 177 A-5	
Einsatzzweck	gegen leichtgepanzerte Seeziele im Überwasserangriff.	
Abwurfhöhe	0,5—8,0 km	
Abwurfentfernung	4,0—14,0 km	

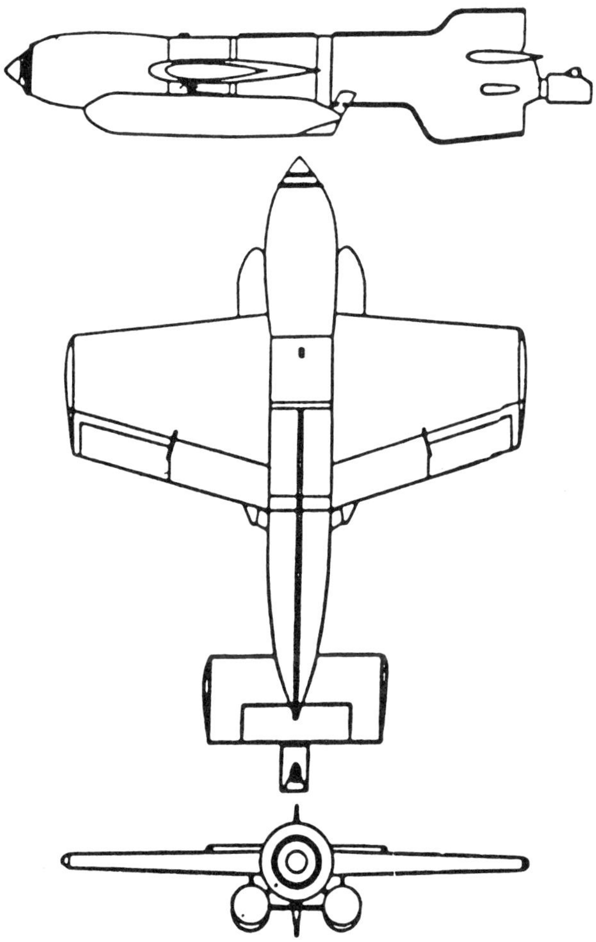

42. Henschel Hs 295

Entwicklungsstand	Gerät in Erprobung seit April 1944. Serienanlauf nicht gefordert.
Bemerkungen	Erprobung nicht abgeschlossen.

Henschel Hs 296

Verbesserte Abwandlung der Hs 293 H mit einer von Dr. Rombusch vom Physikalischen Forschungsinstitut Dressenfeld entwickelten Fernseh-Fernsteuerung, die nur 2,5 kg wog.

Henschel Hs 297

Im Spätsommer 1944 wurde die Entwicklung einer Kleinst-Fla-Rakete unter der Bezeichnung »Föhn« abgeschlossen. Es handelte sich um eine ungesteuerte Pulverrakete, die mit 1200 m Gipfelhöhe gegen Tiefflieger eingesetzt werden sollte. Das Projektil des Kalibers 7,3 besaß 3 kg Gesamtgewicht. Es war mit einem Aufschlag- und einem Selbstzerlegerzünder ausgestattet. Der Abschuß erfolgte aus Gestellen im Einzelschuß oder als Sperrfeuersalve von 48 Schuß aus 6 Rahmen mit je 8 Raketen. In der Erprobung befanden sich Sonderausfertigungen dieses Gerätes mit 3, 5, 7, 24 und 35 Abschußschienen. Dabei sollte das von einem Mann zu bedienende 3-Schuß-Gerät als »Volks-Flak-R-Werfer« die Flak des »kleinen Mannes« werden. Das im September 1944 erlassene Flak-Notprogramm 1944/45 forderte bis April 1945 den Ausstoß von 1000 Flak-R-Werfern »Föhn«. Obwohl die Produktion im Oktober 1944 planmäßig anlief, wurden bis Februar 1945 nur 50 Geräte ausgeliefert. Sie standen noch zum Abschluß der praktischen Truppenerprobung im Einsatz.

Henschel Hs 298

Anfang 1944 wurde nach den gleichen Konstruktionsprinzipien der bisherigen Henschel-Fernlenkkörper mit der Konstruktion einer kleinen Luftkampfrakete begonnen, die die Bezeichnung Hs 298 erhielt. Auch sie war im Prinzip ein verkleinertes Flugzeug mit Pfeilflügeln und doppeltem Seitenleitwerk. In den ersten Ausführungen kamen Flüssigkeitsraketenmotoren zur Verwendung (Schmidding 109-513 mit 1000 kp für 10 Sekunden und BMW 109-511 mit 600 kp für 12 Sekunden), die aber später zugunsten der leistungsschwächeren aber einfacheren und billigeren Pulverrakete Schmidding 109-543 aufgegeben wurden. Die Radio-Befehlslenkung hatte allerdings nur bis 1,5 km Reichweite. Deshalb wurde das Projektil Anfang 1945 im Rahmen der Musterbeschränkungen zugunsten der Kramer X-4 aufgegeben.

Typ: Luftkampfrakete.
Art: Luft/Luft.
Aufbau: Flugzeugähnlicher Aufbau als freitragender Mitteldecker mit Pfeilflügel und doppeltem Seitenleitwerk als Endscheiben. Die gesamte Zelle ist in Leichtmetall-Schalenbauweise aufgebaut. Normale Quer- und Höhenruder finden Verwendung, während für die Seitensteuerung Spoiler vorhanden sind. Der zweistöckige Rumpf von 0,20 m Breite und 0,41 m Höhe beherbergt im oberen Teil den Bombenkopf und die Steueranlage, im unteren Teil einen propellergetriebenen Generator und das Triebwerk.
Antrieb: Ein Schmidding 109-543-Feststoffraketenmotor, eingebaut im unteren Teil des Rumpfes und ausgerüstet mit einer um 30° nach unten abgelenkten Düse, um die Schubachse durch Längsachse und Flugzeugschwerpunkt zu bekommen. Das Triebwerk ist eine Spezialausführung und gestattet eine Schubabstufung. Die 32 kg Diglykol-Pulverladung wird in Form von gegossenen Hohlzylindern verwendet. Die innere Bohrungsfläche der Zylinder ist Polygan ausgekleidet und dann wieder mit einem festen Triebsatz aufgefüllt. Die innere Ladung zündet zuerst und erzeugt für 5 Sekunden einen Startschub von 150 kp. Der anschließende Hohlzylindertreibsatz sorgt für einen 20 Sekunden langen Dauerschub von 50 kp. Das gesamte Triebwerk besitzt 0,81 m Länge und 0,178 m Durchmesser.
Startart: Freier Start von der Aufhängung des Trägerflugzeuges.

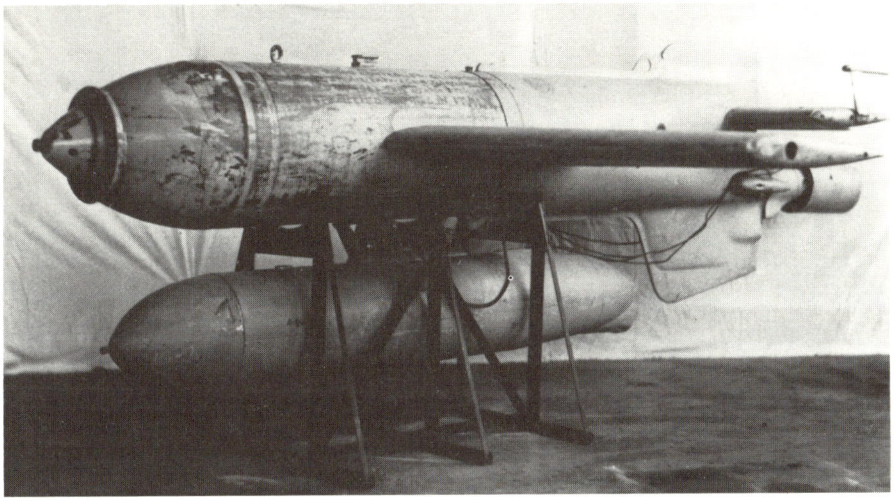

41. Henschel Hs 293 A

42. Henschel Hs 293 D

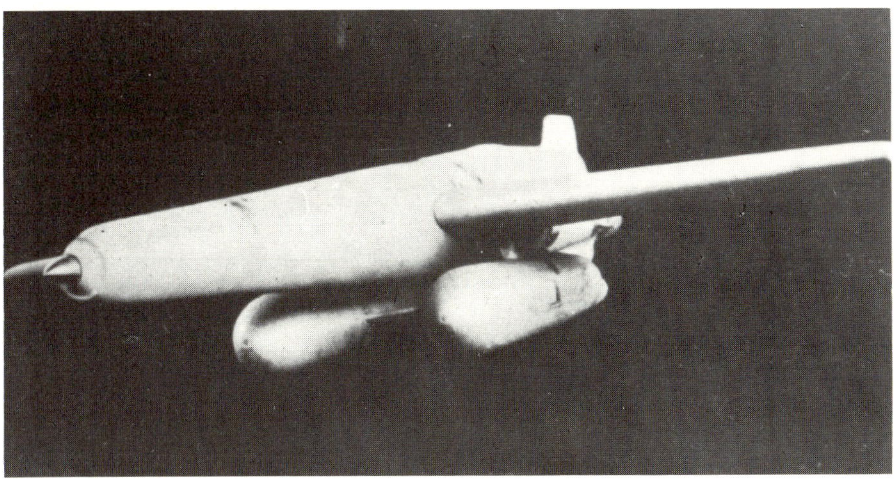

43. Henschel Hs 294

44. Henschel Hs 295

45. Henschel Hs 297
»Schmetterling«
auf Abschußgestell

46. Henschel Hs 298

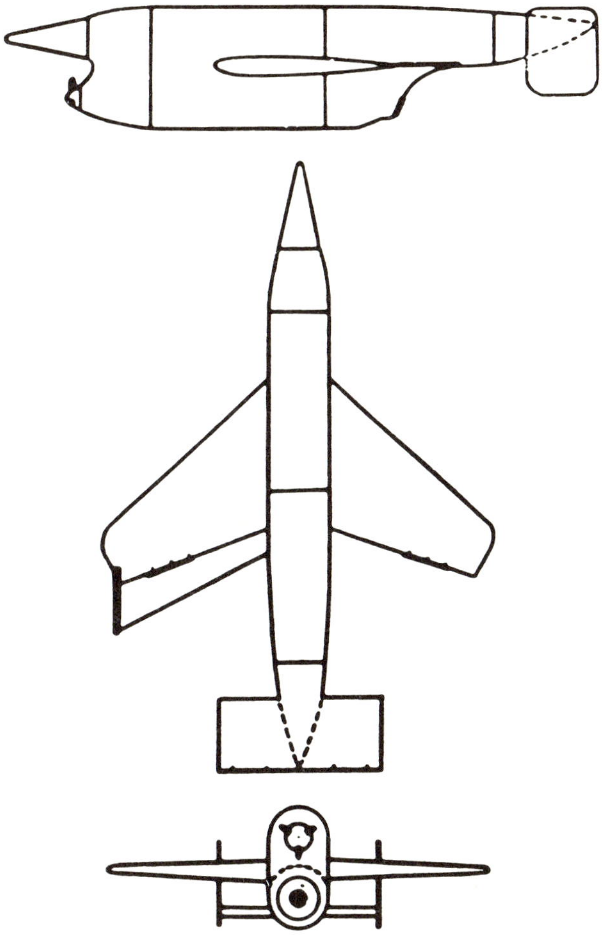

43. Henschel Hs 298

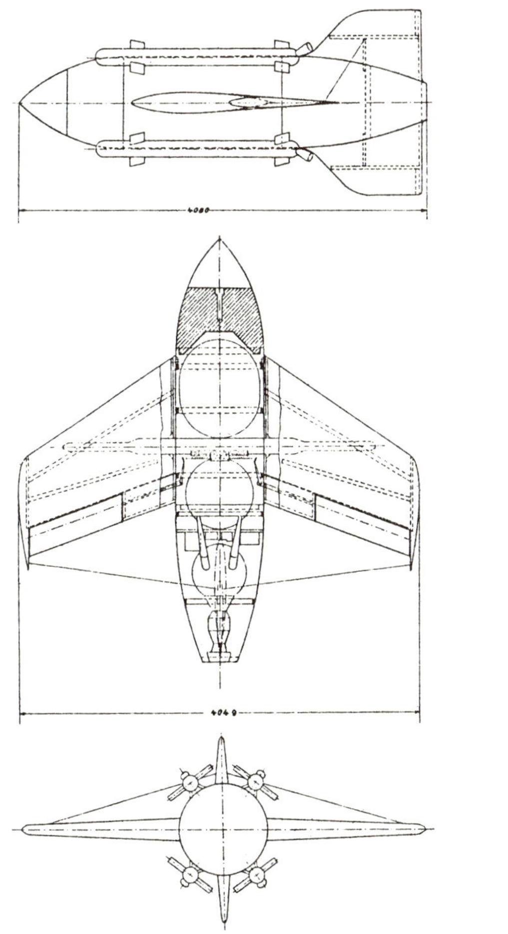

44. Konrad-Messerschmitt »Enzian«

Steuerung: Radio-Befehlslenkung, ähnlich Hs 293, jedoch verbessertes »Kehl«/»Straßburg«-Gerät (FuG 203 h/Fug 230 h) mit einer fünften Frequenz für die Zünder-Auslösung. Energiespeisung des Empfängers durch luftstromgetriebenen Generator im Rumpfbug. Alle Steuerklappen werden über Elektromagnete betätigt.
Militärische Nutzlast: Bombenkopf mit 25 kg Pulverladung. Elektrischer Abstandszünder.

Konrad

Messerschmitt-Werke, Oberammergau, Oberbayerische Forschungsanstalt Dr. Konrad

In der Oberbayerischen Forschungsanstalt Oberammergau entwickelte Dr. Konrad 1944 aus dem schwanzlosen Raketenjäger Me 163 ein unbemanntes und ferngesteuertes Fla-Geschoß unter der Bezeichnung »Enzian«. Die ersten Ausführungen »Enzian E-1, E-2 und E-3« besaßen als Antrieb einen Walter-Flüssigkeitsraketenmotor mit einer Treibstoff-Förderung durch Turbopumpen. Sie dienten nur Versuchszwecken. Im November 1944 wurde die E-2 in zwei Exemplaren verschossen. Die Serienausführung »Enzian E-4« dagegen erhielt einen von Konrad speziell entwickelten Zweistoff-Raketenmotor. Der Serienbau war beim Süddeutschen Holzbau in Sonthofen angelaufen. Zum Einsatz kam das Projektil nicht mehr.

Die Forderung nach einem möglichst einfachen und in der Herstellung billigen Gerät wurde erfüllt: die gesamte Zelle, deren Form an Lippischs Me 163 angelehnt war, bestand, außer der aus 20 mm Stahlblech bestehenden Spitze, aus Holz. Als Triebwerk wurde das VfK-Triebwerk Zg. 613 A 01, das primitivste Flüssigkeitstriebwerk aller Fla-Rake-

ten, eingebaut. Es wurden bereits vorhandene und erprobte Bord- und Bodengeräte verwendet, so daß keine zusätzliche Entwicklung notwendig war. Die Fertigung der noch bis Kriegsende gebauten ca. 60 »Enzian« erfolgte bei der Firma Holzbau Sonthofen.
Für den Start verfügte »Enzian« über vier abwerfbare Feststoffraketen, dann übernahm das Flüssigkeitstriebwerk den Antrieb, der diese Fla-Rakete bis auf eine Höhe von 15000 m brachte. Der erste Start der »Enzian« erfolgte im August 1944. Die Polarsteuerung durch nur ein Ruderpaar erfolgte über Funk.

Neben dem bereits geschilderten »Kehl-Straßburg«-Funklenkverfahren sind noch folgende Verfahren erprobt und angewendet worden: »Rheinland«, »Düren-Detmold«, »Düsseldorf-Detmold«, FB-Übertragungsverfahren und die Verfahren FZ 11, NY und DFS. Die Leitung der Entwicklung der Fernlenktechnik bei der Luftwaffe unterstand Dr.-Ing. W. T. Runge und der GBN-Entwicklungsgruppe 10 »Fernlenktechnik«.

Konrad »Enzian E-4«

Ein der Me 163 ähnliches unbemanntes und ferngesteuertes Fla-Raketenflugzeug.

Typ: Fla-Rakete.
Art: Boden/Luft.
Aufbau: Schwanzloser Flugzeugaufbau mit zentralem Rumpf, freitragender Mitteldecker-Flügel mit 30° Pfeilform und normales Seitenleitwerk mit symmetrischer Kielflosse.
Antrieb: Ein Konrad-Zweistoff-Flüssigkeitsraketenmotor, angetrieben durch SV-Stoff und Visol. Treibstoffkapazität 590 kg (480 kg SV-Stoff und 110 kg Visol). Treibstoff-Förderung durch 200 atü Preßluft. Startschub 2000 kp, der nach 69 Sekunden Brennzeit auf 100 kp absinkt. Lagerung des Triebwerkes im Rumpfheck.
Vier abwerfbare Schmidding 109-553-Pulverraketen-Starthilfen am Rumpf, je zwei unter und über dem Flügel. Zusätzlicher Startschub 4 × 1750 kp für 4 Sekunden Brenndauer.
Startart: Verschossen von einer auf 8-cm-Flaklafette aufgebauter Rampe.
Steuerung: Radargelenkte Radio-Befehlssteuerung durch Knüppelbewegung bis in die Nähe des Zieles, dann übernimmt der akustische Zünder oder das Infrarotzielgerät »Madrid« den Endanflug.

47. Konrad (Messerschmitt) »Enzian« auf Startlafette 8,8-cm-Flak

48. »Enzian« beim Abschuß. Rechts »Würzburger-Riese« (Steuergerät)

Militärische Nutzlast: Sprengkopf mit 300 kg Pulverladung. Als Zünder befanden sich mehrere akustische Systeme in der Erprobung.

Konrad »Enzian E-5«

Ebenfalls in der Erprobung gewesene Weiterentwicklung der E-4 mit gleichem Aufbau, jedoch mit einem verbesserten Konrad-Zweistoffmotor, der SV- und Br-Stoff verbrannte und für 56 Sekunden 2180 bis 1800 kp Schub abgab.

Kramer

Dr. Max Kramer, Ruhrstahl A. G., Entwicklungsstelle Brackwede, Westfalen

1938 begann Dr. Max Kramer bei der DVL in Berlin-Adlershof mit Untersuchungen über eine radiogesteuerte freifallende Bombe von 250 kg. Für die Steuerung entwickelte er, bis zu diesem Zeitpunkt in Deutschland äußerst unkonventionell, Spoiler in einem kreuzförmigen Leitwerk. 1940 wurden die Arbeiten nach der Ruhrstahl A. G. in Brackwede verlegt und eine Einsatzversion auf der Basis der panzerdurchdringenden Sprengbombe SD 1400 in Angriff genommen. Diese X-1 wurde eine der wenigen gesteuerten Flugkörper, die im Zweiten Weltkrieg noch bei der deutschen Luftwaffe zum Masseneinsatz kamen.

X-1 (Fritz X)

Die hauptsächlich unter dem Namen »Fritz X« bekanntgewordene freifallende Bombe war eine Ableitung aus der SD 1400-Sprengbombe, deren Kampfkopf verwendet wurde. Sie diente hauptsächlich der gesteuerten Bekämpfung gepanzerter Schiffseinheiten. Die Steuerung erfolgte über Spoiler im kreuzförmigen Leitwerk. Eine ausreichende Rollstabilität wurde durch vier Stummelflügel in flacher Kreuzform und durch Klappen in den Steuerflächen gewährleistet. Die Leitwerksummantelung diente gleichzeitig als Luftbremse zur Reduzierung der Fallgeschwindigkeit auf 280 m/sec und als Antennenträger. Die Erprobung der »Fritz X« begann im März/April 1942 im italienischen Foggia und konnte in weniger als vier Wochen zufriedenstellend abgeschlossen werden, wenn sich auch zeigte, daß die Abwurfhöhe mindestens 4000 m betragen mußte. Auch die anschließende Erprobung im DVL-Hochgeschwindigkeitswindkanal zeigte ähnliche günstige Ergebnisse, bei der bei 50% aller Versuche von Abwürfen zwischen 4000 und 7000 m eine Zielfläche von 5 × 5 m getroffen wurde. Die Steuerung erfolgte durch den Beobachter mittels eines kleinen Steuerknüppels durch die sogenannte Zieldeckung — die »Fritz X« mußte also über die ganze Phase des Falls so gesteuert werden, daß sie mit dem Ziel in Deckung blieb. Anfang 1943 wurde die Großreihenfertigung aufgenommen. Der erste Einsatz erfolgte am 29. August 1943 im Mittelmeerraum. Am 14. September 1943 bereits konnte als größter Erfolg die

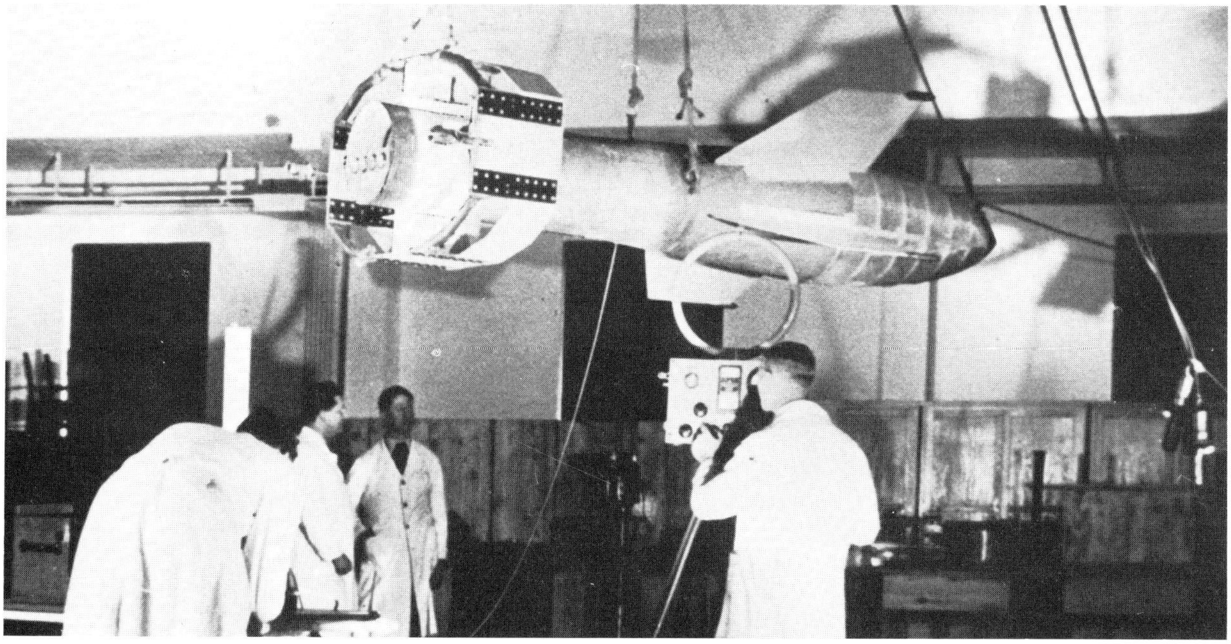

49. Lenkbombe X-1 (Fritz X) von Dr. Kramer

Versenkung des modernen italienischen Schlachtschiffes »Roma« durch drei Volltreffer gebucht werden. Insgesamt sind die Erfolge mit der »Fritz X« als sehr gut zu bezeichnen, wenn das Muster auch später einsatzmäßig hinter der Hs 293 zurücktrat, weil mit der Hs 293, im Gegensatz zu der freifallenden X-1, das Ziel nicht zu überflogen werden brauchte. Ebenfalls hemmend auf den Einsatz der X-1 wirkte sich das Fehlen der als Träger vorgesehenen Heinkel He 177 aus. Die spezielle Umrüstung der Dornier Do 217 K-2 und M-11 blieb nur eine Ausweichlösung.

Typ: Gesteuerte Fallbombe.
Art: Luft/Boden.
Aufbau: Zentraler Geschoßkörper aus einer panzerdurchschlagenden SD 1400-Bombe. Vier Stummelflügel in flacher Kreuzform. Ummanteltes Leitwerk in Kreuzform, aus 4 Flossen mit unterschiedlicher Spannweite bestehend. Ruder in allen 4 Flossen, dazu 6 Spoiler.
Antrieb: Ohne Antrieb.
Startart: Freier Fall vom ETC des Trägerflugzeuges.
Steuerung: Verschiedene Einsatzsysteme: Radiolenkung mit Sender »Kehl I« (FuG 203 a) und Empfänger »Straßburg« (FuG 230 a) auf UKW mit 48—50 m HZ auf 18 Steuerkanälen, oder analog mit Sender »Kehl IV« (FuG 203 d) für die gleichzeitige Steuerung von 1 bis 4 »Fritz X«. Weiterhin Radiosteuersystem »Kehl-1/Straßburg-1« mit 60 mHZ und 9 Steuerkanälen oder »Kehl-2/Straßburg-2« mit 27 mHZ und ebenfalls 9 Steuerkanälen. Drahtfernlenkung nach dem Zweidraht-System »Düsseldorf/Detmold« (FuG 510/238) befand sich bei Kriegsende in der Fertigung.
Militärische Nutzlast: Sprengkopf der SD 1400-Bombe.

X-2

Weiterentwicklung der X-1. Nur Versuchsmuster.

X-3

Weiterentwicklung der X-1, ebenfalls als freifallende Bombe aus der SD 1400 aufgebaut, jedoch mit Stummelflügel in symmetrischer Kreuzform und ebensolchem Leitwerk mit vier Spoilern. Diese Versuchsausführung, die in der Steuerung der späteren X-4 entsprach, besaß durch die angestrebte Eigenrotation um die Längsachse eine verbesserte Kursstabilität.

X-4 (8-344)

Aus den Erfahrungen mit den Mustern der X-Reihe, insbesondere mit der um die eigene Achse rotierenden X-3 begann Dr. Kramer im April 1944 mit der Konstruktion einer kleinen Luftkampfrakete, die speziell für die Focke-Wulf Fw 190 vorgesehen war und zuerst unter der RLM-Bezeichnung 8-344 lief, später aber in das Bezeichnungssystem der X-Reihe eingegliedert wurde. Die Konstruktion des Flüssigkeits-Raketenmotors wurde BMW übertragen. Als Lenksystem wurde eine Drahtfernlenkung ausgewählt. Nach anfänglichen Versuchen im Kühlraum und auf Dreh- und Schleudervorrichtungen bekam das Gerät im Spätsommer 1944 die Freigabe für die ersten Bodenstartversuche. Fünf erfolgreiche Bodenstarts erfolgten auf dem Schießplatz in

50. Jäger-Rakete Dr. Kramer X-4 (8-344)

Bielefeld, danach ging die Erprobung von Flugzeugen aus weiter. Zelle und Fernsteuerung der X-4 waren bei Kriegsende serienreif. Dabei hatte sich gezeigt, daß die Drahtlenkung bis zu einer Machzahl von M = 0,9 ausreichende Ergebnisse zeigte, jedoch bei höheren Geschwindigkeiten durch eine Radiolenkung ersetzt werden mußte. Dagegen zeigten sich Schwierigkeiten bei der Lagerung und Behandlung der Salpetersäure des BMW-Triebwerkes. Deshalb sollte für die erste Serie der X-4 ein Pulver-Raketentreibsatz Verwendung finden, der von Schmidding unter der Bezeichnung 109-603 entwickelt worden war und aus einer gegossenen Diglycol-Pulverladung bestand, die für acht Sekunden einen Schub von 150 kp abgab. Zu einem Einsatz einer der X-4 Ausführungen kam es nicht mehr.

Typ: Luftkampfrakete.
Art: Luft/Luft.
Aufbau: Zentraler Geschoßkörper mit kreuzförmigen Pfeilflügeln und kreuzförmigem Leitwerk. Rumpf im 450 mm langen Vorderteil aus 10 mm Stahlblech. Rumpfmittel- und -heckteil in Leichtmetall-Schalenbauweise. Befestigung der Teile mittels Stahlmuffe. Flügel je 320 mm lang und mit 405 mm Wurzeltiefe, bestehend aus gewalztem Leichtmetallblech. Leitwerksaufbau analog.
Antrieb: Ein BMW 109-548-Flüssigkeitsraketenmotor mit 1 × 140 kp Schub für 22 Sekunden im Rumpfheck. Treibstoffe R- und SV-Stoff in spiralenförmige Röhrenbehälter im Rumpfmittelteil mit innenliegendem getrenntem Behälter für Förderdruckluft.
Startart: Freistart vom Trägerflugzeug. Starthaken für das ETC am Rumpfkörper.
Steuerung: Drahtlenkung: An zwei Flügelenden befindliche Stromlinienkörper beherbergen Spulen mit je 5500 m langen und 0,2 mm starken isolierten Drähten, die mit einem Steuergerät im Trägerflugzeug verbunden sind und sich nach dem Abschuß abwickeln. An den beiden anderen Flügelenden Leuchtpatronen zur Bahnverfolgung. Zur Stabilitätsverbesserung dreht das Geschoß mit 60 min^{-1} um die eigene Achse. Ruder in allen vier Flächen der Heckflosse. Steuerung durch 4 Spoiler in den Flossen. Ausgleich der jeweiligen Steuerumkehr durch die Rotation über ein automatisches Umschaltgerät.
Militärische Nutzlast: Geschoßkopf mit 450 mm Länge als Sprengkörper aus 10 mm Stahlblech mit 20 kg hochexplosivem Sprengstoff. Normaler Aufschlagzünder oder vorgebauter akustischer Zündkopf.

X-5

Gesteuerte Fallbombe nach dem Prinzip der X-1 (Fritz X), jedoch mit 2500 kg Gewicht. Nur Versuchsmuster.

X-6

Weiterentwicklung der X-5 mit dem gleichen Gewicht.

X-7

1943 begann Dr. Kramer bei der DVL mit der Entwicklung einer weiteren Jägerrakete. Im Laufe dieser Entwicklung entschied man sich dann aber, diese als X 7 bezeichnete Rakete mit 2,5 kg schwerer Hohlladung als Erdwaffe gegen Panzer einzusetzen. Aber auch diese Entscheidung wurde

45. Kramer X-7

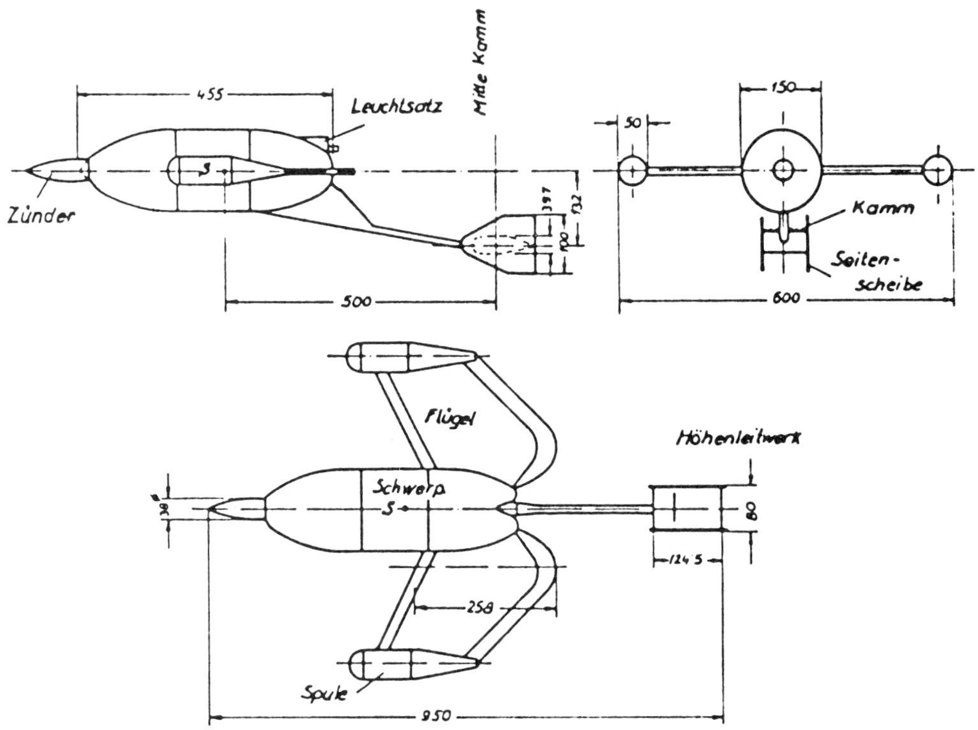

wieder umgestoßen, um 1944 X 7 als Jägerrakete zum Beschuß von Erdzielen zu verwenden. Die Entwicklung lief nun unter dem Namen »X 7 Rotkäppchen«. Die X 7 ähnelte in der Form einer 15 cm-Granate mit Tragflächen und einem nach unten gebogenen Leitwerksträger. Als Antrieb diente ein Pulvertriebwerk WASAG 109-506. Die Steuerung erfolgte über Draht, ähnlich wie bei X 4. Es wurden etwa 300 Stück bei Ruhrstahl in Brackwede und den Mechanischen Werken in Neubrandenburg (Inh. Fritz Heber) gebaut. Probeschüsse wurden mit einer Fw 190 F-8 durchgeführt. Zu einem Truppeneinsatz kam es nicht. Als aber zurückgehende Truppenteile größere Stückzahlen X 7 in der Aladin-Höhle bei Stolberg im Harz fanden, haben sie die X 7 doch noch in irgendeiner Form zum Einsatz gebracht.

Typ: Panzerabwehrrakete.
Art: Boden/Boden oder Luft/Boden oder Boden/Luft (als Tieffliegerabwehr).
Aufbau: Zentraler Geschoßkörper mit normalen Tragflügeln und einem T-Leitwerk. Struktureller Aufbau ähnlich X-4. Seitenruder im Seitenleitwerk, Spoiler im Höhenleitwerk.
Antrieb: Eine WASAG 109-506-Zweistufen-Pulverrakete. Die erste Stufe gab einen Startschub von 69 kp, der nach 3 Sekunden Brennzeit auf 5 kp absank. Die zweite Stufe wurde nach Ausbrennen der ersten gezündet und gab für weitere 8 Sekunden einen kontinuierlichen Schub von 5 kp.
Startart: Startgestell.
Steuerung: Drahtfernlenkung ähnlich X-4. Große Stabilität durch schnelle Eigenrotation um die Längsachse. Automatische Umschaltung des Höhen- und Seitenruders für die Rotationsbewegung. Steuerkorrektur durch den Spoiler.
Militärische Ausrüstung: Hohlladungs-Kampfkopf mit 2,5 kg Sprengstoff.

Lippisch Entwurfsbüro, Wien

Lippisch FG 10

Entwurf für ein unbemanntes Fluggeschoß vom November 1941. Die Funkfernsteuerung sollte von Siemens geliefert werden. Dieser Entwurf, der praktisch eine verkleinerte und unbemannte Me 163 darstellte, dürfte das Ausgangsmuster für die Flakrakete »Enzian E 4« gewesen sein.

Lippisch GB 3/L

Aus seinen Delta-Jäger-Projekten P.11, P.13 und anderen entwickelte Lippisch die Gleitbombe GB 3/L. Der Entwurf wurde erst 1944 vorgelegt, aber wegen anderer Arbeiten nicht weiter verfolgt.

Rheinmetall-Borsig

Rheinmetall-Borsig A.G., Berlin-Marienfelde

Bereits vor dem Kriege begannen bei der Rheinmetall-Borsig A. G. unter der Leitung von Direktor Klein und Dr. Vüllers Untersuchungen über Pulverraketen. Ausgehend von der richtigen Überlegung, daß der Pulververbrauch für große Geschütze fast gleich groß ist wie derjenige bei Pulverraketen gleicher Reichweite wurden die Entwicklungen während des Zweiten Welkrieges intensiviert und führten zur Konstruktion einer ganzen Reihe von Fla- und Fernraketen ein- und mehrstufiger Bauart.

Rheinmetall »Hecht«

Erster Versuch einer Fla-Rakete basierte auf der Gleitbombe K-1750 »Hecht«, von der 1941 ein paar Versuchsmuster hergestellt wurden. Dieses Muster wurde zweimal geändert, dann aber wegen des Anlaufens der Hs 293 A-1-Serie gestrichen. Daraus entstand später die Fla-Rakete Fk »Hecht 2700«. Dieses Versuchsmuster wurde dann Grundlage der Fla-Rakete »Feuerlilie«, von der die Unterschallversion F 25 und die Überschallausführungen F 55, F 55 A und F 55 B abgeleitet wurden.

Rheinmetall »Feuerlilie«

Aus den Erfahrungen mit dem Projektil »Hecht« wurde zu Anfang des Krieges mit der Entwicklung der pulvergetriebenen »Feuerlilie« begonnen. Die Entwicklung erstreckte sich über die Unterschallversion »Feuerlilie 25« zur Überschallversion »Feuerlilie 55« bis zum Kriegsende.

»Feuerlilie 25«

Von dieser Unterschallausführung wurden zwischen 1941 und 1943 etwa 30 Stück zu Versuchszwecken verschossen.

Typ: Flarakete.
Art: Boden/Luft.
Aufbau: Aerodynamischer Flugkörperaufbau mit Pfeilflügel. Zentraler Geschoßkörper mit Sprengkopf als Vorderteil, Pulverladung als Mittelteil und Düse als Heck. Wurzeltiefe des Flügels 0,635 m, Endtiefe 0,585 m. Symmetrische Endscheiben an den Flügeltips. Das Leitwerk besteht aus einer gepfeilten Heckflosse auf dem Rumpfrükken und einer dieser analogen Kielflosse. Hoch an der Heckflosse angelenkt befindet sich die Höhenflosse. Die gesamte Zelle, mit Ausnahme der Querruder aus Holz, ist in Leichtmetall-Schalenbauweise aufgebaut.
Antrieb: Ein Rheinmetall 109-505-Feststoff-Raketenmotor mit einer 17 kg starken Diglykol-Pulverladung. Das ganze Aggregat besitzt 0,178 Durchmesser und 1,27 m Länge. Der Schub beträgt 400 kp bei 6 Sekunden Brenndauer.
Startart: Schrägstart von einer Rampe unter einem Winkel von 60 bis 70°.

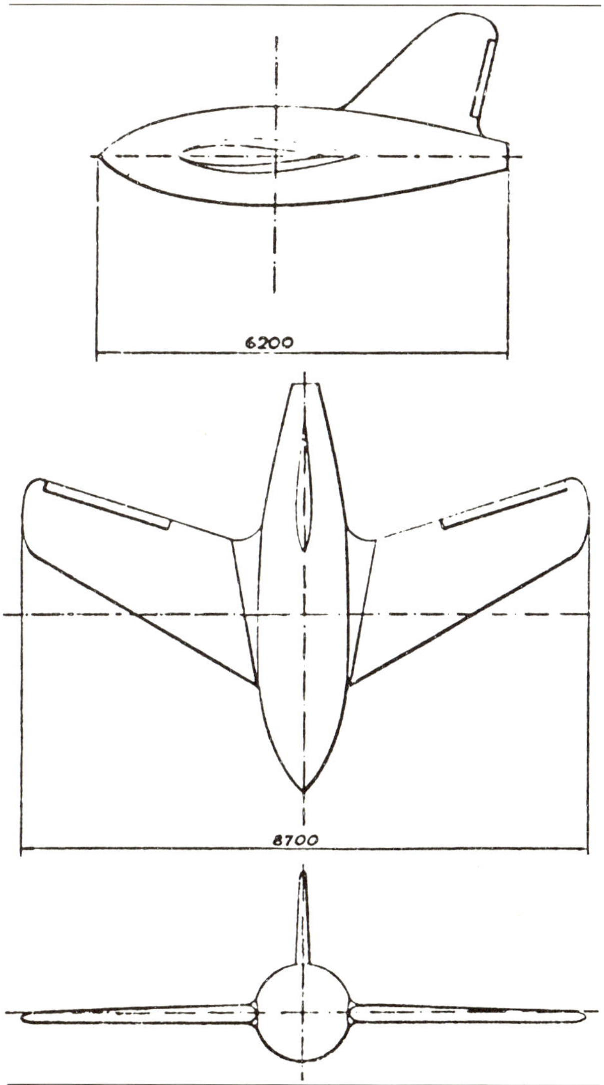

46. Lippisch FG 10

47. Lippisch GB 3/L

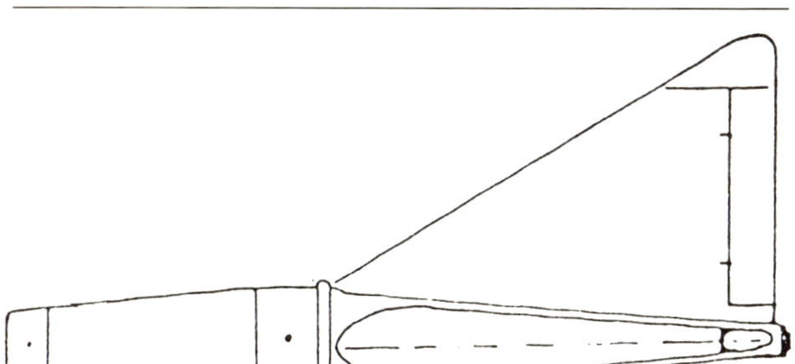

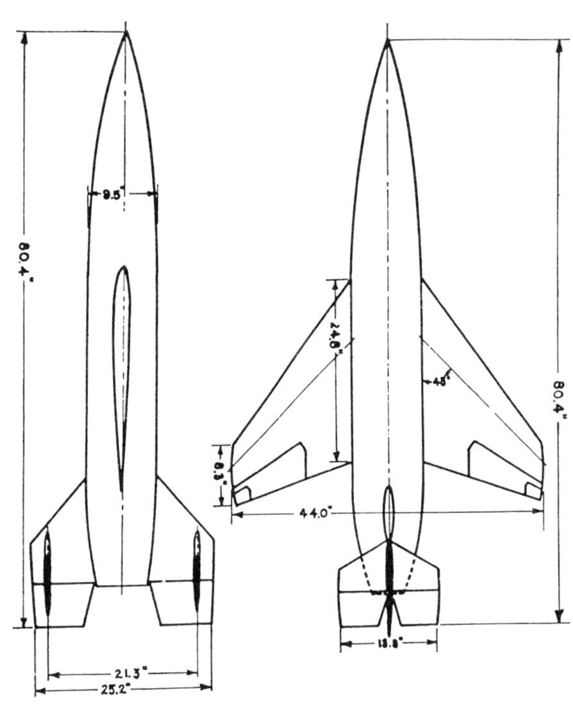

48. Rheinmetall »Feuerlilie« F 25

Steuerung: Radio-Befehlslenkung. Querlagensteuerung durch normale Querruder, die über Gyroskope und Elektromagnete gesteuert werden.
Militärische Nutzlast: Sprengkopf mit 17 kg Pulverladung.

»Feuerlilie 55«
Vergrößerte Weiterentwicklung in schwanzloser Ausführung und mit stärkerer Flügelpfeilung für den Flug im Überschallbereich. Die Versuchsausführungen besaßen einen Rheinmetall 109-515-Feststoff-Raketenmotor, der für 6 Sekunden Brennzeit einen Schub von 4000 kp abgab. Für die Serienausführung war jedoch ein durch Alkohol und flüssigen Sauerstoff gespeister Flüssigkeitsraketenmotor vorgesehen, der für 25 Sekunden Brennzeit einen Schub von 1000 kp abgeben sollte. Der Sprengkopf der »Feuerlilie 55« faßte 140 kg Pulver. Der Start erfolgte ebenfalls von einer Rampe unter 70°.

Rheinmetall »Rheintochter«

1942/1943 wurde bei Rheinmetall-Borsig mit der Entwicklung leistungsstärkerer Mehrstufenraketen begonnen, so mit der zweistufigen »Rheintochter«, die als Fla-Rakete die zur erfolgreichen Bekämpfung alliierter Bomber erforderliche Höhe erreichen konnte. Es existierten zwei verschiedene Versionen, von denen die Feststoff-getriebene »Rheintocher R 1« noch zum kriegsmäßigen Versuchseinsatz kam.

51. Rheinmetall F 25 »Feuerlilie

»Rheintochter R 1«
Version, bei der beide Stufen durch Pulverraketensätze angetrieben wurden. Sie sollte später durch die leistungsfähigen »Rheintochter R 3« ersetzt werden.

52. Rheinmetall »Rheintochter R I

Typ: Zweistufen-Fla-Rakete.
Art: Boden/Luft.
Aufbau: Zweistufiger ballistischer Flugkörper mit zentralen Geschoßrümpfen. Oberstufe 3,60 m lang und mit 0,50 m Durchmesser, bestehend aus dem Zünderkopf im Bug. Anschließend folgt ein Zwischenstück, welches mit dem nachfolgenden Raketenzylinder verschraubt ist. Dieses Zwischenstück trägt die vier kreuzförmig angeordneten Steuerflächen des nach dem Entenprinzip gesteuerten Projektils. Diese Kopfsteuerflossen besitzen je eine Spannweite von 0,40 m bei 0,35 m Wurzeltiefe und sind aus Holz gefertigt. Je zwei Flächen dienen der Höhen- und Seitensteuerung. Weiterhin ist der Steuerraum in diesem Zwischenstück untergebracht. Der Raketenzylinder ist 1,13 m lang und besteht aus 9,5 mm Stahlblech, abgesehen vom 10 mm starken Bodenteil. Im kalottenförmigen Zylinderende sitzen 6 schräg nach außen abgewinkelte Auspuffdüsen. Die Düsen führen durch Schlitze in dem anschließenden Leichtmetallgehäuse, welches wiederum die 6 sternförmig angeordneten gepfeilten Stabilisierungsflossen trägt. Diese Stabilisierungsflächen besitzen 2,65 m Spannweite, 0,71 m Wurzeltiefe und 0,25 m Endtiefe. Sie bestehen aus Holz, sind jedoch nach ⅓ Flossentiefe mit Blech verkleidet, um als Antenne zu dienen. Weiterhin nimmt das Leichtmetallgehäuse im Heck die Sprengladung auf. Die untere Startstufe, 2,15 m lang und 0,51 m im Durchmesser, trägt am Bug einen mit dem Raketenzylinder verschraubten Leichtmetall-Verbindungskegel, auf dem die Oberstufe, durch vier Führungsbolzen gehalten, labil aufsitzt. Der Raketenzylinder selbst ist 1,30 m lang. Der Abschluß ist ebenfalls kalottenförmig und trägt 7 Auspuffdüsen, je 0,25 m lang. Um das Heck des Raketenzylinders liegt ein weiterer Leichtmetallring aus zwei Halbschalen, der die vier Stabilisierungsflossen der Startstufe in flacher Kreuzform trägt. Diese Stabilisierungsflächen, 2,20 m Spannweite bei 45° Pfeilform und 0,825 m Wurzel- sowie 0,30 m Endtiefe besitzend, sind untereinander verstrebt. Weiterhin tragen sie zwei Abschuß-Stabilisierungsbalken.

Antrieb: Feststoff-Raketenmotoren. Die Startstufe besitzt eine Diglykol-Pulverladung von 240 kg, die für 0,6 Sekunden Brennzeit einen Startschub von 7500 kp entwickelt. Ausströmung durch 7 Düsen, von denen zwei im Hals so blockiert sind, daß die Behinderung herausfliegt, sobald der Druck im Verbrennungsraum zu groß wird. Durch diese zwangsläufig mögliche Vergrößerung des Ausströmquerschnittes werden Fehlexplosionen verhindert. Die Oberstufe besitzt eine 220 kg schwere Diglykol-Pulverladung, die für 2,5 Sekunden Brennzeit einen Anfangsschub von 16000 kp abgibt, der dann im Verlauf der Verbrennung rapide absinkt.
Startart: Rampen-Steilstart.
Steuerung: Radio-Befehlslenkung mit Radar-Zieldeckung.
Militärische Nutzlast: 25 kg Pulver-Sprengsatz im Heck der Oberstufe.

»Rheintochter R 3«

Diese Version, im Aufbau der »Rheintochter R 1« angeglichen, unterschied sich hauptsächlich durch die neuartige Triebwerkskombination zwischen Feststoff- und Flüssigkeits-Raketenmotor.

Antrieb: Die Startstufe besitzt zwei Feststoff-Raketenmotoren mit je 150 kg Diglykol-Pulverladung, die für 0,9 Sekunden Brennzeit einen maximalen Schub von 14000 kp abgeben. Die Oberstufe trägt einen Konrad-Flüssigkeitsraketenmotor, der durch SV-Stoff und Visol betrieben wird. Die Treibstoffkapazität beträgt 335 kg SV-Stoff und 88 kg Visol. Die Förderung geschieht mittels Druckluft, die aus einem Behälter von maximal 250 atü entnommen wird. Länge der Brennkammer 0,45 m. Kühlung nach dem Regenerativprinzip. Gesamtbetriebszeit 53 Sekunden, davon 15 Sekunden Maximalschub von 2180 kp, der während der restlichen 38 Sekunden auf 1800 kp absinkt.

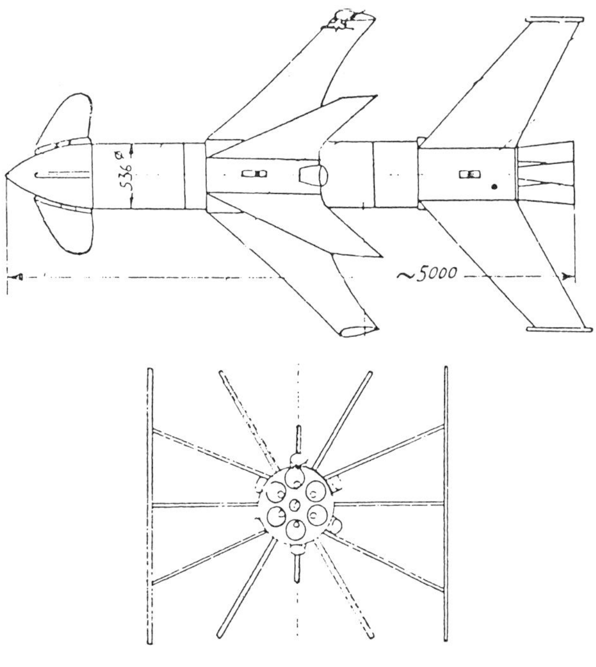

49. Rheinmetall »Rheintochter R III«, 1. Ausf.

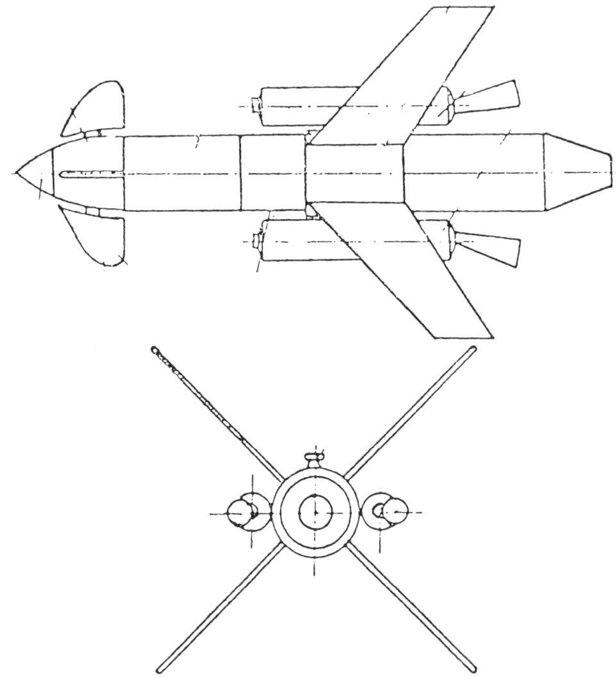

50. Rheinmetall »Rheintochter R III«. Endlösung

Rheinmetall »Rheinbote«

Aus den Erfahrungen mit der Zweistufen-Rakete »Rheintochter« wurde 1943/44 die vierstufige Fernrakete »Rheinbote« entwickelt, welche noch im November 1944 in den kriegsmäßigen Einsatz gelangte und in etwa 220 Einheiten gegen Antwerpen verschossen wurde. Alle Stufen wurden durch Feststoff-Raketen angetrieben, wobei die eigentliche Startstufe aus der »Rheintochter« abgeleitet wurde und lediglich die Aufgabe besaß, daß Projektil aus dem Startschlitten zu heben. Die beiden ersten Stufen fielen innerhalb von 10 km vom Abschußort ausgebrannt zu Boden. Dagegen blieben die dritte und vierte Stufe bis zum Ziel miteinander verbunden. Wenn auch dadurch die Vorteile des mehrstufigen Systems untergraben wurden, so war diese Maßnahme gewählt worden, um die am Ziel einschlagende Masse zu vergrößern. Der Kopf mit der Sprengladung wog nur insgesamt 40 kg. Auf diese Weise ließ sich das Gewicht auf 140 kg vergrößern. Wenn diese Rakete mit 220 km Reich-

51. Rheinmetall »Rheinbote« Rh Z 61/9

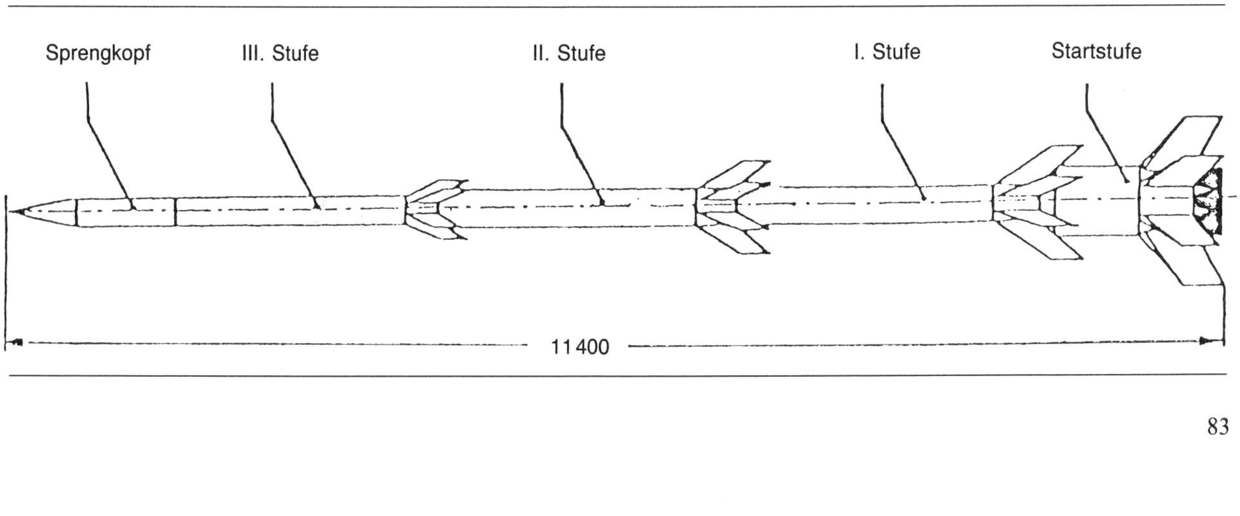

weite auch eine erfolgreiche Lösung einer Fernrakete darstellt, blieb sie strategisch ohne jeden Nutzen, denn die beförderte Sprengladung von 20 kg war viel zu gering.

Typ: Ballistische Vierstufen-Fernrakete.
Art: Boden/Boden.
Aufbau: Vierstufiger ballistischer Flugkörper mit zentralen Geschoßrümpfen. Die Startstufe besteht aus dem Raketenzylinder von 1,90 m Länge und 0,535 m Durchmesser, dessen Boden kalottenförmig ausgebildet ist und 7 Auspuffdüsen trägt. Die zweite Stufe, ein reiner Raketenzylinder, besitzt 3,50 m Länge und 0,268 m Durchmesser. Die dritte Stufe ist der zweiten analog, während die vierte zusätzlich den Sprengkopf trägt und 4,00 m Länge und 0,19 m Durchmesser besitzt. Sämtliche Stufen sind mit 6 sternförmig angeordneten Stabilisierungsflossen ausgestattet.
Antrieb: Antrieb aller Stufen durch Diglykol-Pulverraketenmotoren. Jeder Treibsatz besitzt einen eigenen Zündsatz aus Blitzlichtpulver und Nitroglyzerin, der zuerst eine Zündpatrone mit Schwarzpulver und Thermit entflammt, die ihrerseits die eigentliche Treibladung zündet. Damit vergeht vom Brennschluß-Zeitpunkt der Vorstufe bis zur Zündung der nächsten Stufe immer ein gewisser Zeitpunkt. Die Startstufe entwickelt bei einer Ladung von 245 kg Diglykol während einer Sekunde Brennzeit 9800 kp Schub, die 1 Sekunde später zündende 2. Stufe bei 140 kg Pulver für 5 Sekunden 5600 kg; ebenso die gleichfalls 5 Sekunden später zündende 3. Stufe. Die 4. Stufe schließlich verbrennt nach weiteren 5 Sekunden Brennverzögerung 140 kg Diglykol in 3,5 Sekunden und entwickelt dabei 2400 kp Schub.
Startart: Schrägstart von einer Rampe. Transport auf dem A 4-(V 2-) Meillerwagen.
Steuerung: Ballistische Flugbahn.
Militärische Nutzlast: 40-kg-Sprengkopf mit 20 kg Pulverladung.

Allgemeine Luftkampfraketen

Bordrakete RZ 65

Obwohl bereits 1937 bei der Firma Rheinmetall-Borsig Erprobungen mit drallstabilisierten Bordraketen begannen, mit denen 1939 aus 100 m Entfernung Treffer in einem Rechteck 3,6 × 2,6 m erzielt wurden, wurde erst im November 1941 unter der Leitung von Dr. Klein mit der Entwicklung einer Bordrakete begonnen. Zur Tarnung wurde diese Entwicklungsreihe als »RZ = Rauchzylinder« bezeichnet. Der erste Entwurf war RZ 65. Diese war zunächst nur zur Verwendung gegen Erdziele vorgesehen. Bei Beschuß von Luftzielen wurde die Ladung des Gefechtskopfes von 130 auf 190 g erhöht. Als Erprobungsträger dienten: Bf 110 (NE + AC), Bf 110 (BB + AK), He 111 (ND + AU), Ha 137 (NE + AG) und Me 210 V 4 (CF + BB). Es wurden insgesamt 2993 RZ 65 bei der Erprobung verschossen. Bei einem Vergleichsschießen erzielte bei gleichen Bedingungen das MG/FF bei 544 verfeuerten Schuß 26 % Treffer, während die RZ 65 nur 15 % erzielten. So kam es nur zu einer kurzen Truppenerprobung, wobei unter anderem auch die Fw 190 verwendet wurde. Die RZ 65 wurden nur gegen Bodenziele verwendet. Auch Versuche mit dem »Trommelgerät (TG)« als Abschußgerät für die RZ 65 führten zu keinen befriedigenden Ergebnissen.

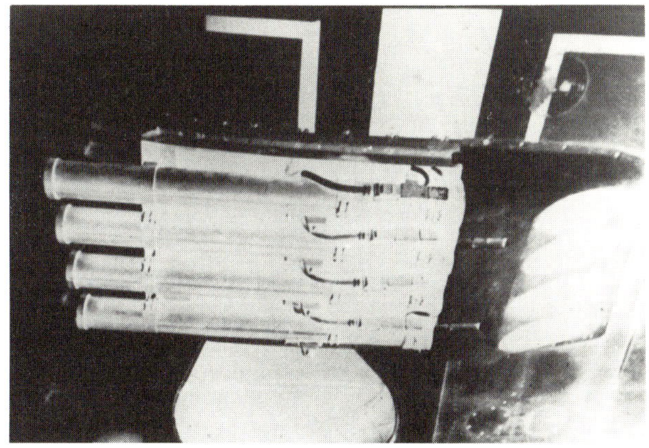

53. Abschußrahmen mit vier RZ 65 unter Bf 109

Bordrakete RZ 73

Eine Verbesserung sollte die etwas größere RZ 73 bringen, von der aber nur eine kleine Stückzahl gegen Erdziele zum Einsatz kam. Eine Großserie wurde bei der Firma Schneider KG für Fla-Raketenwerfer gebaut. Eine von Rheinmetall-Borsig entwickelte RZ 15/8 von 158-mm-Kaliber wurde in einigen Exemplaren an einer Bf 110 erprobt.

Bordrakete RZ 100

1941 entwickelte dieselbe Firma die RZ 100, mit der man durch extrem großen Gefechtskopf eine vergrößerte Splitter-

54. RZ 100 auf Abschußgestell

wirkung und auch bei ungenauem Abkommen Treffer gegen Erdziele erreichen wollte. RZ 100 hatte ein Kaliber von 420 mm und ein Gewicht von 730 kg. Es kam nur zu einem Bodenschußversuch von einem Bruchrumpf der Me 210, der mit erheblichen Zerstörungen an diesem Rumpf endete. Damit war die Entwicklung der drallstabilisierten Bordraketen beendet. Man erwartete mit leitwerkstabilisierten Bordraketen eine zuverlässigere Waffe in die Hände zu bekommen.

Wgr 21

Der von Dipl.-Ing. Nebel entwickelte 21-cm-Werfer-42 war ein Gerät mit fünf Rohren auf einem Schießgestell und verschoß Feldraketen mit einer Reichweite bis zu 7800 m. Als sich 1943 herausstellte, daß sogar schwere Bordkanonen für die Bekämpfung feindlicher Bomber nicht wirkungsvoll genug waren, wurde aus eigener Verantwortung von deutschen Fliegeroffizieren die Verwendbarkeit des Werfers auf seinen Einbau in Jagdflugzeugen untersucht, was im Januar 1944 zu einer ersten Probeausrüstung einiger Me 109, Fw 190 mit je einem Werferrohr und Me 110 mit zwei Werferrohren unter dem Flügel führte. Hierbei konnten die Geschosse in einem Abstand vom Feind bis zu 1200 m verschossen werden. Die sich zeigende große Wirkung bei der Bekämpfung schwerer viermotoriger Bomber rechtfertigte diese Versuche, wenn sie auch nur ein Provisorium blieben, da jeweils nur zwei Geschosse bzw. vier bei Me 110 mitgeführt werden konnten und diese, da sie nicht flügelstabilisiert waren, widerstandserhöhende Abschußrohre erforderten. Der Antrieb bestand aus 18,4 kg Diglykol-Feststoff. Der Sprengkopf besaß 40,8 kg Pulver.
Der erste Erfolg mit dem Wgr 21 wurde am 17. August 1943 erzielt. Von 376 angreifenden B-17, die Schweinfurt und Regensburg angriffen, wurden 60, d. h. 16 % abgeschossen, teilweise mit Wgr 21. Noch größer war der Erfolg am

55. WGr 21 unter Fw 190 A-4/R6

14. Oktober 1943, als beim Angriff der 8. USAAF auf Schweinfurt von 291 B-17-Bombern 60 abgeschossen wurden, 17 auf dem Rückflug verloren gingen und 131 nach der Rückkehr nicht mehr zu reparieren waren.

PD 8,8-cm-Pz.Büchsenrohr

Die Suche nach möglichst schnell zu fertigenden Panzerbekämpfungswaffen für Flugzeuge führte zur »Notlösung« des »Fliegenden Panzerschrecks«. Hierzu wurde die von der Infanterie benutzte Waffe zum Verschuß vom Flugzeug umkonstruiert. Der Kopf des »Panzerschrecks« erhielt eine Hülse mit Treibladung, woran ein durch sechs Streben gehaltenes Ringleitwerk befestigt war. Die erste Ausführung hatte aber so schlechte ballistische Leistungen, daß man eine zweite Version aus der Munition der älteren Heeresausführung fertigte. Diese wurden bei den Frontwerkstätten unter den Tragflächen der Fw 190 F-8 in Reihen zu vier und acht Stück montiert. Als Verschußgerät wurde das Rohr der

56. 4 × PD 8,8 cm unter Fw 190 F-8

Panzerbüchse verwendet. Unter der Bezeichnung »PD 8,8 cm-Pz.Büchsenrohr« kamen diese Geräte ab Oktober 1944 zum Einsatz und bildeten die Grundlage für die Entwicklung des »Panzerblitz I«, bei dem die 8 cm-R-Spreng-Granate, die beim Heer verwendet wurde, die Entwicklungsgrundlage bildete. Der Einsatz dieser Waffe bei einigen Fw 190 erwies sich als Fehlschlag, da die Fw 190 zum Schuß mit der Geschwindigkeit auf 490 km/h heruntergehen mußte, wodurch sie leicht gegnerischen Jägern zum Opfer fiel. Verbesserte Versionen »Panzerblitz 2 und 3« kamen nicht mehr zum Tragen.

R 4/M »Orkan«

Eine wirklich erfolgreiche Bordrakete kam aber erst, wie viele andere »Wunderwaffen«, viel zu spät. Es war die leitwerkstabilisierte Bordrakete R 4/M »Orkan«. An der

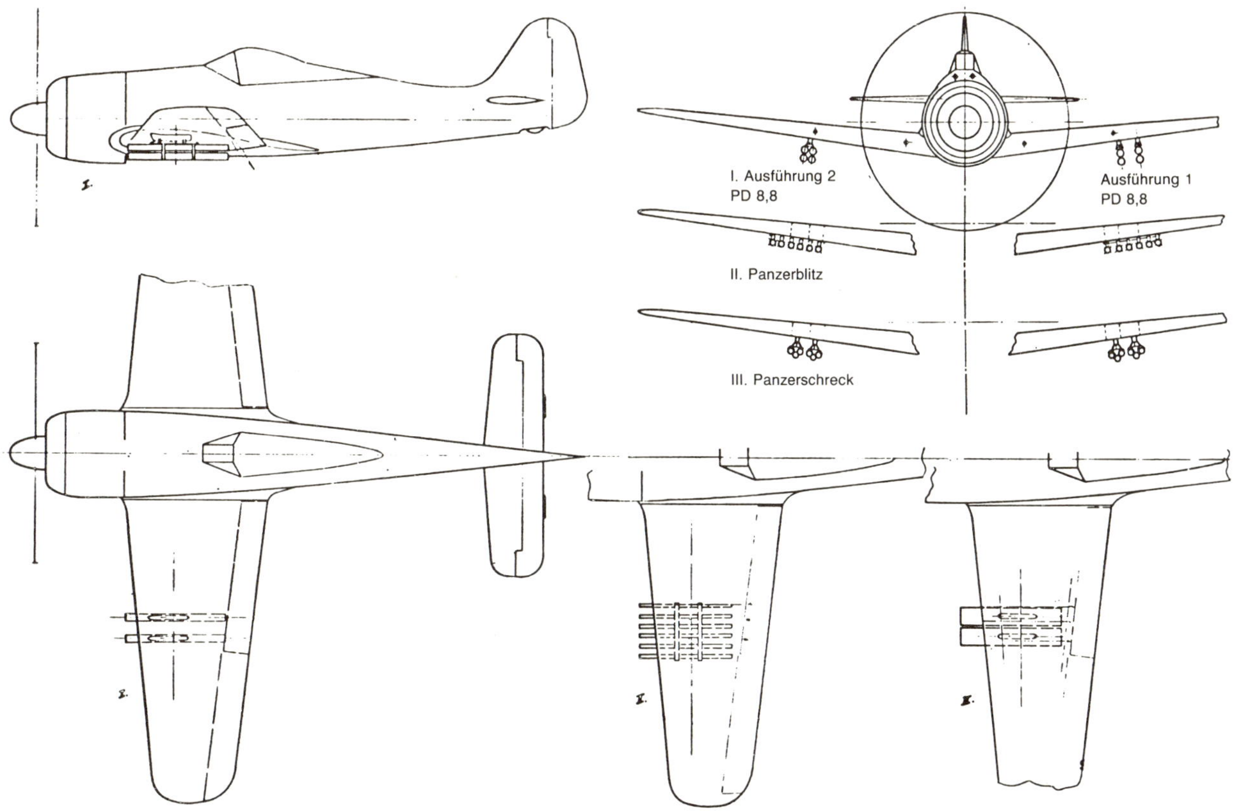

52. Fw 190 mit PD 8,8 Panzerblitz und Panzerschreck

Entwicklung dieser Waffe war ein Mann maßgeblich beteiligt, der bereits 1915 als Mechaniker die erste MG-Steuerung bei Fokker in Schwerin gebaut hatte und in der Verbotszeit 1919—33 bei der waffentechnischen Ausrüstung der getarnten deutschen Fliegertruppe der Reichswehr eine Rolle gespielt hatte. Es war Fritz Heber, nunmehr Chef der Firma Heber in Osterode, der mit den Deutschen Waffen- und Munitions-Werken zusammen die R 4/M (R = Rakete, 4 = Gewicht 4 kg, M = Minenkopf) entwickelte. Es wurden sofort 20000 Stück in Auftrag gegeben, von denen aber nur

53. R 4/M »Orkan«

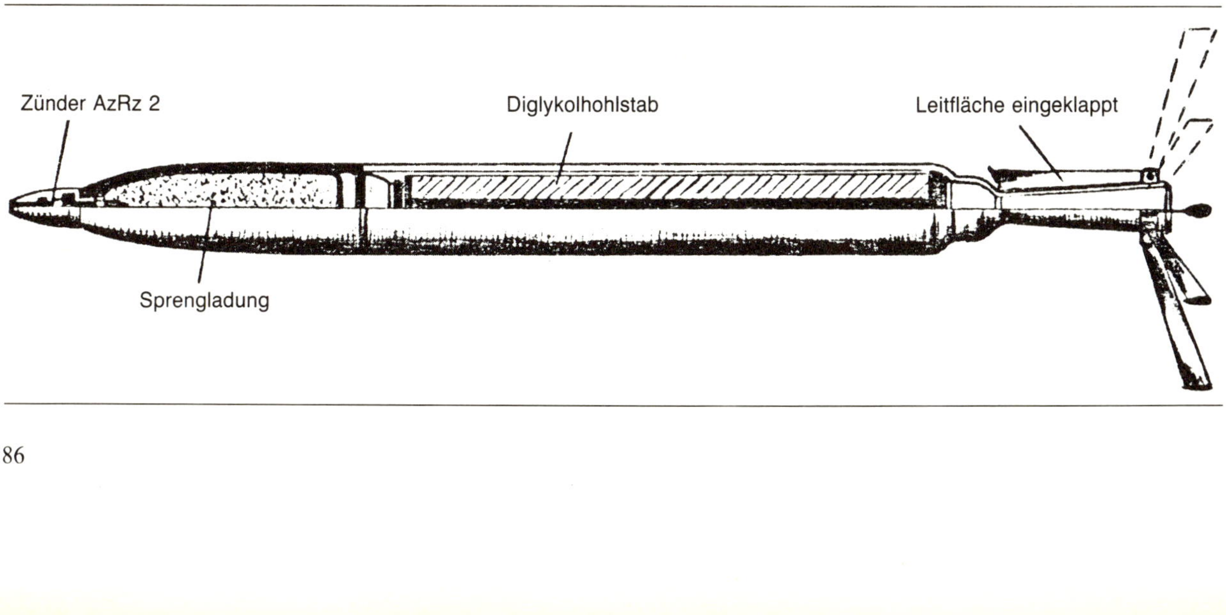

noch 12000 zur Auslieferung kamen. Die Erprobung erfolgte bei dem von Generalmajor Galland geführten Jagdverband (JV) 44. Bis März 1945 wurden mindestens 60 Me 262 A-1 b mit 24 R 4/M pro Tragfläche ausgerüstet. Der Erfolg war ausgezeichnet. Bei einem Einsatz wurden ohne eigenen Verlust aus einem Verband von 425 B-17 G 25-Maschinen abgeschossen. Neben der Me 262 wurde auch der Raketenjäger Me 163 mit der R 4/M ausgerüstet. Der Objektschutzjäger Bachem Ba 349 sollte im Bug eine Abschußanlage, die sogenannte »Bienenwabe«, zu 28 Rohren erhalten. Dies führte aber beim Schußversuch zur Explosion des Bugs. Eine geänderte »Bienenwabe« zu 24 Rohren konnte nicht mehr erprobt werden. Der Blohm & Voß-Jäger P. 212, der eine ähnliche Bewaffnung erhalten sollte, blieb Projekt.
Aber selbst veraltete Maschinen des Musters Fw 190 erzielten sogar noch im April 1945 überragende Erfolge. So vernichteten 24 Fw 190 aus einem starken viermotorigen Verband 40 Maschinen ebenfalls ohne eigene Verluste. Insgesamt wurden in der kurzen Einsatzzeit fast 500 Feindmaschinen durch R 4 M-Raketen zerstört. Bis Kriegsende waren etwa 10000 Geschosse fertiggestellt, davon ein Großteil im sudetenländischen Ausweichbetrieb in Kratzau.

57. Me 262 A-1 a der 9./JG 7 mit Abschußrost und R4/M-Raketen

Die R 4 M war äußerst einfach aufgebaut, besaß jedoch faltbare Stabilisierungsflossen. Die Sprengladung im Kopf bestand aus 0,5 kg Hexogen, die durch einen Annäherungszünder zur Detonation gebracht wurden. Der Abschuß erfolgte aus einer Entfernung von 1500 bis 1800 m vom Feind.

Erläuterungen zu der Tabelle auf Seite 88/89

Typ (Manufacturer and Manufacturer-Number)

Verwendung (Duty)
Versuch (Experimental)
Luft zu Luft (Air-to-air)
Luft zu Boden (Air-to-surface)
Boden zu Boden (Surface-to-surface)
Boden zu Luft (Surface to air)

Art (Typ of Power)
FR = Flüssigkeitsraketenmotor (Liquid propellant rocket engine)
PL – Pulso-Schubrohr (Impulse duct engine)
PR = Pulverraketenmotor (Solid propellant rocket engine)

Antrieb, Muster (Engine-Manufacturer and Manufacturer-Number)

Schub (Thrust)

Brenndauer (Duration of thrust)

Treibstoff (Fuel)

Abmessungen (Dimensions)
∅ = Durchmesser des Geschoßkörpers (Diameter of body)
Lg = Länge (Lenght)
Hh = Höhe (Hight)
bF = Spannweite des Flügels (Span of wing)
F = Flügelfläche (Gross Wing area)
bL = Spannweite des Leitwerks (Span of tail-unit)

Gewichte (Weights)
Gl = Leergewicht (Weight empty)
G = Einsatzgewicht (Weight operationally)

Leistungen (Performances)
V_{max} = Höchstgeschwindigkeit (Maximum speed)
R = Reichweite (Range)
H = Gipfelhöhe beim Einsatz (Ceiling at operation)

Sprengladung (Weight of war-head)

Typ	Verwendung	Art	Antrieb Muster	Schub (kp)	Brenn-dauer (sek)	Treibstoff
Blohm & Voß						
BV 246	Luft zu Boden	—	—	—	—	—
Peenemünde						
A-1						
A-2	Versuch			300	16	
A-3				1 500	45	
A-4 (V 2)						
A-4 b	Boden zu Boden	FR		27 500	68	A. Alkohol
A-5						
A-7	Versuch			1 500	45	
A-9/	Boden zu Boden			28 000	68	
10				20 000	50	A. M.
C-2	Boden zu Luft			8 000	41	SV. Visol
Elektrom.						
»Taifun«	Boden zu Luft	FR		800	2,5	SV, R
Fieseler						
Fi 103 (V 1)	Boden zu Boden	PL	Argus As 014	335	—	—
Henschel						
Hs 117	Boden zu Luft	FR	BMW 109-558	380	33	SV, R
Hs 217	Boden zu Luft	PR				Piglykol
Hs 293 Ä-O	Luft zu Boden	FR	Walter 109-507	590	10	T, Z
Hs 298	Luft zu Luft	PR	Schmidding 109-543	150-50	25	Diglykol
Konrad						
»Enzian E-4«	Boden zu Luft	FR	Konrad	2 000-1 000	69	SV, Visol
Kramer						
X-1	Luft zu Boden	—	—	—	—	
X-4	Luft zu Luft	FR	BMW 109-548	140	22	R, SV
X-7	Boden zu Boden	PR	WASAG 109-506	69	3	Diglykol
Rheinmetall						
»Hecht«		FR	Walter	60	25	T, Z
»Feuerlilie 25«			Rheinm. 109-505	400	6	
55		PR	Rheinm. 109-515	4 000	6	
»Rheinto. R 1«	Boden zu Luft		Rheinmetall	16 000 +	2,5	Diglykol
				7 500	0,6	
R 3		PR	Rheinmetall	14 000	0,9	
		FR	Konrad	2 180	53	SV, Visol
»Rheinbote«				9 800	1	
				5 600	5	
	Boden zu Boden	PR	Rheinmetall	5 600	5	Diglykol
				2 400	3,5	
Wgr 21	Luft zu Luft	PR				Diglykol
R 4 M	Luft zu Luft	PR				Diglykol

Abmessungen						Gewichte		Leistungen			Sprengladung
∅ (m)	Lg. (m)	Hh. (m)	bF (m)	F (m²)	bL (m)	Gl (kg)	G (kg)	V max (km/h)	R (km)	H (m)	(kg)
0,542	3,53	0,68	6,41	1,47	1,20	—	730,0	—	—	—	4,35
0,304	1,40	—	—	—	—	—	150				—
		—	—	—						2200	—
0,760	7,65	—	—	—			750				—
1,650	14,04	—	—	—	3,56	.	12963	2900	283		975
	14,06	—	6,20	13,50		4230	13000	5500	596	96600	
0,860	7,65	—	—	—			900		18	12000	
		—	.	.			800				
1,650	14,20	—	6,20	13,50	3,56	4500	13000	11000	5000	350000	975
4,150	20,00	—	—	—	9,00	25500	87000				
0,880	7,80	—	2,10	.			3600	2340	26	18000	100
0,100	1,93	—	—	—			19,7	2730	12	15000	0,5
0,800	7,90	.	5,30				2180	656	240	3000	850
	4,00		2,80	.	1,00		450	1050	32	15000	23
0,073		—	—	—			3			1200	
0,480	3,58		3,14				902	600			500
0,200	2,30	0,41	1,30		0,59		295	850	1,5		25
2,225	9,81	—	10,12	21,58	—		1975	920	40	13500	500
0,560	3,26	—	1,53	.	.	.	1570	900	8	—	300
0,220	2,10	—	0,86				60	900	2,9	—	20
0,140	0,76	—	0,60				9	350	24		2,5
0,250	2,00	—	0,90	.	.	.	140	1000	.	.	.
0,250	2,08		1,10	0,355	0,24		120	800			17
0,550	4,80		250	2,45	0,32		470	1500	7,5	4860	140
0,510	5,75										25
											390
			2,65	—	0,40		1750	1750	40	6000	
0,540	4,75				0,54		976	1480		15000	
0,535	11,40	—	—	—	2,68	.	1715	5860	220	78000	20
0,210							111	1200	1200		41
0,055							4	900	1800		0,5

Flugmotoren

A. Kolbentriebwerke

Auch bei den deutschen Flugmotorenherstellern war es vor der Errichtung des RLM üblich, ihre jeweiligen Motorenmuster nach laufenden Werksnummern oder aber nach bestimmten Motorencharakteristiken zu bezeichnen. Ähnlich den Flugzeugbaumustern entschloß sich 1933/34 das RLM, auch für Flugmotoren ein zentrales Bezeichnungssystem einzuführen. Im Gegensatz zu der laufenden Numerierung bei Flugzeugen wurde allerdings hier so verfahren, daß jeder Firma eine bestimmte Zahlengruppe zur Verfügung stand, die sie in laufender Reihenfolge belegen konnte. Die Aufschlüsselung hat folgendes Bild:

090—099 Verschiedene kleinere Hersteller
100—199 Bayerische Motorenwerke (später ab 800)
200—299 Junkers Flugzeug- und Motorenwerke
300—399 Bayerische Motorenwerke, Abteilung Bramo
400—499 Argus
500—599 Heinkel/Hirth
600—699 Daimler-Benz
700—799 Deutz
800—899 Bayerische Motorenwerke

Vor diese Typennummer wurde aus Geheimhaltungsgründen eine Tarnnummer anstelle der Firmenbezeichnung gesetzt. Diese Tarnnummer bestand aus der Zahl 9. In der untenstehenden Zusammenstellung sind manche Firmennamen durch die offizielle Abkürzung ersetzt. Sie haben folgende Bedeutung:

As = Argus
BMW = Bayerische Motorenwerke
Bramo = Brandenburgische Motorenwerke
DB = Daimler-Benz
DZ = Deutz
HM = Heinkel/Hirth
Jumo = Junkers
Sh = Siemens
Z = Zündapp

In der folgenden Zusammenstellung sind die Triebwerke, die infolge Veraltung oder ausschließlich ziviler Verwendbarkeit keine RLM-Nummer erhielten, in der zweiten Spalte unter der Herstellerbezeichnung zu finden:

RLM-Nummer	Werknummer	Hersteller
9—091	Breuer 5-F-8	Breuer
9—092	Z 9-092	Zündapp
9—094	Breuer 0—094	Breuer
9—114	BMW 114	BMW
9—116	BMW 116	BMW
9—132	BMW 132	BMW
9—139	BMW 139	BMW
	L 55	Junkers
	L 88	Junkers
9—204	Jumo 4 (204)	Junkers
9—205	Jumo 5 (205)	Junkers
9—207	Jumo 207	Junkers
9—208	Jumo 208	Junkers
9—210	Jumo 210	Junkers
9—211	Jumo 211	Junkers
9—213	Jumo 213	Junkers
9—222	Jumo 222	Junkers
9—223	Jumo 223	Junkers
9—224	Jumo 224	Junkers
9—314	Sh 14	BMW-Bramo-Siemens
9—322	Sh 22 (Bramo 322)	BMW-Bramo
9—323	Bramo 323	BMW-Bramo
	As 8	Argus
	As 10	Argus
9—401	As 401	Argus
9—410	As 410	Argus
9—411	As 411	Argus
9—412	As 412	Argus
9—413*)	Ju/As 413	Junkers/Argus
	HM 60	Hirth
	HM 150	Hirth
9—500	HM 500	Heinkel/Hirth
9—501	HM 501	Heinkel/Hirth
9—504	HM 504	Heinkel/Hirth
9—506	HM 506	Heinkel/Hirth
9—508	HM 8 (508)	Heinkel/Hirth
9—512	HM 512	Heinkel/Hirth
9—515	HM 515	Heinkel/Hirth
9—600	DB 600	Daimler-Benz
9—601	DB 601	Daimler-Benz
9—602	DB 602	Daimler-Benz
9—603	DB 603	Daimler-Benz
9—604	DB 604	Daimler-Benz
9—605	DB 605	Daimler-Benz

* Nur Projekt

RLM-Nummer	Werknummer	Hersteller
9—606	DB 606	Daimler-Benz
9—609*)	DB 609	Daimler-Benz
9—610	DB 610	Daimler-Benz
9—613*)	DB 613	Daimler-Benz
9—614*)	DB 614	Daimler-Benz
9—627	DB 627	Daimler-Benz
9—628	DB 628	Daimler-Benz
9—632	DB 632	Daimler-Benz
9—710	DZ 710	Deutz
9—720*)	DZ 720	Deutz
	BMW VI	BMW
	BMW VII	BMS
	BMW X	BMW
9—801	BMW 801	BMW
9—802	BMW 802	BMW
9—803	BMW 803	BMW
	ADM 7	Deicke
	—	Krautter
	M 4	Kroeber
	F 2	Seld

* Nur Projekt

Argus

Argus-Motoren-Gesellschaft mbH, Berlin-Reinickendorf

Die Argus-Motoren-Gesellschaft wurde am 7. November 1906 von dem Autofabrikanten Henri Jeannin gegründet. Das Hauptfertigungsgewicht lag bei Kraftwagen, Bootsmotoren und stationären Motoren. Aus ihnen wurden noch im gleichen Jahr die ersten Motoren für Luftschiffe abgeleitet. Der erste Flugmotor der Firma und damit der erste deutsche Flugmotor überhaupt entstand 1908. Es war ein wassergekühlter Vierzylinder mit 52 PS. Bei Ausbruch des Zweiten Weltkrieges stellte Argus den Kraftwagenbau vollkommen ein und baute nur noch Flugmotoren. Die Belegschaft wuchs in jener Zeit von 15 auf 350 Mann. 1916 wurde die Serienfertigung aufgenommen, die zu einem Gesamtausstoß von fast 1200 Argus-Motoren bis Kriegsende führte. 1918 betrug die Gesamtbeschäftigtenzahl über 1000. Durch das Bauverbot nach den Bestimmungen des Versailler Vertrages begann das Werk 1919 wieder mit dem Kraftfahrzeugbau, zu dem die Horch-Werke erworben wurden. 1926 begann erneut der Bau von Flugmotoren, der bald solche Ausmaße annahm, daß 1930 die Kraftwagenproduktion wieder vollkommen zugunsten der Flugmotorenproduktion eingestellt werden mußte. 1927 war Dr.-Ing. Christian als Konstrukteur verpflichtet worden, dem sich wenig später als Direktor Dipl.-Ing. Dinslake anschloß. Unter ihrer Leitung wurde die Luftkühlung eingeführt. Auf Betreiben des Verkehrsministeriums entstanden nun verschiedene Leichtflugmotoren. Da sich das Werk damit auf luftgekühlte Reihenmotoren spezialisierte, konnten auf Grund der ständig gewonnenen Erfahrungen Spitzenleistungen vollbracht werden. Außer den unten näher aufgeführten Baumustern wurden während dieses Zeitraums folgende Triebwerke gefertigt: 1929 der As 7, ein luftgekühlter 9-Zylinder-Sternmotor von 700 PS; 1933 der As 12, ein luftgekühlter 16-Zylinder-H-Motor von 550 PS; 1932 der As 16, ein luftgekühlter 4-Zylinder-Boxermotor von 40 PS; 1933 der As 17A, ein luftgekühlter 6-Zylinder hängender Reihenmotor von 225 PS und 1934 seine Weiterentwicklung As 17B von 285 PS mit Lader.

Argus As 8

Dieser luftgekühlte hängende Vierzylinder-Reihenmotor wurde 1929 von Dr.-Ing. Christian auf den besonderen Wunsch des Verkehrsministeriums entwickelt, als sein Vorgänger As 7 — die erste Konstruktion Christians bei Argus — als zu leistungsstark verworfen worden war. Der As 8 wurde in verschiedenen Versionen in deutsche Sportflugzeuge der damaligen Zeit eingebaut.

As 8 A
1929 entstandene Grundversion. Sie leistete 95 PS.

As 8 B
1930 entstandene Weiterentwicklung mit erhöhter Drehzahl, deren Startleistung auf 135 PS anstieg.

As 8 R
Ebenfalls 1930 erschienene hochgezüchtete Version, die 150 PS Startleistung abgab.

Argus As 10

Durch den Zusammenbau von zwei Zylinderblöcken des As 8 entstand 1930 der luftgekühlte hängende V-Motor As 10 mit acht Zylindern. Die erste Ausführung erreichte eine Startleistung von 220 PS. Er wurde in seinen leistungsstärkeren Weiterentwicklungen zu einem der erfolgreichsten Flugmotoren dieser Klasse in der ganzen Welt. Von der Version As 10C wurden allein bis 1939 über 10000 Stück gebaut.

As 10 C
Leistungsstärkere Abwandlung des As 10 durch Erhöhung der Verdichtung von 5,35 auf 5,90. Startleistung 240 PS. Entwicklungsjahr 1932.

As 10 E
1934 entstandene Version, bei der die Startleistung auf 270 PS erhöht werden konnte.

58. Argus As 10c

Argus As 401 A

1937 entstandene Version des As 10C mit einer auf 6,0:1 erhöhten Verdichtung und einem zusätzlichen Höhenlader für 3 km Volldruckhöhe. Die Startleistung dieser Version betrug 275 PS.

Argus As 410 A

1936 war auf der Basis des As 10 ein luftgekühlter Zwölfzylinder hängender V-Motor entwickelt worden, der schließlich 1938 verwirklicht wurde. Unter der Typenbezeichnung As 410A besaß er gegenüber den Vorgängern ein Untersetzungsgetriebe. Ebenfalls war er mit einem Höhenlader für 3 km ausgerüstet.
Er war das seinerzeit wirtschaftlichste Triebwerk. Seine Startleistung betrug 465 PS.

Argus As 411

Weiterentwicklung des As 410 mit gleichem Aufbau, jedoch mit einem einstufigen Lader, 9,35 übersetzt. Die Startleistung konnte auf 600 PS heraufgedrückt werden. Das Triebwerk wurde bis 1959 als SNECMA-Renault 12 in verschiedenen Weiterentwicklungen in Frankreich nachgebaut.

Argus As 412

1934 entwickelter und aus den Erfahrungen mit dem As 12 gebauter luftgekühlter Vierundzwanzigzylinder-H-Motor mit 1000 PS Startleistung. Er ging nicht in Serie, weil sich H-Motoren gegenüber Sternmotoren als zu ungünstig im Baugewicht erwiesen.

Argus As 413

Projekt eines luftgekühlten H-Motors, der 4000 PS leisten sollte.

BMW

Bayerische Motorenwerke GmbH, München

Die Rapp-Motorenwerke GmbH München, die seit 1912 Flugmotoren bauten, beschlossen am 26. Juli 1917 die Umbenennung der Gesellschaft in Bayerische Motorenwerke GmbH. Als der Gründermotor BMW III in die Serienfertigung genommen werden konnte, erfolgte noch eine Umwandlung in eine AG. Bei Ende des Ersten Weltkrieges beschäftigte BMW fast 3800 Mann. Durch die Versailler Bestimmungen mußte nach Kriegsende der Motorenbau aufgegeben werden. Das Werk selbst wurde hauptsächlich zur Erzeugung von Luftdruckbremsen umgestellt. Diese Abteilung ging, als der Flugmotorenbau wieder aufgenommen werden konnte, als »Süddeutsche Bremsen AG« zum Verkauf. Inzwischen waren 1922 die leerstehenden Anlagen der Bayerischen Flugzeugwerke AG und das heutige Werksgelände des Stammhauses in München erworben worden. Hier wurden zuerst ausschließlich Krafträder gebaut, bis 1924 auch wieder an Flugmotoren gearbeitet werden konnte.

In der Folgezeit entstand eine ganze Reihe erfolgreicher flüssigkeitsgekühlter Motoren, von denen BMW VI und VII untenstehend noch näher beschrieben sind, weil sie bis in die dreißiger Jahre hinein eingebaut wurden. Mit dem BMW X entstand schließlich der erste luftgekühlte Sternmotor. Um aber schnell und ohne Risiko den Forderungen des RLM nach luftgekühlten Großtriebwerken nachkommen zu können, wurden von der amerikanischen Firma Pratt & Whitney die Sternmotoren »Wasp« und »Hornet« für den Lizenzbau übernommen. Allerdings lief nur die Fertigung des »Hornet« mit 575 PS Startleistung an, der später zum BMW 132 weiterentwickelt wurde. Um der steigenden Produktion nach 1933 rationell gerecht zu werden, wurde am 21. Dezember 1934 der verwaltungstechnische Zusammenschluß aller Werksanlagen beschlossen und die Firma in BMW-Flugmotorenbau GmbH umbenannt. 1938 folgte eine vertraglich geregelte Zusammenarbeit mit den Brandenburgischen Motorenwerken GmbH, die 1939 zur Erwerbung der Anlagen führte.
Über diese Abteilung Bramo wird anschließend gesondert berichtet.

Bayerische Motorenwerke BMW VI

Durch die Verdoppelung der Zylinderreihen des BMW IV entstand der flüssigkeitsgekühlte Zwölfzylinder-V-Motor BMW VII, der zu einem der erfolgreichsten Triebwerke in der Wende der dreißiger Jahre werden sollte. Er wurde in den verschiedenen Ausführungen mit und ohne Getriebe, mit Wasser- oder Heißkühlung und mit einer Verdichtung von 6,0 oder 7,3 gebaut. Die Leistung schwankte demnach zwischen 395 bis 750 PS.

Bayerische Motorenwerke BMW VII

Ähnlich wie der BMW VI aufgebauter flüssigkeitsgekühlter Zwölfzylinder-V-Motor, der durch die Verdoppelung der Zylinderreihen des BMW Va entstanden war. Startleistung 755 PS.

Bayerische Motorenwerke BMW Xa

Serienausführung des BMW X, des ersten luftgekühlten Sternmotors von BMW. Der kleine Fünfzylinder wurde in einigen Sportflugzeugen der damaligen Zeit geflogen. Seine Startleistung betrug 68 PS.

Bayerische Motorenwerke BMW 112

Parallelentwicklung zum BMW 116, ein flüssigkeitsgekühlter Zwölfzylinder hängender V-Motor mit Lader, dessen Entwicklung aber nicht weiterverfolgt wurde.

Bayerische Motorenwerke BMW 114

In Zusammenarbeit mit der Lanova Corporation entstandenes reines Versuchstriebwerk als Ableitung aus dem Neunzylinder-Sternmotor BMW 132. Die normalerweise luftgekühlten Zylinder wurden mit einem Kühlmantel versehen, dessen Flüssigkeitskühler jeweils separat zwischen zwei Zylinderköpfen stand. Weiterhin erhielten die Zylinderköpfe Bosch-Einspritzdüsen, so daß die Verdichtung auf 14,8:1 erhöht werden konnte. Das Triebwerk besaß weiterhin ein einstufiges Schleudergebläse 9,5:1. Die Startleistung betrug 650 PS.

Bayerische Motorenwerke BMW 116

Flüssigkeitsgekühlter Zwölfzylinder hängender V-Motor mit Lader und einer Startleistung von 600 PS. Er wurde zugunsten von luftgekühlten Triebwerken nicht weiterentwickelt.

Bayerische Motorenwerke BMW 117

12-Zylinder-Reihenmotor mit hängenden Zylindern in V-Form. Startleistung 1100 PS, Dauerleistung in 0 m Höhe 905 PS. Nur Versuchsmotoren 1934/35. Entwicklung auf RLM-Anordnung aufgegeben.

Bayerische Motorenwerke 132

Luftgekühlter Neunzylinder-Sternmotor, der hauptsächlich durch eine Umkonstruktion auf das metrische System aus dem Pratt & Whitney »Hornet« entstand und in zahlreichen Versionen weiterentwickelt wurde.

BMW 132 A-1
Grundversion mit Vergaser. Ohne Übersetzungsgetriebe, jedoch mit einem Kreiselgebläse 10:1 als Lader. Verdichtung 6:1. Startleistung 660 PS.

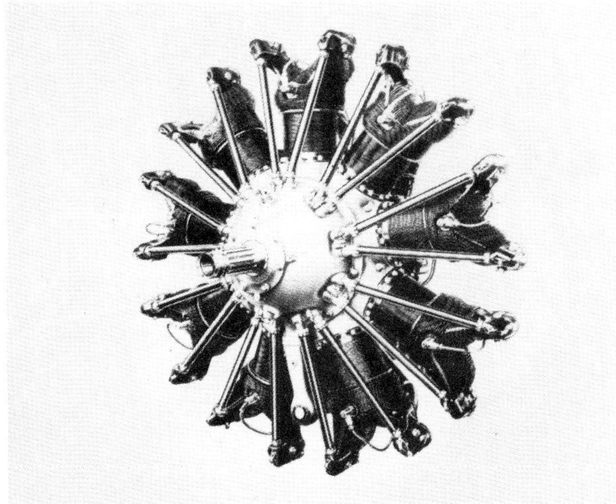

59. BMW 132A

BMW 132 A-3
Ähnlich BMW 132 A-1, jedoch mit einer auf 725 PS erhöhten Startleistung.

BMW 132 Da
Weiterentwicklung als Vergasermotor mit einem Übersetzungsgetriebe 0,62 und Lader. Verdichtung auf 6,5 erhöht. Startleistung 800 PS.

BMW 132 Dc
Weiterentwicklung des BMW 132 Da mit Laderübersetzung 9,5:1. Startleistung 850 PS.

BMW 132 E
Ähnlich BMW 132 A-1. Startleistung 660 PS.

BMW 132 F
Version mit Benzineinspritzung, geändertem Übersetzungsgetriebe und einer Laderübersetzung von 10. Verdichtung auf 6,9 erhöht. Startleistung 800 PS.

BMW 132 H
Weiterentwicklung des BMW 132 D als Vergasermotor mit Übersetzungsgetriebe 0,62, Laderübersetzung 7,87 und einer Verdichtung von 6,5. Startleistung 1000 PS.

BMW 132 J
Ähnlich BMW 132 F, jedoch mit Vergaser. Startleistung 800 PS.

BMW 132 K
Einspritzversion als Weiterentwicklung des BMW 132 F, jedoch mit geänderter Übersetzung. Startleistung 960 PS.

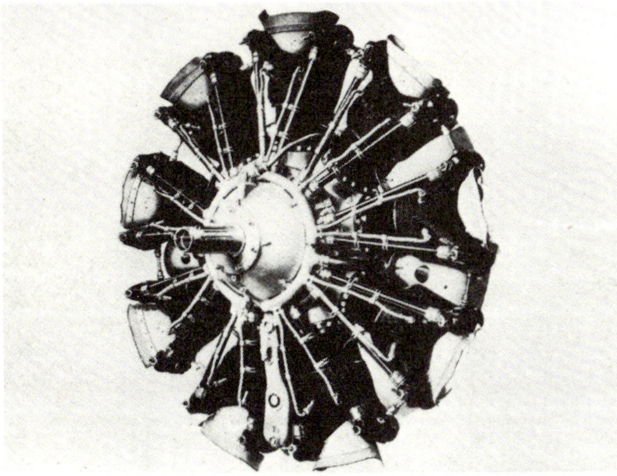

60. BMW 132L

BMW 132 L
Vergaserausführung ohne Übersetzungsgetriebe. Laderübersetzung 7,87. Verdichtung 6,5. Startleistung 800 PS.

BMW 132 M
Verbesserter BMW 132 J. Startleistung 960 PS.

BMW 132 N
Weiterentwicklung des BMW 132 F mit geändertem Übersetzungsgetriebe. Einspritzmotor mit 685 PS Startleistung.

61. BMW 139

Bayerische Motorenwerke BMW 139

Um ein leistungsfähigeres Triebwerk zu erhalten, wurde mit dem BMW 139 versucht, eine Doppelsternausführung des BMW 132 zu erhalten, die 1550 PS Startleistung aufbrachte. Das Triebwerk, welches Schwierigkeiten bei der Kühlung des zweiten Zylindersterns aufwies, wurde in die ersten beiden Zellen der Fw 190 und der Do 217 eingebaut. Die Entwicklung wurde im Mai 1939 gestoppt, weil der 14-Zylinder-Doppelsternmotor BMW 801 bessere Kühleigenschaften versprach.

Bayerische Motorenwerke BMW 801

Das Muster war eine vollständige Neuentwicklung als Einheitstriebwerk. Luftgekühlter Vierzehnzylinder-Doppelsternmotor mit Lader, Einspritzung und einem Kommandogerät mit Einhebelbedienung. Eine weitere Neuerung war die Druckbelüftung. Trotzdem hatten alle gebauten Versionen mit Kühlschwierigkeiten zu kämpfen. Insgesamt war das Triebwerk schwerer, aber leistungsfähiger als die Parallelentwicklung BMW 139.

BMW 801 A, B
Grundversionen mit einer Verdichtung von 6,5 : 1. Startleistung 1600 PS. BMW 801 A war ein Rechts-, BMW 801 B ein Linksläufer.

BMW 801 D, G, Q
Weiterentwicklungen des BMW 801 A mit einer auf 7,2 erhöhten Verdichtung. Die Startleistung betrug 1700 PS.

BMW 801 E, F
Weiterentwicklung des BMW 801 D mit einer günstigeren Laderübersetzung. Startleistung 2000 PS.

BMW 801 S
Weiterentwicklung des BMW 801 D mit einer günstigeren Laderübersetzung, verbessertem Kommandogerät und Änderungen an den Zylindern, am Auspuff und an der Zündanlage. Startleistung 2000 PS.

BMW 801 R
Analog dem BMW 801 E, jedoch mit einem neuen zweistufigen 4-Gang-Lader. Startleistung 2000 PS.

BMW 801 TJ, TG, TM
Abgewandelter BMW 801 D mit Abgas-Turbolader. Die Startleistung betrug 2000 PS.

BMW 801 TQ
Verbesserte Ausführung mit Abgas-Turbolader und Wasser-Methanol-Einspritzung. Die Startleistung konnte auf 2270 PS erhöht werden. Ableitung aus dem BMW 801 E.

62. BMW 801 in Fw 190 A-6

Bayerische Motorenwerke BMW 802

Weiterentwicklung des BMW 801 mit 18 Zylindern in Doppelsternform. Die Startleistung sollte 2400 PS betragen. Das Triebwerk wurde vor Kriegsende nicht mehr fertig.

Bayerische Motorenwerke BMW 803

Neuentwicklung als flüssigkeitsgekühlter Doppelsternmotor. Jeder Stern umfaßte 14 Zylinder, von denen je zwei zu einem Kühlblock zusammengefaßt waren. Es wurden zwei Ausführungen gebaut, einmal mit Ventilen ausgerüstet, einmal als Flachschiebermotor aufgebaut. Beide Versionen liefen bei Kriegsende auf dem Prüfstand. Die Startleistung betrug 3900 PS.

Bayerische Motorenwerke BMW 804

Entwurf eines 14-Zylinder-Doppelsternmotors vom September 1944, der 2000 PS Startleistung haben sollte. Mit einem Einstufen-Dreiganglader wurde eine Volldruckhöhe von 7000—8000 m und mit einem Zweistufen-Vierganglader eine von 12000 m erhofft. Das Projekt wurde 1942 gestrichen.

Bayerische Motorenwerke BMW 805

Weiterentwicklung des BMW 801 mit 2400 PS und 12000 m Volldruckhöhe. Mußte 1944 aufgegeben werden. Viele Teile bei BMW 801 R und TR verwendet.

BMW-Flugmotorenwerke Brandenburg GmbH

Die Siemens-Werke nahmen 1912 den Bau von Flugmotoren auf. Während des Ersten Weltkrieges wurden große Stückzahlen von Siemens-Umlaufmotoren Sh 3 und Sh 3a für die deutschen Streitkräfte gebaut. Nach dem Waffenstillstand riß die Flugmotorenentwicklung nicht ab, wenn auch zusätzlich Motorradmotoren in die Fertigung gingen. Allerdings wurde der Bau von Umlaufmotoren eingestellt und die ausschließliche Entwicklung von luftgekühlten Sternmotoren angestrebt. Dieses Programm wurde bis zum Ende eingehalten. 1925/26 erschienen die erfolgreichen Motoren Sh 10, Sh 11, Sh 12 und Sh 13, die in beträchtlichen Stückzahlen gebaut und durch ihre Fortschrittlichkeit auch exportiert wurden. Um nach 1926 auch wieder Anschluß an die Entwicklung leistungsstärkerer Motoren zu finden, wurde der Bristol »Jupiter«-Motor in Lizenz genommen. Inzwischen war der Auftragsbestand so gestiegen, daß eine Erweiterung der Werksanlagen erforderlich wurde. Gleichzeitig wurde der Flugmotorenbau zu einem selbständigen Werk gemacht und erhielt den Namen Siemens-Flugmotorenwerk, Berlin-Spandau. Als erfolgreichste Schöpfung entstand im neuen Werk zuerst der Sh 14, der später in einer neuen Bauserie für Schulflugzeuge der deutschen Luftwaffe in die Großreihenfertigung ging. 1934 wurde das Werk in die Siemens Apparate und Maschinen GmbH eingegliedert. 1936 erfolgte die Gründung eines rechtlich selbständigen Unternehmens unter dem Namen **Bra**ndenburgische **Mo**torenwerke GmbH. Im Herbst 1938 forderte das RLM die Zusam-

63. Bramo Sh 14a in FW 44

menfassung der Entwicklungsarbeiten auf dem Gebiete des luftgekühlten Sternmotors. Bramo schloß einen Entwicklungs-Gemeinschaftsvertrag mit BMW ab. Im Juni 1939 gingen die Brandenburgischen Motorenwerke in den Besitz der BMW-Flugmotorenwerke GmbH, München über. Damit führte Bramo seit Herbst 1939 den Namen BMW-Flugmotorenwerke Brandenburg GmbH.

BMW-Bramo Sh 14 A (9-314)

Dieser luftgekühlte Siebenzylinder-Sternmotor wurde 1929 entworfen und besaß eine Startleistung von 110 PS. In der Serienausführung Sh 14A wurde durch die Vergrößerung der Drehzahl die Leistung auf 150 PS gesteigert. Gleichzeitig konnte durch die erstmalige Verwendung von Elektron für das Kurbelgehäuse das Gewicht radikal gesenkt werden. Von dieser Ausführung wurden zwischen 1930 und 1934 152 Einheiten gebaut. Mit der erneut verbesserten Ausführung Sh 14 A-4, die die RLM-Tarnnummer 9-314 erhielt, stieg die Startleistung auf 160 PS. Diese Version ging ab 1933 in die Großreihenfertigung.

BMW-Bramo 322 H (Sh 22, SAM 22)

1933 entstand in dem Sh 22 ein Neunzylinder-Sternmotor mit einem Getriebe 1:1,61 und erstmalig einem mechanisch angetriebenen Lader. Auch dieses Muster besaß ein bis damals im Ausland unbekanntes, Gewicht sparendes Kurbelgehäuse aus Elektron. Nach der 1934 erfolgten Eingliederung des Werkes in die Siemens Apparate und Maschinen GmbH wurde die Bezeichnung in SAM 22B geändert. Später, nach der Übernahme durch BMW, schließlich in BMW-Bramo 322 H. Startleistung 650 PS.

64. Bramo 323 A »Fafnir«

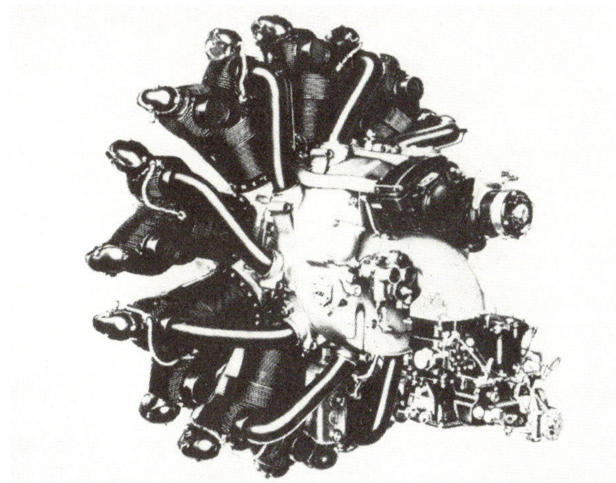

65. Bramo 323 J mit Vergaser

BMW-Bramo 323

Aus dem BMW-Bramo 322 wurde als Höhenmotor der luftgekühlte Neunzylinder BMW-Bramo 323 abgeleitet, der unter dem Namen »Fafnir« bekannt wurde. Er ging in mehreren Versionen in die Fertigung.

Bramo 323 A
Grundausführung mit einem einstufigen Eingang-Höhenlader für eine Bestleistung von 900 PS in 4200 m. Version mit Benzineinspritzung. Laderübersetzung 11,4:1. Getriebe 0,622:1. Verdichtung 6,4.

Bramo 323 B
Wie Bramo 322 A, jedoch mit einer Getriebeübersetzung von 0,71. Startleistung 900 PS.

Bramo 323 C
Weiterentwicklung des Bramo 323 A, jedoch mit einer Laderübersetzung von 9,52. Erhöhung der Startleistung auf 1000 PS durch Vergrößerung der Verdichtung auf 9,52.

Bramo 323 D, E
Getriebeübersetzung wie Bramo 323 B, sonst wie Bramo 323C. Startleistung 1000 PS.

Bramo 323 J
Ausführung des Bramo 323 A mit Vergaser. Startleistung 900 PS. Übersetzungsgetriebe 1,61.

Bramo 323 M
Vergaserausführung mit einer Laderübersetzung von 9,52 und einer Getriebeübersetzung von 0,621. Verdichtung 6,4. Startleistung 1000 PS.

Bramo 323 P, T

Verbesserte Einspritzversionen des Bramo 323 D mit einem zweistufigen Lader für bessere Höhenleistungen. Verdichtung 9,6. Startleistung 1000 PS.

Bramo 323 R

Musterausführung des Bramo 323 P für Wasser-Methanol-Einspritzung. Dadurch konnte die Startleistung auf 1200 PS erhöht werden.

Bramo 301

Sonderausführung des Bramo 323 zum Einbau in den Hubschrauber Focke-Achgelis Fa 223. Erstflug im Fa 223 E 1940. Nur 20 Stück gebaut. Startleistung 900 PS.

Bramo 325 (Sh 25)

Weiterentwicklung des Sh 14a mit 175 PS. Nur wenige Versuchsmotoren in Focke-Wulf Fw 44 J eingebaut. 1935—36.

Bramo 328 (Sh 28)

Projekt 1935. 7-Zylinder-Sternmotor mit Lader und Untersetzungsgetriebe. Leistung 300 PS.

Bramo 329 (Sh 29)

Letzte Eigenentwicklung der Brandenburgischen Motorenwerke. 14-Zylinder-Doppelsternmotor mit Zweigang-, Einstufenlader und Untersetzungsgetriebe. Geplante Leistung 1500 PS. Entwicklung abgebrochen.

Breuer

Breuer Werke GmbH, Frankfurt am Main/Höchst

Die Breuer Werke, bekannt für die Herstellung von Motoren für Fahrzeuge, Boote und stationäre Zwecke, begannen kurz vor Ausbruch des Krieges auch mit der Entwicklung von Leichtflugzeug-Motoren. Es wurden noch zwei luftgekühlte Fünfzylinder-Sternmotoren herausgebracht.

Breuer 9-091

Luftgekühlter Fünfzylinder-Sternmotor ohne Übersetzungsgetriebe, entwickelt unter der Firmenbezeichnung 5-F-8. Startleistung 45 PS.

Breuer 9-094

Luftgekühlter Fünfzylinder-Sternmotor analog dem Breuer 9-091, jedoch mit erhöhter Leistung durch Vergrößerung des Gesamthubraums. Startleistung 65 PS.

Daimler-Benz

Daimler-Benz A.G., Stuttgart-Untertürkheim

1888 stieg das erste mit einem Benzin-Explosionsmotor angetriebene Luftfahrzeug auf. Es war das Wölfert-Lenkluftschiff mit einem 2 PS-Daimler-Einzylinder-Motor. Alle weiteren um die Jahrhundertwende geschaffenen Luftschiffe besaßen ebenfalls Daimler-Motoren. Der erste spezielle Flugmotor erschien von Daimler 1900 für das Kreßsche Flugzeug, welches beim Start zerstört wurde. Es war noch ein umgebauter Automobilmotor. In den nächsten Jahren wurde der Automobilmotor immer mehr zum richtigen Flugmotor umgewandelt, so daß 1910 von Daimler einer der fortschrittlichsten Flugmotoren der damaligen Zeit geschaffen werden konnte. Es handelte sich um einen 55 PS Vierzylinder. Inzwischen hatten auch die Benz-Werke den Flugmotorenbau begonnen. Als am 2. Januar 1912 der »Kaiserpreis« für den besten deutschen Flugmotor ausgeschrieben wurde, führten die Benz-Werke ihr erstes Produkt, einen Vierzylinder-Reihenmotor, ins Feld, der dann auch den Kaiserpreis gewann. Während des Ersten Weltkrieges entwickelten beide Firmen, aufbauend auf ihre Erfahrungen, eine ganze Reihe von Hochleistungsmotoren, die größtenteils in erheblichen Stückzahlen gefertigt wurden. Von den rund 45000 Flugmotoren, die zwischen 1914 und 1918 in Deutschland hergestellt worden waren, entfallen auf Daimler und Benz nicht weniger als 32900 Stück. Benz schuf während dieses Zeitraumes den stärksten seinerzeitigen Motor mit 675 PS (Bz 6), Daimler begann 1916 als erste Flugmotorenfabrik mit systematischen Untersuchungen über das Aufladen von Motoren. Nach dem Kriege mußten die Benz-Werke, die in der entmilitarisierten Zone lagen, die Flugmotorenfabrikation gänzlich einstellen, während die Entwicklung bei Daimler bereits 1922 erneut begann. Im Sommer 1926 schlossen sich die Daimler- und die Benz-Werke durch Fusion zur Daimler-Benz A.G. zusammen. In fruchtbarer Zusammenarbeit entstanden unter Leitung von Dipl.-Ing. Berger und Fritz Nallinger in den Folgejahren zahlreiche flüssigkeitsgekühlte Hochleistungstriebwerke, die untenstehend näher beschrieben sind.

Daimler-Benz DB 600

1932 begann die Entwicklung eines flüssigkeitsgekühlten Zwölfzylinder hängenden V-Ladermotors, der mit einer Vergasergruppe ausgerüstet war und in den ersten Musterausführungen 800 PS leistete. Leistungsstärkere Version wurde abgeleitet und in Serie gebaut. Allerdings wurde der DB 600 bald durch den Einspritzmotor DB 601 ersetzt.

DB 600 C

Ausführung mit Mitteldrucklader und einer Luftschraubenübersetzung von 0,645. Startleistung 910 PS.

66. Daimler-Benz DB 600

DB 600 D
Analog DB 600 C, jedoch mit einer Luftschraubenübersetzung von 0,532. Startleistung 910 PS.

DB 600 Ga
Ausführung mit Höhenlader für 4 km Höhe. Sonst wie DB 600 C. Startleistung 1050 PS.

DB 600 Ha
Ausführung mit Höhenlader für 4 km Höhe. Sonst wie DB 600 D. Startleistung 1050 PS.

67. Daimler-Benz DB 601 A mit VDM-Luftschraube

Daimler-Benz DB 601

1933/34 wurde mit der Umkonstruktion des DB 600 für den Einspritzbetrieb begonnen. Dieses Muster wurde bis in den Krieg hinein in größeren Stückzahlen gebaut. Die beiden Versionen des flüssigkeitsgekühlten Zwölfzylinder hängenden V-Motors mit einem Höhenlader für 4 km Nennleistungshöhe unterscheiden sich lediglich in der Luftschraubenübersetzung.

DB 601 Aa
Ausführung mit einem Übersetzungsgetriebe 1 : 0,645. Startleistung 1175 PS.

DB 601 Ba
Ausführung mit einem Übersetzungsgetriebe 1 : 0,532. Startleistung 1175 PS.

Daimler-Benz DB 602

Aus dem 1929 entstandenen Luftschiff-Dieselmotor OF 2 entstand 1935 der LOF 6, der später in DB 602 umbenannt wurde. Es handelt sich um einen flüssigkeitsgekühlten Zwölfzylinder-V-Motor mit Daimler-Benz-Vorkammer und einem Übersetzungsgetriebe von 1 : 0,5. Die Startleistung betrug 1000 PS. Das Muster wurde in das Luftschiff LZ-129 »Hindenburg« eingebaut.

Daimler-Benz DB 603

Leistungsstärkere Vergrößerung des DB 601, der in verschiedenen Varianten bis zum Kriegsende gebaut wurde.

DB 603 A, C, E
Version mit 1750 PS Startleistung.

DB 603 G
Startleistung auf 2000 PS vergrößert.

DB 603 L
Ausführung als Lader-Antrieb mit einer auf 1280 PS reduzierten Leistung.

DB 603 N
Version mit auf 8,5 erhöhter Verdichtung und auf 2800 PS vergrößerter Startleistung.

DB 603 U
Geringfügig abgewandelter DB 603 E mit 1810 PS Startleistung.

Daimler-Benz DB 604

1942 entstandener Versuchsbau als flüssigkeitsgekühltes X-Triebwerk mit 24 Zylindern, welches 2660 PS Startleistung abgab. Diese Bauform wurde jedoch nicht verfolgt.

68. Daimler-Benz DB 603 LM

70. Daimler-Benz DB 606 A

Daimler-Benz DB 605

Verbesserter DB 601 mit einer auf 1475 PS erhöhten Startleistung. In der Ausführung DB 605 T auch als Antriebsmotor für den Lader einer Z-Anlage verwendet. Die Lizenzfertigung des DB 605 wurde noch während des Krieges nach Italien und Schweden vergeben.

DB 605 A
Grundversion mit 1475 PS Startleistung.

DB 605 AM
Version mit zusätzlicher Methanol-Einspritzung. Startleistung auf 1800 PS erhöht.

DB 605 AJ
DB 605 A, geänderte Übersetzung. 1435 PS Startleistung.

DB 605 DC
Auf 8,5 erhöhte Verdichtung. Diese Version leistete 2000 PS.

Daimler-Benz DB 606

Zusammenbau von zwei DB 601 unter Verwendung eines zentralen Luftschraubengetriebes. Dieses Gespann, welches nie richtig zur Einsatzreife kam, entwickelte eine Startleistung von 2700 PS.
Die Ausführung DB 606 A war ein Rechtsläufer, die Ausführung DB 606 B ein Linksläufer.

Daimler-Benz DB 607

Viertakt-Dieselmotor aus dem Jahre 1941. Versuchsmotor lief bereits 1939. 12-Zylinder-Reihenmotor mit hängenden Zylindern aus DB 603 entwickelt. Abgasturbolader. Errechnete Startleistung 1750 PS.

Daimler-Benz DB 609

Versuchstriebwerk als flüssigkeitsgekühlter 16-Zylinder-Motor, der 1943 auf dem Prüfstand 2660 PS Startleistung abgab.

69. Daimler-Benz DB 605 A

71. Daimler-Benz DB 607

Daimler-Benz DB 610

Zusammenbau von zwei DB 605 unter Verwendung eines zentralen Luftschraubengetriebes. Dieses Gespann zeigte die gleichen Mängel wie der DB 606. Die Startleistung betrug 2950 PS. Die Ausführung DB 610 A war wieder ein Rechts-, DB 610 B ein Linksläufer.

Daimler-Benz DB 612

Versuchsentwicklung aus DB 601 mit DVL-Flachschiebersteuerung. Nicht in Serie.

Daimler-Benz DB 613

Projektierter Zusammenbau von zwei DB 603 nach den Praktiken des DB 606 und 610. Dieses Gespann sollte eine Startleistung von 3500 PS entwickeln.

Daimler-Benz DB 614

Geplante Entfeinerung des DB 604 mit einer Startleistung von 2020 PS.

Daimler-Benz DB 621

Weiterentwicklung aus DB 605 von 1941 mit Abgasturbolader und mechanischem Lader. Startleistung 1620 PS. Nur Versuch.

Daimler-Benz DB 622

Nur Projekt. Ähnlich DB 621, aber auf Basis DB 603 entwickelt.

Daimler-Benz DB 623

Höhenmotorentwicklung auf der Basis DB 603 G aus dem Jahre 1942. Zwei Abgas-Turbolader parallel geschaltet. Nicht in Serie.

Daimler-Benz DB 627

1944 entwickelte Höhenausführung des DB 603 G für eine Gleichdruckhöhe von 10420 m gegenüber 7400 m beim DB 603 G. Größere Abmessungen und höheres Gewicht. Startleistung 2000 PS.

Daimler-Benz DB 628

1944 entwickelte Höhenausführung des DB 605 A für eine Gleichdruckhöhe von 11000 m gegenüber 5700 m beim DB 605 A. Größere Abmessungen und höheres Gewicht. Startleistung 1475 PS.

Daimler-Benz DB 632

Entfeinerte Abwandung aus dem DB 603 N mit 2400 PS Startleistung.

Deicke

Arthur Deicke, München

Arthur Deicke, der in den zwanziger Jahren verschiedene Leichtflugmotoren konstruiert und gebaut hatte, entwickelte den ADM-7 für sein Leichtflugzeug ADM-11.

Deicke ADM-7

Luftgekühlter Zweitakt-Zweizylinder-Boxermotor, der 22 PS Startleistung abgab.

Deutz

Klöckner-Humboldt-Deutz A.G., Köln-Deutz

Die Klöckner-Humboldt-Deutz A.G., die bereits während des Ersten Weltkrieges Argus-Flugmotoren und später luftgekühlte Flugzeugtriebwerke unter Lizenz baute, entwickelte während des Krieges zwei Diesel-Boxer-Flugmotoren, von den der DZ 710 noch bis auf den Prüfstand kam, der DZ 720 jedoch ein Projekt blieb.

Deutz DZ 710

Flüssigkeitsgekühlter Sechzehnzylinder-Boxer-Motor nach dem Zweitakt-Diesel-Prinzip mit Schnürle-Spülung und direkter Einspritzung. Mit Abgasturboaufladung sollte eine Startleistung von 3000 PS erreicht werden. Da das Abgasturbogebläse jedoch vor Kriegsende nicht mehr fertiggestellt werden konnte, wurde das Mustertriebwerk nur mit dem Spülgebläse auf dem Prüfstand erprobt. Dabei ergab sich eine Leistung von 2370 PS.

72. Daimler-Benz DB 628 ◁

Hirth

(Heinkel Hirth Motoren GmbH, Stuttgart-Zuffenhausen)

Der 1886 in Heilbronn geborene Hellmuth Hirth wurde der erfolgreichste deutsche Flieger vor dem Ersten Weltkrieg. Mit 18 Jahren war er in den USA bei Edison Mechaniker, 1909 kehrte er nach Deutschland zurück und baute bei Erler an den ersten deutschen Flugzeugen. 1910 erste Eigenkonstruktion. Später vielfacher Sieger auf seinen »Tauben«. 1914 Kriegsflieger und später Konstrukteur von Riesenflugzeugen im Luftschiffbau Zeppelin. Nach dem Kriege gründete er die Electronmetall (EC) GmbH zur Herstellung von Kolben, Flugzeugbremsrädern, Luft- und Ölfiltern. Nach dem Ausscheiden aus der EC gründete er 1927 die Hirth Motoren GmbH zur Entwicklung von luftgekühlen Leichtflugmotoren. 1930 erschien der weltbekannte HM 60 R. Bei den späteren Baumustern ging er zur Liter-Einheit über. Jeder Zylinder seiner Motoren besaß nun einen Hubraum von 1 Liter. Ebenfalls wurden für alle Triebwerke die gleichen Steuerungsteile verwendet und die Kurbelwellen zur billigeren Herstellung aus vielen stirnverzahnten Teilen zusammengesetzt.
Hellmuth Hirth starb am 1. Juli 1938. Zuerst übernahm das RLM die Treuhandschaft über die Werke, dann erwarb sie Heinkel am 9. April 1941 für seine Strahltriebwerksproduktion.

Hirth HM 60 R

1930 erschien der luftgekühlte hängende Vierzylinder-Reihenmotor HM 60 mit 60 PS Startleistung. Er wurde 1932 zum HM 60 R mit 80 PS Startleistung weiterentwickelt.

Hirth HM 150

1932 entstand der luftgekühlte Achtzylinder hängende V-Motor aus der Verdoppelung des HM 60. Er leistete in der Normalausführung 170 PS, mit einem aufgesetzten Untersetzungsgetriebe als HM 150 U 215 PS.

Hirth HM 8a

Vorläufer der HM 500er Typenreihe. Acht Zylinder, Propelleruntersetzung. Nur einige Versuchsmuster für drei Flugzeugmuster im Europa-Rundflug 1934.

Hirth HM 500 A

Dieser 1939 herausgebrachte hängende Vierzylinder-Reihenmotor stellte den Ersatz für den HM 504, dem er auch bis auf fortschrittliche Baudetails vollkommen entsprach. Startleistung 105 PS.

Hirth HM 501 A

Dieser ebenfalls 1939 herausgebrachte Sechszylinder-Reihenmotor löste den HM 506 in der Produktion ab. Er unterscheidet sich nur durch eine geringfügig erhöhte Drehzahl. Startleistung 160 PS.

Hirth HM 504 A

Luftgekühlter hängender Vierzylinder-Reihenmotor, der 1933 herausgebracht und 1939 durch den HM 500 in der Produktion abgelöst wurde. Startleistung 105 PS.

Hirth HM 506 A

1934 herausgebrachter luftgekühlter hängender Sechszylinder-Reihenmotor mit 1 × 160 PS Startleistung, der in der Produktion 1939 von dem HM 501 A abgelöst wurde.

Hirth HM 508 A

1936/37 entstand in dem HM 508 ein luftgekühlter hängender Achtzylinder V-Motor mit einem Untersetzungsgetriebe und einem Lader. Zwei Versionen gingen in die Produktion.

HM 508 C
Version mit Höhenlader, der eine 8,8fache Laderübersetzung besaß. Luftschrauben-Untersetzungsgetriebe mit einem Untersetzungsverhältnis von 0,666. Startleistung 270 PS.

HM 508 D
Version mit Bodenlader, der eine 4,47fache Laderübersetzung besaß. Untersetzungsgetriebe wie HM 508 C. Startleistung 280 PS.

HM 508 H
Verbesserte Ausführung des HM 508 A. Gleiche Leistung, gleiche Getriebeuntersetzung und gleicher Vergaser. Erfolgreich bei Siebel Fh 104. Langstreckenrekord mit He 116.

73. Hirth HM 504A

HM 508 J
Ähnlich HM 508 H, aber mit Anschluß für Verstellluftschraube.

Hirth HM 512 A

Luftgekühlter Zwölfzylinder-V-Motor mit hängenden Zylindern. Baujahr 1938. Das Muster besaß einen 4,4fach übersetzten Lader und das Übersetzungsgetriebe des HM 508. Die Startleistung betrug 400 PS.

Hirth HM 515

Ebenfalls 1938 erschien noch der kleine luftgekühlte Vierzylinder-Reihenmotor mit hängenden Zylindern HM 515, der eine Startleistung von 65 PS abgab.

Junkers

Junkers Flugzeug- und Motorenwerke A.G., Dessau

Prof. Junkers hatte bereits lange vor dem Ersten Weltkrieg in Aachen Versuche mit ortsfesten Doppelkolben-Ölmotoren betrieben, gründete aber erst in Dessau die Junkers-Motorenbau GmbH, die neben Versuchsmotoren für die Aachener Werkstatt den Serienbau aufnehmen sollte. Diese Pläne wurden durch den Kriegsausbruch zunichte gemacht. Erst nach dem Kriege wurde der Motorenbau erneut aufgenommen. Die Leitung lag in den Händen von Dipl.-Ing. Mader. Die Junkers-Flugmotorenentwicklung nach dieser Zeit läßt sich in zwei große Hauptgruppen aufteilen: Otto- und Dieselmotoren.

Junkers-Otto-Motoren

Die seinerzeitigen Junkers-Erfolgsflugzeuge F 13 und G 24 der frühen zwanziger Jahre wurden alle durch BMW-Motoren angetrieben, für die BMW nicht in genügender Anzahl und zu tragbaren Lieferzeiten Ersatzteile beschaffen konnte. Deshalb hatte Junkers 1920 die Fabrikation von Ersatzteilen für BMW-Flugmotoren begonnen. 1923 wurde dann eine eigene Fabrik für die Fabrikation von Benzin-Flugmotoren gegründet, die 1924 ihre Arbeit aufnahm. Als reines Versuchsmuster erschien zuerst der L 1 mit Druckluftkühlung, dann wurde auf die Flüssigkeitskühlung übergegangen, die bis zum Ende der Entwicklung beibehalten wurde. Von dem 1925 entstandenen L 2 mit 265 PS konnten bereits 58 gefertigt werden. Als Weiterentwicklung entstand 1925/26 der L 5 von 380 PS, der in mehreren tausend Exemplaren gebaut wurde. Hieraus wieder entstand der leistungsstärkere L 8. Die neuere Entwicklungsperiode begann mit dem Jumo 210.

Junkers L 55

1927 aus der Verdoppelung des L 5 entstanden. Flüssigkeitsgekühlter Zwölfzylinder-V-Motor mit Lader, jedoch ohne Übersetzungsgetriebe. Startleistung 650 PS.

Junkers L 88

Ähnlich dem L 55 aus der Verdoppelung des L 8 im Jahre 1929 entstanden. Aufbau wie L 55, jedoch zusätzlich mit einem Untersetzungsgetriebe und einer höheren Verdichtung. Startleistung 800 PS.

Junkers Jumo 210

1936 begann die Entwicklung des flüssigkeitsgekühlten Zwölfzylinder hängenden V-Motor Jumo 210, der einen Höhenlader für 3,4 km Nennleistungshöhe erhielt. Es war ein moderner Vergasermotor mit einem Übersetzungsgetriebe. Zwei Versionen gingen in die Serienfertigung.

Jumo 210 Da
Version mit einem Untersetzungsgetriebe-Verhältnis von 0,628 und einer Laderübersetzung von 7,9. Startleistung 690 PS.

Jumo 210 Ea
Wie Jumo 210 Da, jedoch mit einer Laderantrieb-Übersetzung von 10,5. Startleistung 690 PS.

Jumo 210 G
Durch Einbau der von Dr. Lichte 1935 entwickelten Einspritzanlage konnte die Leistung auf 730 PS tz gesteigert werden. Der Jumo 210 G war der erste Serienflugmotor in der Welt mit direkter Benzineinspritzung und automatischer Gemischregelung. Einbau u. a. bei Bf 109 D.

74. Junkers Jumo 210

75. Junkers Jumo 211 J auf fahrbarem Prüfstand

76. Junkers Jumo 213

Junkers Jumo 211

Weiterentwicklung des Jumo 210 mit einem Einspritzsystem und vergrößerten Abmessungen. Er wurde in zahlreichen Varianten bis Kriegsende gebaut.

Jumo 211 Ba
Ausführung mit einem Boden- und Höhenlader für 5,2 km Nennhöhe. Laderübersetzung 7,82. Untersetzungsgetriebe-Verhältnis 0,595. Startleistung 1200 PS.

Jumo 211 Da
Wie Jumo 211 Ba, jedoch mit einer Ladeübersetzung von 11,375 und einem Untersetzungsgetriebe-Verhältnis von 0,645. Startleistung 1200 PS.

Jumo 211 H, G
Wie Jumo 211 Da, jedoch mit anderen Untersetzungsverhältnissen. Startleistung 1200 PS.

Jumo 211 J
Ausführung mit verbessertem Lader. Startleistung 1420 PS bei erhöhter Drehzahl.

Jumo 211 L
Ausführung mit verbessertem Lader. Startleistung 1350 PS.

Jumo 211 N
Ausführung mit verbessertem Lader. Startleistung 1500 PS.

Junkers Jumo 213

Fortschrittliche Weiterentwicklung des Jumo 211 mit kleineren Abmessungen, erhöhter Drehzahl und höheren Leistungen. Er war mit einem automatischen Drei-Gang-Schaltgetriebe ausgerüstet und besaß Heißwasserkühlung. Scrienbau bis 1945. Konzeption: Dr. Lichte.

Jumo 213 A-1
Jäger-Triebwerk für Fw 190 D und Ta 152. Nur als komplette Triebwerksanlage mit Junkers-Verstellpropeller VS 11. Das Triebwerk für zweimotorige Flugzeuge war ein Einheitstriebwerk mit genormten Anschlüssen und konnte z. B. mit DB 603 ausgetauscht werden. Zusätzlich mit Warmluftentnahme für Kabinenheizung, Flügelenteisung und Generatorantrieb für 3000 Watt ausgerüstet.

Jumo 213 E
Ausführung mit 1750 PS Startleistung.

Jumo 213 S
Verbesserte Ausführung mit auf 2000 PS erhöhter Startleistung.

Junkers Jumo 222

Vierundzwanzigzylinder-Vierfachstern-Flugmotor mit Flüssigkeitskühlung, dessen Entwicklung 1941 vom RLM unverständlicherweise gebremst wurde. Die Weiterentwicklung wurde dann nur noch von Junkers sozusagen privat betrieben. Das Muster besaß noch große Kraftreserven und lief 1944 auf dem Prüfstand bereits mit 2500 PS Startleistung. Neben den beiden gebauten Varianten Jumo 222 E und F befanden sich eine Höhenmotorversion mit axial angeordnetem Mehrstufen-Gebläse und eine Version mit einem Abgas-Turbogebläse in der Entwicklung.

Jumo 222 A/B
Erste Versuchsmuster zum Einbau in Ju 288. Ju 288 V 5 führte Erstflug mit diesen Motoren am 8. 10. 1941 durch.

77. Junkers Jumo 222

Jumo 222 C/D
Weiterentwicklung mit geplanter Leistung von 3000 PS. Einbau eines Abgasturboladers war vorgesehen. Juni 1942 auf dem Prüfstand.

Jumo 222 E/F
Letzte Version 1944. Nach 800 Stunden Erprobungszeit kurz vor Kriegsende höchste Dringlichkeitsstufe. Erreichte mit MW 50-Einspritzung eine Notleistung von 2900 PS, mit GM 1 3000 PS.

Junkers-Diesel-Motoren

1921 begann Junkers mit den Vorarbeiten für einen Diesel-Flugmotor als Gegenkolbentriebwerk mit zwei Kurbelwellen. 1915 entstand der Vierzylinder-Versuchsmotor FO 2, der bereits Spiralspülung und luftlose Einspritzung unter hohem Druck aufwies. 1924 folgte nach dem gleichen Prinzip ein 700 PS-Fünfzylinder, der aber durch seine Zylinderzahl nicht erfolgreich wurde. Der nächste Versuch führte deshalb zur Verwendung von 6 Zylindern. Mit diesem FO 4, der 1928 auf dem Prüfstand lief, begann der Junkers-Flug-Dieselmotor betriebsreif zu werden.

Junkers Jumo 204

Weiterentwicklung des FO 4, der 1930 seine Musterprüfung mit 520 PS Startleistung bestand. Er wurde später in Jumo 4 umgetauft und dann in seiner Weiterentwicklung nach dem neuen Bezeichnungssystem in Jumo 204. Flüssigkeitsgekühlter Sechszylinder-Gegenkolbenmotor nach dem Zweitakt-Dieselverfahren. Startleistung 750 PS.

Junkers Jumo 205

Erst Jumo 5 genannte kleinere Weiterentwicklung des Jumo 204 mit dem gleichen Aufbau, jedoch mit einem zusätzlichen Lader. Die Startleistung betrug 700 PS.

78. Junkers Jumo 207 B-3

Junkers Jumo 207 B

Höhenmotorentwicklung aus dem Jumo 205 durch die Verwendung einer Abgasturbine und eines Spülluftkühlers. Bis 12 km Höhe konnte die Kampfleistung von 750 PS gehalten werden. Startleistung 880 PS.

Junkers Jumo 208

Storchenschnabelartige Vergrößerung des Jumo 205 um 50 %. Startleistung 1500 PS.

Junkers Jumo 223

Vierfach-Höhenmotor, aus zwei verkleinerten Jumo 207 in Kreuzform zusammengebaut. Prüfstanderprobung in Dessau. Startleistung 2500 PS.

Junkers Jumo 224

Kreuzförmiger Zusammenbau von vier Jumo 207 B-3 mit Abgas-Turboladern. Mit einem Mustertriebwerk wurden in Dessau Startleistungen bis zu 4500 PS erreicht.

Krautter

Dipl.-Ing. Willi Krautter

Krautter entwickelte kurz vor Ausbruch des Zweiten Weltkrieges einen Leichtflugmotor, der speziell für den Einbau in Motorseglern vorgesehen war. Er kam jedoch über die Musterprüfung nicht mehr hinaus.

Krautter-Leichtflugmotor

Luftgekühlter Vierzylinder-Zweitaktmotor in Boxeranordnung. Das Triebwerk besaß ein Untersetzungsgetriebe von 1:0,30. Die Startleistung betrug 28 PS.

Kroeber

Kroeber & Sohn, Treuenbrietzen

Die Firma Kroeber brachte Mitte der dreißiger Jahre in dem M 4 einen Zweizylinder-Leichtflugmotor heraus, der in zahlreichen Exemplaren zum Antrieb von Motorgleitern, Motorseglern und Kleinflugzeugen herangezogen wurde.

Kroeber M 4

Robuster luftgekühlter Zweizylinder-Zweitakt-Boxermotor mit 18 PS Startleistung.

Seld

Seld-Kompressorenbau GmbH, Heidelberg

Der Seld-Kompressorenbau begann im März 1938 mit der Entwicklung eines Zweizylinder-Reihenmotors für Leichtflugzeuge. Das Muster erhielt die Bezeichnung Seld F 2.

Seld F 2

Luftgekühlter Zweizylinder-Zweitakt-Reihenmotor mit stehenden oder hängenden Zylindern. Die Startleistung betrug 36 PS.

Zündapp

Zündapp-Werke GmbH, Nürnberg

Die Zündapp-Motorradwerke begannen 1938 nach der Ausschreibung des NSFK für einen 50-PS-Leichtflugmotor mit der Konstruktion eines luftgekühlten Vierzylinders, der sich noch bis zum Kriegsausbruch einen Namen machte und noch heute zu den sichersten und fortschrittlichsten Leichtflugmotoren zählt.

Zündapp Z 9-092

Luftgekühlter Vierzylinder-Reihenmotor mit hängenden Zylindern und 50 PS Startleistung.

Erläuterungen zu der Tabelle Seite 106/107

Hersteller (Manufacturer)

Baumuster (Name of engine)

K = Kühlung (Cooling System)
F = Flüssigkeitskühlung (Liquid cooling)
L = Luftkühlung (Air cooling)

BA = Bauart (Stroke system)
4 = Viertakt (4-stroke)
2 = Zweitakt (2-stroke)

BF = Bauform (Type)
R.st. = Stehender Reihenmotor (In-line)
R.h. = Hängender Reihenmotor (Inverted in-line)
V = Stehender V-Motor (V-engine)
Λ = Hängender V-Motor (Inverted V-engine)
Box. = Boxermotor (Opposed-cylinder engine)
St. = Sternmotor (Radial-engine)
D.St. = Doppelsternmotor (Two-row radial-engine)
V.St. = Vierfachsternmotor (Four-row radial-engine)

L = Lader (Supercharger)

Hersteller	Baumuster	K	BA	BF	L	Br	Z	Kennzeichen Bohrg. (mm)	Hub (mm)	V (Liter)	Vd : 1
Argus	As 8 A										
	B	L	4	R. h.	—	V	4	120	140	6,33	5,35
	R										
	As 10 C										
	E	L	4	Λ	—	V	8	120	140	12,67	5,9
	As 401 A	L	4	Λ	L	V	8	120	140	12,67	6,0
	As 410 A	L	4	Λ	L	V	12	105	115	12,00	6,4
	As 411	L	4	Λ	L	V	12	105	115	12,00	6,4
	As 412	L	4	H	L	V	24	120	130	35,30	6,0
	As 413	F	4	H	L	E	—	—	—	—	—
BMW	VI U	F	4	V	—	V	12	160	199	46,95	7,3
	VII	F	4	V	—	V	12	160	199	46,95	7,3
	X a	L	4	St.	—	V	5	90	92,5	2,93	5,7
	114	F	4	St.	L	E	9	155,6	162	27,7	14,8
	116	F	4	Λ	L	V	12	130,2	130,2	20,6	6,0
	132 A-3	L	4	St.	L	V	9	155,5	162	27,72	6,0
	K					E					6,9
	139	L	4	D. St.	L	E	18	155,5	162	55,44	—
	801 A										6,5
	D										
	F	L	4	D. St.	L	E	14	156	156	41,8	7,2
	R										7,25
	TJ										8,3
	TQ										
	802	L	4	D. St.	L	E	18	156	156	—	—
	803	F	4	D. St.	L	E	28	156	156	83,5	—
Bramo	314 A	L	4	St.	—	V	7	108	120	7,84	6,0
	322 H	L	4	St.	L	V	9	154	160	26,82	6,4
	323 A										6,4
	C										9,52
	J										
	M	L	4	St.	L	V	9	154	160	26,82	6,4
	P										9,6
	R										
Breuer	9-091	L	4	St.	—	V	5	82	85	2,46	6,0
	9-094	L	4	St.	—	V	5	90	90	2,86	6,0
DB	600 C										
	Ga	F	4	Λ	L	V	12	150	160	33,90	6,5
	601 Aa	F	4	Λ	L	E	12	150	160	33,90	6,9
	602	F	4	Λ	—	E	12	175	230	88,50	16,0
	603 A										7,3
	AS										—
	E										—
	G	F	4	Λ	L	E	12	162	180	44,5	8,3
	L										—
	N										8,5
	U										—
	604 A	F	4	X	L	E	24	135	135	46,50	7,0

G (kg)	Leistungen N (PS)	bei n (U/min)	Nd (PS)	bei n (U/min)	b_k (g/PS) (h)	Abmessungen Lg. (mm)	Brt. (mm)	Hh. (mm)	OZ
113	95	1600	80	.	.	.	.	.	.
118	135	2200	115	2090	230	1075	470	731	80
128	150	2100	90	.	.	.	.	.	.
213	240	2000	200	1880	230	1105	880	718	80
235	270	2100	200	.	.	.	.	.	.
233	275	2100	200	1880	205	1215	840	922	87
315	465	3100	315	2820	200	1585	660	970	80
527	600	3300	440	3250	.	1930	770	1017	.
745	1000	2700	810	.	.	.	.	.	.
.	4000	.	.	.	.	.	.	.	.
542	750	1700	550	1530	225	1711	859	1103	87
560	755	1650	655	.	.	.	.	.	.
73	68	2300	54	1980	240	664	738 ⌀		73
594	650	2200	.	.	.	.	.		.
454	600	.	.	.	.	.	.		.
430	725	2050	550	1930	230	1270	1405 ⌀		87
525	960	2550	715	.			1370 ⌀		
.	1550	.	.	.	.	.	.		.
	1600		1280	.	250	.			
1210	1700		1300	.	245	.	1307 ⌀		87
				.		.			
1800	2000	2700	1440	.	248	.	1390 ⌀		96
				.		.			
1610							1440 ⌀		
	2270			.		.			
.	2400	.	.	.	.	.	.		.
4130	3900	2950	3350	.	.	.	1600 ⌀		.
135	160	2200	128	2050	244	1008	936 ⌀		80
490	650	2150	520	2000	255	1285	1324 ⌀		87
	900		640	.	260	.			.
550	1000		680	.	230	.			.
	900	2500	585	2100	.		1388 ⌀		87
545			640	2150	.	1417			
600	1000		630		190	.	1400		.
650	1200	2600			190	.			
54	45	2500	37	2325	245	550	790 ⌀		78
58	65	2500	57	2320	240	550	760 ⌀		80
555	910	2400	780	2200	225	1720	712	1000	87
565	1050	2400	775	2200	225				
600	1175	2400	1000	2400	220	1722	739	1027	87
2060	1000	1450	850	1350	175	2690	1015	1345	—
910	1750	2700	1620	2700	.	2610		1156	.
915	1670	2700	1450	2700	.				.
925	1800	2700	1550	2700	.	2706	830		.
930	1900	2700	1560	2700	.	2680		1167	.
975	1980	2700	1400	.	.	2740	1008	1203	.
.	2830	3000	1930	3000	.	.	.	.	.
.	1810	2700	1600	2700	.	.	.	.	.
1080	2660	3200	2410	3200	.	.	.	.	.

Hersteller	Baumuster	K	BA	BF	L	Br	Z	Kennzeichen Bohrg. (mm)	Hub (mm)	V (Liter)	Vd : 1
	605 A										7,5
	AM										—
	AS	F	4	Λ	L	E	12	154	160	35,7	—
	DC										8,5
	L										—
	606 A	F	4	2V	L	E	24	154	160	71,5	—
	909 A	F	4	Λ	L	E	16	165	180	61,8	8,5
	610 A	F	4	2Λ	L	E	24	154	160	71,5	—
	C										
	613 A	F	4	2Λ	L	E	24	162	180	89	—
	614	F	4	Λ	L	E	12	—	—	—	—
	627 A	F	4	Λ	L	E	12	162	180	44,5	—
	628 A	F	4	Λ	L	E	12	154	160	35,7	—
	632	F	4	Λ	L	E	12	162	180	44,5	—
Deicke	ADM-7	L	2	Box.	—	V	2	70	70	0,75	6,2
Deutz	DZ 710	F	2	Box.	L	E	16	160	160	51,5	—
Hirth	HM 60R	L	4	R.h.	—	V	4	102	110	3,60	5,8
	HM 501A	L	4	R.h.	—	V	6	105	115	5,97	6,2
	HM 504A	L	4	R.h.	—	V	4	105	115	3,98	6,2
	HM 506A	L	4	R.h.	—	V	6	105	115	5,97	6,2
	HM 508C / D	L	4	Λ	L	V	8	105	115	7,96	6,2
	HM 512A	L	4	Λ	L	V	12	105	115	11,94	6,2
	HM 515	L	4	R.h.	—	V	4	95	105	2,98	6,2
Junkers	L 55	F	4	V	L	V	12	160	190	45,8	5,5
	L 88	F	4	V	L	V	12	160	190	45,8	5,8
	Jumo 210 Da	F	4	Λ	L	V	12	124	136	19,70	6,5
	Jumo 211 Ba / J	F	4	Λ	L	E	12	150	165	34,97	6,5
	Jumo 213 E	F	4	Λ	L	E	12	150	165	34,97	—
	Jumo 222 E	F	4	V.St.	L	E	24	—	—	47	—
	Jumo 204	F	2	R.	—	E	6	120	2×210	28,50	17
	Jumo 205	F	2	R.	L	E	6	105	2×160	16,62	17
	Jumo 207 B	F	2	R.	L	E	6	105	2×160	16,62	16,5
	Jumo 208	F	2	R.	L	E	6	—	—	25	—
	Jumo 223	F	2	X.	L	E	12	—	—	29	—
	Jumo 224	F	2	X	L	E	24	—	—	68	—
Krautter		L	2	Box.	—	V	4	52	58	0,49	7,0
Kroeber M 2		L	2	Box.	—	V	2	75	72	0,63	6,2
Seld	F 2	L	2	R.h.	—	V	2	88	82	1,00	5,5
Zündapp	Z 9-092	L	4	R.h.	—	V	4	85	88	2,00	6,2

G (kg)	Leistungen N (PS)	bei n (U/min)	Nd (PS)	bei n (U/min)	b_k (g/PS) (h)	Abmessungen Lg. (mm)	Brt. (mm)	Hh. (mm)	OZ
751	1 475	2 800	1 355	2 800	.	2 158	760	1 037	.
.	1 800	2 800	1 700	2 800	.	.	.	.	.
.	1 435	2 800	1 200	2 800	.	.	.	.	.
.	2 000	2 800	1 800	2 800	.	.	.	.	.
.	1 700	2 800	1 350	2 800	.	.	.	.	.
1 515	2 700	2 700	2 650	2 700	.	2 082	1 630	1 046	.
1 400	2 660	2 800	2 450	2 800	.	.	.	.	.
1 540	2 950	2 800	2 700	2 800	.	2 129	1 620	1 036	.
1 570	2 870	2 800	2 560	2 800	.	.	.	.	.
1 960	3 800	2 700	3 120	2 700	.	2 224	1 770	1 135	
.	2 020	.	.	.	.	.	.	.	.
1 020	2 000	2 700	1 325	2 700	.	2 745	945	1 230	.
860	1 475	2 800	1 200	2 800	.	903	1 227	860	.
1 000	2 400	3 200	1 625	3 200	.	.	.	.	.
27	22	3 300	21	3 060	340	480	600	350	87
.	3 000	2 700	.	.	.	.	.	.	—
91	80	2 400	72	2 320	230	840	390	722	74
148	160	2 530	130	2 380	220	1 272	485	662	80
107	105	2 530	85	2 360	228	945	520	780	80
149	160	2 500	130	2 330	220	1 210	490	730	80
233	270	} 3 000	215	2 785	} 220	1 312	} 683	827	} 87
222	280		225	2 790		1 292		815	
270	400	3 110	300	2 810	220	1 542	665	815	87
68	65	2 100	55	1 990	205	976	334	570	80
575	650	1 520	.	.	.	.	.	.	.
794	800	1 870	.	.	.	.	.	.	.
440	690	2 700	550	2 500	235	1 478	686	960	87
640	1 200	2 400	800	2 100	214	1 745	} 804	1 059	87
720	1 420	2 600	960	2 250	210	2 172			.
820	1 740	3 000	1 200	.	205	2 070	730	920	.
.	2 200	3 000	1 600	.	210	.	.	.	.
750	750	1 700	600	1 600	155	1 457	510	1 514	—
570	700	2 500	560	2 250	170	2 051	600	1 325	—
856	880	2 600	600	.	.	2 173	910	1 480	—
.	1 500	.	.	.	.	.	.	.	—
2 370	2 500	4 200	1 250	.	165	1 240	1 310	2 370	—
.	4 500	4 200	.	.	.	.	.	.	—
30	28	5 200	20	4 600	.	470	490	260	74
28	18	2 700	17	2 650	340	550	646	324	.
36	36	3 800	28	2 820	315	620	232	400	80
60	50	2 300	45	2 225	215	800	350	560	78

B. Strahlturbinen

Obwohl die Strahltriebwerksentwicklung erst spät begann und sofort in ein Nummernsystem des RLM erfaßt wurde, fand eine Standardisierung der Nummernverteilung erst im Verlauf des Krieges statt. Im Gegensatz zu der Tarnnummer 9 bei Kolbentriebwerken wurde für Strahltriebwerke die Nummer 109 gewählt, und zwar für alle Strahltriebwerksorten. Um aber eine Begrenzung zwischen Luftsauerstoffabhängigen Strahlmotoren und Raketenmotoren zu erhalten, wurde ersteren der Kennzeichennummernblock 001 bis 499 zugeteilt, während Raketenmotoren alle Nummern über 500 erhielten. Die Numerierung der Strahltriebwerke erfolgte zuerst in zahlenmäßiger Reihenfolge ohne Rücksicht auf Firmen (BMW 003, Jumo 004 als Beispiel). Später wurde dieses System dahingehend geändert, daß die Endzahl der Kennummer immer dem Zahlenblock, der der Firma bei den Kolbenmotorenentwicklungen zugeteilt worden war, entsprach. Eine Ausnahme machten nur die in den Hirth-Werken entwickelten Produkte von Heinkel. Während Hirth im Kolbenmotorsektor den Block 500—599 inne hatte, bekam Heinkel für die Strahltriebwerke die Endziffer 1. Nachstehend alle in der RLM-Liste erfaßten Strahltriebwerke der Gruppe bis 499:

109—001	Heinkel	
109—003	BMW	Endzahl 3 = Block ab 300 bei Kolbenmotoren
109—004	Junkers	
109—007	Daimler-Benz	
109—011	Heinkel	
109—012	Junkers	Endzahl 2 = Block ab 200 bei Kolbenmotoren
109—014	Argus	Endzahl 4 = Block ab 400 bei Kolbenmotoren
109—018	BMW	Endzahl 8 = Block ab 800 bei Kolbenmotoren
109—021	Heinkel	
109—022	Junkers	Endzahl 2 = Block ab 200 bei Kolbenmotoren
109—028	BMW	Endzahl 8 = Block ab 800 bei Kolbenmotoren
109—044	Argus	Endzahl 4 = Block ab 400 bei Kolbenmotoren

Alle diese ausgeführten oder projektierten Triebwerke waren Strahlturbinen oder Propellerturbinen bis auf die Produkte der Firma Argus, die vom RLM den Auftrag bekommmen hatte, Pulso-Schubrohre zu entwickeln.
Nachstehend nun die komplette Liste der deutschen Strahlmotoren, die für ihren Betrieb des Luftsauerstoffes bedurften:

Hersteller	Werk-Nr.	RLM-Nummer	Beschreibung Seite
Argus		As 109—014	608
Argus		As 109—044	608
BMW	P-3302	BMW 109—003	608
BMW		BMW 109—018	610
BMW		BMW 109—028	610
BMW	P-3306	—	610
BMW	P-3307	—	610
Daimler-Benz		DB 109—007	611
Daimler-Benz	DB ZTL	—	611
Heinkel	HeS 1	—	612
Heinkel	HeS 2	—	—
Heinkel	HeS 3	—	612
Heinkel	HeS 6	—	612
Heinkel	HeS 8	HeS 109—001	612
Heinkel	Hes 10	—	612
Heinkel	HeS 11	HeS 109—011	613
Heinkel	HeS 21	HeS 109—021	613
Heinkel	HeS 30	—	613
Heinkel	HeS 40	—	613
Junkers		Jumo 109—004	614
Junkers		Jumo 109—012	616
Junkers		Jumo 109—022	616

Argus

Argus-Motoren-Gesellschaft mbH, Berlin-Reinickendorf

Auch das älteste deutsche Flugmotorenwerk, die Argus-Gesellschaft, erhielt Anfang 1939 vom RLM den Auftrag, sich in die Entwicklung von Strahltriebwerken einzuschalten. Im Gegensatz zu den anderen Firmen, die sich mit Luftstrahlturbinen beschäftigen sollten, wurde Argus die Schaffung eines Pulso-Strahlrohres übertragen. Die Arbeiten, die unter der Leitung von Direktor Dipl.-Ing. Fritz Gosslau standen, liefen zuerst parallel mit den Arbeiten von Dipl.-Ing. Paul Schmidt von der Maschinen- und Apparatebau München, der bereits grundlegende Patente besaß und nach dem später die offizielle Bezeichnung Schmidt-Argus-Rohr geprägt wurde. Verlangt war die Erreichung einer Geschwindigkeit von 700 km/h. Drei in der Arbeitsweise verschiedene Systeme wurden noch 1939 erprobt. Im März 1940 wurden die Erfolge von Argus und Schmidt auf einen Nenner gebracht. Schmidt hatte zu jener Zeit ein Versuchsmodell gebaut, welches unter der Bezeichnung SR 500 450 kp Schub abgab, aber nach 13 Minuten Laufzeit zerstört wurde. Argus baute daraufhin innerhalb kürzester Zeit ein kleines Pulso-Schubrohr von 120 kp für die Flugerprobung. Diese begann am 30. April 1941 unter dem Rumpf einer Gotha Go 145. Ende 1941 war das Argus-Schmidt-Rohr für geringe Fluggeschwindigkeiten reif.

Argus As 014

Am 19. Juni 1942 vergab das RLM einen Auftrag über ein unbemanntes Langstreckengeschoß, welches durch ein Schubrohr getrieben werden sollte. Die Entwicklung dieses Triebwerkes lief bei Argus unter der RLM-Bezeichnung As 014. Es war ein 3,60 m langes Rohr mit einem Klappensystem vor der Brennkammer, welches 335 kp maximalen Schub erreichte. Der erste Probestart fand sechs Monate nach der Auftragserteilung statt (24. Dezember 1942) und brachte die fliegende Bombe Fi 103 (V 1) auf eine Geschwindigkeit von 600 km/h. Im Laufe der Entwicklung konnte bis zum August 1944 durch eine Verbesserung des Brennstoffsystems die Geschwindigkeit auf 645 und schließlich auf 765 km/h erhöht werden. Am 2. Februar 1945 wurde erstmals eine Geschwindigkeit von 800 km/h erreicht. Mehrere tausend As 014 wurden bis Kriegsende fertiggestellt und in die fliegende Bombe V 1 eingebaut. Weiterhin liefen mehrere Flugzeugprojekte, die durch das Pulso-Schubrohr angetrieben werden sollten.

Argus As 044

Entwurf einer leistungsfähigeren Abwandlung der As 014 mit dem gleichen Aufbau, jedoch mit einem Maximalschub von 500 kp.

BMW

Bayerische Motorenwerke GmbH, München

Ende 1938 vergab das RLM zwei Entwicklungsaufträge auf eine Strahlturbine, die 600 kp Schub erreichen sollte. Diese Aufträge wurden den Junkers Flugzeug- und Motorenwerken und BMW überschrieben. Die Leitung der Abteilung Gasturbinen bei BMW übernahm Dr. H. Oestrich. Sitz der Entwicklungsstelle war das Werk Berlin-Spandau der ehemaligen Brandenburgischen Motorenwerke. Erst 1945 wurde sie nach Staßfurt verlegt. Die BMW-Turbine, die Serienreife erlangte, war das Muster BMW 003, welches bis Kriegsende noch in etwa 750 Einheiten ausgeliefert wurde. Der Serienbau lief in Basdorf-Zühlsdorf bei Berlin und in den Mittelwerken bei Nordhausen im Harz.

Bayerische Motorenwerke BMW 003

Anfang 1939 wurde das Triebwerk von Dr. H. Oestrich als Projekt P-3302 ausgelegt, und zwar des kleineren Durchmessers wegen, mit einem Axialverdichter, der von der AVA-Göttingen durchgerechnet wurde. Zehn Versuchstriebwerke, P-3302 V-1 bis V-10, wurden aufgelegt, die sämtlich einen 6stufigen Verdichter besaßen. Der erste Probelauf fand Ende 1940 statt. Er zeigte jedoch verschiedene Mängel. Außer Schaufelschäden waren die Schubwerte viel zu niedrig und der Verbrauch zu hoch. Weitere Versuche ergaben keine besseren Ergebnisse, so daß das Triebwerk Ende 1940 vollkommen umkonstruiert werden mußte. Die neue Versuchsreihe, P-3302 V-11 bis V-16, erhielt einen 7stufigen Verdichter und war insgesamt größer ausgelegt. Mit diesen Versuchseinheiten gelang dann auch eine Erhöhung des Schubs zuerst auf 450 kp, dann auf 550 kp (Anfang 1942). Nach der Beseitigung von Schwingungsbrüchen an den Schaufeln der ersten Verdichterstufe und nach schwieriger Entwicklungsarbeit an den Turbinenhohlschaufeln gelang es Mitte 1943 erstmals, einen Standschub von 800 kp zu erreichen. Inzwischen war das Triebwerk mit der RLM-Nummer BMW 003 belegt worden.

BMW 003 A-0

Nach diesen Erfolgen gab das RLM Mitte 1943 die Nullserie mit 10 Einheiten in Auftrag. Da 800 kp Standschub mit Sicherheit erreicht wurden, im Oktober 1943 die Flugerprobung unter einer Ju 88 erfolgreich verlief und um die Jahreswende Dauerläufe von zuerst 20, dann 50 Stunden einwandfreie Ergebnisse erbrachten, wurde der Auftrag auf 100 Triebwerke BMW 003 A-0 erhöht. Im Frühjahr 1944 begann der Einbau in die Ar 234. Das letzte Triebwerk der Nullserie wurde im August 1944 ausgeliefert. Merkmale der BMW 003 A-0 waren ein 7stufiger Axialverdichter, die Ringbrennkammer, eine einstufige Turbine mit luftgekühlten Hohlschaufeln, die verstellbare Schubdüse und ein Riedel-Benzinanlasser.

BMW 003 A-1

In der zweiten Hälfte 1944 lief die Serienfertigung mit der BMW 003 A-1 an, die bald einen monatlichen Ausstoß von 100 Triebwerken erreichte. Die BMW 003 A-1 entsprach vollkommen der BMW 003 A-0 und wurde in die Arado Ar 234 eingebaut. Standschub 800 kp.

BMW 003 A-2

Leicht abgewandelte Version der BMW-003 A-1 unter größtmöglicher Verwendung von Sparwerkstoffen. Standschub 800 kp. Ebenfalls in Serienfertigung für Ar 234.

BMW 003 C

Verbessertes Gerät mit einem 7stufigen Verdichter von BBC, der ein günstigeres Druckverhältnis aufwies. Diese Version lief nur als Versuchstriebwerk und erreichte einen Standschub von 900 kp.

BMW 003 D

Im Konstruktionsstadium befand sich bei Kriegsende eine radikale Weiterentwicklung mit 8stufigem Verdichter und 2stufiger Turbine. Diese mit BMW 003 D bezeichnete Version sollte einen Standschub von 1100 kp erreichen.

BMW 003 E-1

800 kp-Schub-Version analog der BMW 003 A-1, jedoch mit geänderten Aufhängepunkten für die Lagerung auf dem Rumpfrücken des Heinkel He 162 Strahljägers.

BMW 003 E-2

Abgewandelte Version der BMW 003 A-2 ebenfalls für die Verwendung auf dem Rumpf der He 162. 800 kp Standschub.

Bayerische Motorenwerke BMW 018

Leistungsstärkere Weiterentwicklung der BMW 003 ebenfalls mit einer Ringbrennkammer, jedoch mit einem 12stufigen Axialverdichter und 3stufiger Turbine. Das Gewicht des Versuchstriebwerkes sollte 2500 kp betragen, bei der Serienausführung jedoch auf unter 2200 kp gesenkt werden. Der erwartete Standschub betrug 3500 kp. Die Einzelteile für die erste Versuchseinheit waren Ende 1944 fertiggestellt, wurden aber bei einem Luftangriff zerstört.

Bayerische Motorenwerke BMW 028

Abwandlung der BMW 018 als Propellerturbine mit einer 4stufigen Turbine, einem Luftschraubengetriebe und gegenläufigen Vierblatt-Luftschrauben. Der sonstige Aufbau entsprach dem der BMW 018. Es wurden 3100 PS Wellenleistung und ein Restschub von 2750 kp erwartet, was einer Wellenvergleichsleistung von 5400 PSe entspricht.

Bayerische Motorenwerke BMW P-3306

Ein bei Kriegsende fertiggestellter Entwurf einer Strahlturbine mit 7stufigem Axialverdichter, Ringbrennkammer und einstufiger Turbine, der einen Standschub von 1700 kp mit einer kurzzeitigen Steigerung auf 1820 kp erreichen sollte.

Bayerische Motorenwerke BMW P-3307

Entwurf einer kleinen Strahlturbine als Verlustgerät für den Einbau in fliegende Bomben. 7stufiger Verdichter und einstufige Turbine. 500 kp Standschub. Zu einer Bauausführung kam es nicht mehr.

Daimler-Benz

Daimler-Benz A. G., Stuttgart-Untertürkheim

Die Daimler-Benz A. G. schaltete sich erst nach Kriegsbeginn unter der Leitung von Dr. Leist in die Strahlturbinenentwicklung ein, konnte aber mit ihren Produkten nicht in Erscheinung treten, weil das Hauptgewicht der Firma auf der Schaffung von Hochleistungs-Kolbentriebwerken lag.

Daimler-Benz DB 007

Unter Dr. Leist entstandene Axialturbine mit 17stufigem Verdichter und einstufiger Turbine. Die Entwicklung begann 1941. Das erste Triebwerk machte 1943 seine Prüfstandläufe, die 1150 kp Schub ergaben.
Für eine Serienfertigung war die Turbine jedoch zu kompliziert und zu schwer, so daß die Entwicklung abgeblasen wurde.

Daimler-Benz ZTL

Daraufhin erhielt Daimler-Benz den Auftrag, die Heinkel HeS 011-Strahlturbine zu einer Propellerturbine weiterzuentwickeln. Hierfür erhielt das Triebwerk einen 9stufigen Axiallader. Die erwartete Wellenvergleichsleistung lag bei 2000 PSe.

Heinkel

Heinkel Hirth Motorenwerke, Stuttgart-Zuffenhausen

Anfang März 1936 wurde durch die Vermittlung des Göttinger Professors Pohl der Flugzeugindustrielle Ernst Heinkel mit dem jungen Physiker Pabst von Ohain bekannt, der sich seit 1930 mit dem Gasturbinenbau beschäftigte und der 1935 sein erstes Patent auf dem Gebiete des Turbinenbaues erhalten hatte. Heinkel engagierte von Ohain und dessen technischen Assistenten Hahn am 17. März 1936 für eine Strahltriebwerksabteilung und richtete in seinem Marieneher Werk eine Sonderbaracke ein. Von Ohain konnte bei Heinkel die ersten betriebsreifen Strahlturbinen herausbringen. Wegen seines eigenmächtigen Handelns wurde Heinkel dann später bei der offiziellen Auftragsverteilung durch das RLM übergangen. Erst nach den Erfolgen mit der He 280 konnte er durch die Vermittlung von Eisenlohr aus dem RLM die nach dem Tode Hellmuth Hirths verwaisten Hirth-Motorenwerke in Stuttgart-Zuffenhausen am 9. April 1941 käuflich erwerben und die Strahltriebwerksproduktion im größeren Umfange betreiben. Bei Heinkel erschienen zwischen 1937 und 1945 eine ganze Reihe von Strahltriebwerken, meist aber ohne Initiative des RLM entstandene private Entwicklungen.

Heinkel HeS 1

Erstes von Ohain in Marienehe konstruiertes und gebautes Versuchstriebwerk, welches im September 1937 den ersten Probelauf absolvierte. Das Muster besaß einen Radialverdichter und wurde mit Wasserstoff betrieben. Es leistete 130 kp Schub.

Heinkel HeS 3

Weiterentwicklung der HeS 1, ebenfalls mit Radialverdichter, für flüssige Brennstoffe. 1938 lief das erste Mustertriebwerk dieser Reihe zufriedenstellend und regelbar auf dem Prüfstand. Weitere Versuchstriebwerke wurden in Angriff genommen, die schließlich 450 kp Schub abgaben. Die erste Flugerprobung fand unter dem Rumpf eines Kolbenmotorenflugzeuges Heinkel He 118 statt. In der He 178 wurde nun für dieses Triebwerk eine spezielle Zelle konstruiert, welche mit einer HeS 3 B-Strahlturbine am 27. August 1939 den ersten erfolgreichen Flug eines Flugzeuges mit Luftstrahlturbine durchführen konnte.

Heinkel HeS 6

Verbesserte Abwandlung der HeS 3 mit den gleichen Abmessungen und Leistungen. Nur für Versuchszwecke.

Heinkel HeS 8 (109-001)

Anfang des Krieges hatte Heinkel sein Strahltriebwerksentwicklungsprogramm in zwei Gruppen gespalten, von denen die eine unter von Ohain weiter an Radialturbinen arbeiten sollte, die andere neue an Axialturbinen. Durch diese Arbeiten wollte Heinkel Vergleiche ziehen und die zukünftige Entwicklung bestimmen. Das nächste Produkt war die HeS 8 aus der Gruppe von Ohain, die später die RLM-Bezeichnung 109-001 erhielt, die aber weiter nicht bekannt wurde, weil das Triebwerk zugunsten der Entwicklungen von Junkers und BMW nicht vom RLM gefördert wurde. Die HeS 8, von Heinkel in einigen Stückzahlen auf privater Basis gebaut, war eine Radialturbine kleineren Durchmessers als der Vorgänger HeS 6, die aber 675 kp Standschub aufbrachte. Sie wurde erfolgreich in den zweistrahligen Versuchsdüsenjäger Heinkel He 280 eingebaut und geflogen.

79. Heinkel HeS 8 A

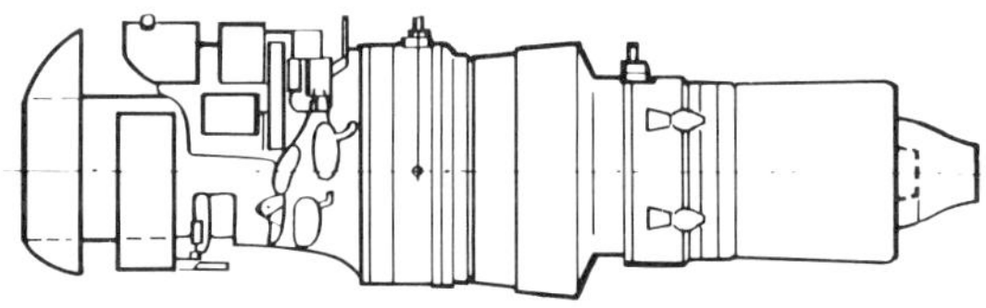

54. Heinkel HeS 011 A3

Heinkel HeS 9

Projekt einer Propellerturbine 1943 mit Verdichter des S 8-Triebwerkes. Wurde zur Überarbeitung an Daimler-Benz gegeben als HeS 21. Zum Bau kam es nicht mehr.

Heinkel HeS 10

Verbesserte HeS 8 mit den gleichen Abmessungen und Leistungen und wie diese mit einem einstufigen Axial- und einem Radialverdichter ausgerüstet. Standschub 675 kp. Nur zu Versuchszwecken.

Heinkel HeS 11 (109-011)

Nachdem die Arbeiten der Axialturbinengruppe bei Heinkel nicht die Unterstützung des RLM fand, wurde die Gruppe von Ohain mit der Konstruktion einer leistungsstärkeren Version mit einem sogenannten Diagonalverdichter betraut. Dieses Triebwerk, später HeS 011 genannt, besaß einen Axialverdichter, einen nachfolgenden Radialverdichter und dann noch einen dreistufigen Axialverdichter dahinter. Diese Anordnung fand die vollste Unterstützung des RLM. Das Triebwerk sollte eine Schubleistung von 1300 kp erreichen und war für die meisten Strahlflugzeugprojekte bei Kriegsende vorgesehen. Allerdings verzögerte sich die Entwicklung im Zuffenhausener Werk so, daß bei Kriegsende erst eine Turbine dieses Baumusters fertiggestellt war. Neun weitere ließen die Amerikaner nach Kriegsende in Zuffenhausen fertigbauen.

80. Heinkel HeS 11 V4

Heinkel HeS 21 (109-021)

Als sich das RLM 1943/44 auch für Propellerturbinen interessierte, wurde der Entwurf der HeS 011 auch auf eine Version als Propellerturbine mit der Bezeichnung HeS 021 abgewandelt. Der grundsätzliche Aufbau der HeS 011 wurde dabei beibehalten, nur zusätzlich ein Getriebe mit der Luftschraube vorgesehen. Die erwartete Wellenvergleichsleistung betrug 3300 PSe.

Heinkel HeS 30

Die zweite Heinkel-Gruppe, die sich mit der Entwicklung von Axialturbinen beschäftigte, stand unter der Leitung des ehemaligen Junkers-Strahltriebwerk-Mitarbeiters Dipl.-Ing. Müller, der in der HeS 30 einen der Jumo 004 ähnlichen Entwurf mit 930 kp Standschub schuf. Das Triebwerk machte 1942 erfolgreich seine Probeläufe, wurde jedoch vom RLM nicht akzeptiert, weil in der Jumo 004 und BMW 003 bereits Triebwerke dieser Leistungsklasse vorhanden waren.

Heinkel HeS 30 A

Projekt eines Zweistrom-Turbo-Luftstrahltriebwerks (ZTL) das von HeS 30 abgeleitet wurde.

Heinkel HeS 35

Projekt eines Doppel-ZTL von 1100 kp ebenfalls aus HeS 30 abgeleitet.

Heinkel HeS 36

Projekt einer Propellerturbinenausführung des HeS 35 mit einer Leistung von 4010 PS.

Heinkel HeS 40

Projekt einer Strahlturbine mit 940 kp.

Heinkel HeS 50 d

Projekt eines Motor-Luftstrahltriebwerks (ML) mit 24-Zylinder-Dieselmotor von 1800 kp.

Heinkel HeS 50 z

Ähnliches Projekt wie HeS 50d, aber mit 16-Zylinder-Ottomotor.

Heinkel HeS 60

Ebenfalls ML-Projekt mit 32-Zylinder-Otto-Motor mit einer geplanten Leistung von 1250 kp.

Junkers

Junkers Flugzeug- und Motorenwerke A.G., Dessau

1936 begann unter Professor Wagner im Flugtechnischen Institut in Berlin eine kleine Gruppe, der M. A. Müller vorstand, mit der Projektierung und Entwicklung von Gasturbinen. Als Wagner im gleichen Jahr die Konstruktionsabteilung von Junkers übernahm, lehnte der Junkers Flugmotorenbau unter Prof. Mader die Übernahme der Müller-Gruppe ab. Wagner setzte schließlich durch, daß die Gruppe unter bescheidenen Verhältnissen im Rahmen der Junkers Flugzeugwerke weiterarbeiten konnte. Die von den Junkers Flugzeugwerken aufgekaufte Magdeburger Werkzeugmaschinenfabrik wurde für diese Zwecke hergerichtet. 1939 kam das erste Versuchstriebwerk mit Axialverdichter auf den Prüfstand, lief jedoch nicht. Im Juli 1939 mußte sich das Junkers Motorenentwicklungswerk Dessau unter der Leitung von Prof. Mader auf Betreiben des RLM in die Strahlturbinenentwicklung einschalten, als die Schaffung einer Strahlturbine von 600 kp Schub gefordert wurde. Damit wurde dann auch die Magdeburger Entwicklungsgruppe, deren Eingliederung in das Dessauer Otto-Mader-Entwicklungswerk das RLM seit 1938 versucht hatte, übernommen. Aber nicht nur die Entwicklungsarbeiten dieser Gruppe standen dem Leiter dieser neuen Abteilung, Dr. A. Franz, zur Verfügung, sondern auch umfangreiche Erfahrungen im Bau von Abgasturboladern für die diversen Junkers-Kolbentriebwerke. Franz verzichtete für die neue Strahlturbine, die die RLM-Bezeichnung 109-004 erhielt, auf jedes Entwicklungsrisiko und baute das ganze Aggregat auf

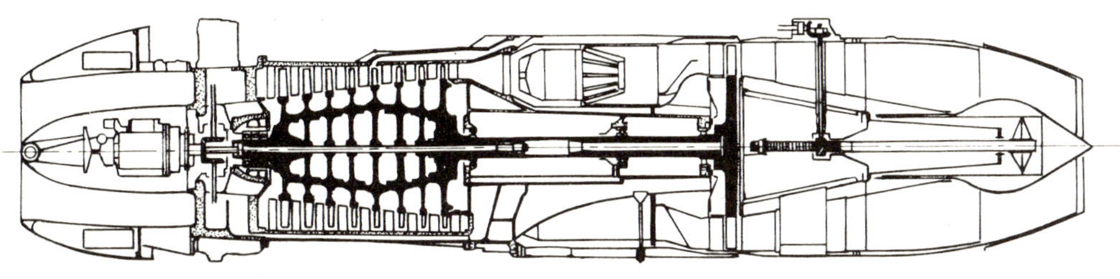

55. Junkers Jumo 004 B4

vorhandene und bewährte Bauteile der Industrie auf. Gleichzeitig wurde nur mit Grenztemperaturen gearbeitet, die mit den vorhandenen Werkstoffen beherrschbar waren. So konnte die Jumo 004-Strahlturbine zwar nicht die relative Leistungsfähigkeit der BMW-Konkurrenzentwicklung erreichen, dafür aber schneller zur Einsatzreife und in den Serienbau kommen. Bis Kriegsende wurden noch über 5000 Strahlturbinen von Junkers ausgeliefert.

Junkers Jumo 004

Die Entwicklungsarbeiten begannen im Sommer 1939 unter der Leitung von Dr. Franz. Als Verdichter wurde eine 8stufige Axialkonstruktion der AVA-Göttingen vorgesehen, wie sie in ähnlicher Form für Junkers-Kolbenmotoren verwendet worden waren. Als Turbinenrad wurde eine einstufige Gleichdruckturbine der AEG-Turbinenfabrik gewählt, die auch ursprünglich für andere Zwecke vorgesehen war. Um das Risiko einer ringförmigen Brennkammer nicht eingehen zu müssen, wählte Franz 6 Einzelbrennkammern.

Jumo 004 A

Die Entwicklungsarbeiten an der ersten Version wurden im Frühjahr 1940 abgeschlossen. Der erste Lauf fand am 11. Oktober 1940 auf dem Prüfstand in Dessau statt. Genau einen Monat später wurde erstmals die volle Drehzahl von 9000 min^{-1} erreicht. Am 28. Januar 1941 erbrachte die Strahlturbine einen Schub von 430 kp. Leitschaufel-Schwingungsbrüche zwangen anschließend zu einer Änderung, die am 6. August 1941 erstmals den verlangten Standschub von 600 kp erbrachte. Am 24. Dezember 1941 fand der erste 10-Stundenlauf statt und wenige Tage später wurden bei Überlast 1000 kp Schub gefahren. Daraufhin vergab das RLM einen Auftrag über 80 Stück Jumo 004 A. In einer umgebauten Me 210 ging die erste Jumo 004 am 15. März 1942 in die Flugerprobung. Am 18. Juli 1942 fand der erste Alleinstart mit zwei Jumo 004 A-Triebwerken in einer Me 262 statt.

Jumo 004 B

Als reines Versuchstriebwerk war die Jumo 004 für den Serienbau zu teuer. Darüber hinaus enthielt sie noch zahlreiche Warmstoffe aus Rohstoffen, die in Deutschland nicht mehr in ausreichendem Maße zur Verfügung standen. Im Sommer 1941 wurde deshalb mit einer Umkonstruktion der Jumo 004 A für den Serienbau begonnen. Diese Jumo 004 B entsprach im Aufbau und in den äußeren Abmessungen vollkommen der Jumo 004 A, hatte jedoch mit Ausnahme des Turbinenlauf- und -leitrades alle im heißen Strom des Triebwerkes liegenden Teile aus normalem Tiefziehblech, welches durch Luft gekühlt wurde. So wurde im Verdichter nach der 4. Stufe Kühlluft für die Düse abgezweigt. Die Turbinen-Leitschaufeln waren ebenfalls luftgekühlt. Später wurde anstelle der Vollschaufelturbine ein wesentlich leichteres Hohlschaufelrad mit Luftkühlung eingebaut. Die Erprobung des Triebwerkes begann im Sommer 1943. Durch Schwingungen traten jedoch Turbinenschaufelbrüche auf, die zu einer Herabsetzung der Drehzahl von 9000 min^{-1} auf 8700 min^{-1} führten. Im Laufe der Erprobung wurden zahlreiche Dauerläufe von über 100 Stunden durchgeführt. Anfang 1944 ging die Version in Serie und wurde in nahezu 5000 Stück bis Kriegsende ausgeliefert. Die Überholungszeit lag schon bei 50 Stunden, was für den ehemaligen Zeitraum einen großen Entwicklungssprung darstellte. Startschub 890 kp.

Jumo 004 C

Schon beim Entwurf der Jumo 004 A war die Schubdüse so ausgelegt worden, daß bei einer befriedigenden Lösung des Nachbrennerproblems ein solcher angebaut werden konnte. Die mit Nachbrenner versehene Ausführung erhielt die Bezeichnung Jumo 004 C und sollte mit Nachverbrennung 1200 kp Standschub abgeben. Es blieb jedoch beim Projekt.

Jumo 004 D

Version der Jumo 004 B mit gleichem Aufbau, jedoch verbesserter Einlaufhaube, wodurch der Standschub auf 930 kp erhöht wurde. Diese Version lief bei Kriegsende neben der Jumo 004 B in Großserie.

Jumo 004 E

Verbesserte Jumo 004 D mit sogenannten Doppeldüsen, also zwei automatisch gesteuerten Einspritzdüsen je Brennkammer, zur Verbesserung des Höhenverhaltens. Gleichzeitig konnte der Standschub durch eine Erhöhung der Turbinen-Eintrittstemperatur auf 1000 kp erhöht werden. Versuchstriebwerke liefen auch mit verkürzter Düse und nachgeschaltetem Nachbrenner. Sie erreichten 1200 kp Schub. Beide Versionen waren in 100-Stunden-Läufen erprobt und sollten 1945 in die Großserie gehen.

Jumo 004 H

Storchenschnabelverkleinerung des Projektes Jumo 012 mit einem 11stufigen Axialverdichter und zweistufiger Turbine. Dieses Triebwerk befand sich bei Kriegsende in der Konstruktion. Der Standschub sollte 1800 kp betragen.

56. Junkers Jumo 012

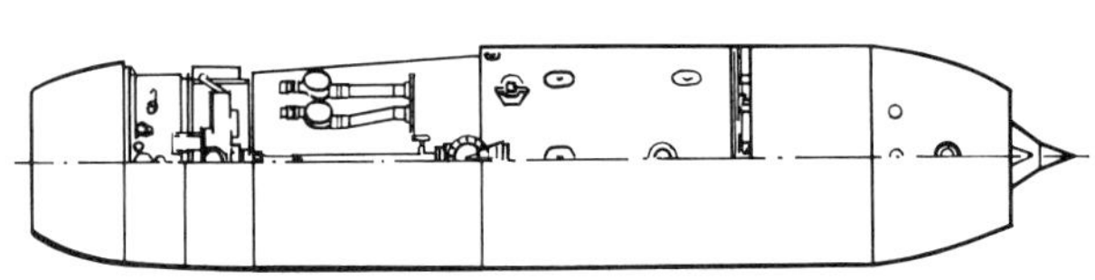

Junkers Jumo 012

Bei Kriegsende fertigkonstruierte Strahlturbine, von der zahlreiche Einzelteile bereits gefertigt waren. Zu einem Zusammenbau kam es nicht mehr. Diese Axialturbine besaß einen 11stufigen Lader und eine zweistufige Turbine. Der erwartete Standschub betrug 2965 kp.

Junkers Jumo 022

Im Entwurf fertige Ableitung der Jumo 012 als Propellerturbine. Es wurden fast alle Teile der Jumo 012 übernommen und zusätzlich ein Getriebe und eine Luftschraube vorgesehen. Die Wellenvergleichsleistung betrug 6000 PSe.

Hersteller / Baumuster		Art	Verdichter Bauart × Stufen	Verdichter Verd. : 1	Turbinen-stufen	Brenn-kammer
Argus	As 014	PL	—	—	—	0
	As 044	PL	—	—	—	0
BMW	BMW P-3302 V-1	TL	A 6	2,7	1	0
	BMW 003 A-0			3,1		
	C		A 7	3,4	1	
	D	TL	A 8	4,95	2	0
	E					
	R		A 7	3,1	1	
	BMW 018	TL	A 12	7,0	3	0
	BMW 028	PTL	A 12	7,0	4	0
	BMW P-3306	TL	A 7	4,2	1	0
	BMW P-3307	TL	A 7	.	1	0
DB	DB 007	TL	A 17	.	1	.
	DB ZTL	PTL	A 9	.	1	.
Heinkel	HeS 1	Tl	A 1 + Z 1	.	1	.
	HeS 3	TL	A 1 + Z 1	.	1	.
	HeS 8 (001)	TL	A 1 + Z 1	.	.	.
	HeS 10	TL	A 1 + Z 1	.	.	.
	Hes 11 (011)	TL	A 1 + Z 1 + A 3	.	.	.
	HeS 21 (021)	PTL	.	.	.	.
	HeS 30	TL	A	.	.	.
	HeS 40	TL	A	.	.	.
Junkers	Jumo 004 A		A 8	.		
	B			3,14	1	
	C	TL	.	.		6
	H		A 11		2	
	Jumo 012	TL	A 11	5,00	2	.
	Jumo 022	PTL	A 11	.	2	.

Erläuterungen zu der Tabelle

Hersteller (Manufacturer)

Baumuster (Name of engine)

Art (Type)
TL = Luftstrahlturbine (Turojet)
PTL = Propellerturbine (Projet)
PL = Pulso-Schubrohr (Impulse duct èngine)

Verdichter (Compressor)
Bauart (Type of compressor)
A = Axialverdichter (axial-flow)
R = Radialverdichter (radial-flow)
Stufen (Compressor-stage)
Verdichtung (Pressure ratio)

Turbinenstufen (Turbine-stage)

Brennkammer (Combustion chamber)

Abmessungen (Dimensions)
∅ = Durchmesser (Diameter)
Lg = Länge über alles (Overall lenght)

Gewicht (Weight)
G = Trockengewicht (Net dry weight)

Leistungen (Performance)
Nstand = Standschub (Thrust-basic S/L rating)
bei N = bei Umdrehungen je Minute (at r.p.m.)

Verbrauch (Specific fuel consumption)
bk = Startverbrauch (Consumption at max T.O. conditions)

Abmessungen ∅ (mm)	Abmessungen Lg. (mm)	Gewicht G (kg)	Leistung Nstand	Leistung bei n (U/min)	Verbrauch bk (kg/kp [PSe.]h)
.	3600	138	335 kp max.	—	2,88
.	.	.	500 kp max.	—	.
690	.	650	550 kp	.	.
} 690	.	} 570	800 kp	} 9500	1,40
	.		900 kp		1,30
.	.	.	1100 kp	10000	1,10
690	.	570	800 kp	} 9500	} 1,40
	.	.	1800 kp		für TL
1250	.	2200	3500 kp	6000	1,10
1250	6000	3200	5440 PSe	.	0,34
850	3200	900	1700 kp	.	1,20
690	2800	650	500 kp	.	.
860	4750	1335	1150 kpe	12500	.
840	4750	1290	2000 PSe	.	0,81
.	.	.	130 kp	10000	.
940	1200	358	450 kp	13000	2,00
770	1650	386	675 kp	13500	.
.	1650	495	675 kp	13500	.
1080	4000	940	1300 kp	11000	1,31
1080	.	.	3300 PSe	.	.
.	.	.	930 kp	.	.
.	.	.	.	.	.
} 760	3750	840	830 kp	9000	} 1,40
		740	890 kp	8700	
	.	.	1200 kp mit Nachbrenner		
1020	3950	1130	1800 kp	.	1,20
1090	4430	1980	2965 kp	.	1,20
1090	5100		6000 PSe		.

C. Raketenmotoren

Gleich den vorgehend beschriebenen Luftstrahltriebwerken wurden auch die Raketenmotoren vom RLM mit der Tarnnummer 109 versehen. Im Gegensatz zu diesen begann jedoch die Zählung der nachfolgenden Kennziffern bis 500 und sollten bis 999 reichen (109-509 als Beispiel). Die Vergebung von Kennziffern war bis Kriegsende noch nicht generell erfolgt, so daß einige Raketenmotoren, die im Text beschrieben sind, nicht in die nachfolgend aufgeführte RLM-Liste aufgenommen werden konnten:

RLM-Nummer	Werk-Nr.	Hersteller	Treibstoff	Beschreibung Seite
109—500		Walter	T, Z	627
109—501		Walter	Z, Z, Br + B	628
109—502		Walter	T, Z, Br + B	628
109—505		Rheinmetall	Diglykol	624
109—506		WASAG	Diglykol	630
109—507		Walter	T, Z	628
109—509		Walter	R, Z	628
109—510	P-3390 A	BMW	Methanol/SV	622
109—511	P-3374	BMW	Methanol/SV	622
109—512		WASAG	Diglykol	630
109—513	G-9	Schmidding	Methanol	625
109—515		Rheinmetall	Diglykol	624
109—522		WASAG	Diglykol	630
109—532		WASAG	Diglykol	630
109—533		Schmidding	Diglykol	625
109—543		Schmidding	Diglykol	625
109—548	P-3378	BMW	SV, R	622
109—553		Schmidding	Diglykol	626
109—558	P-3386	BMW	SV, R	622
109—559		Walter	T, C	629
109—563		Schmidding	Diglykol	626
109—573		Schmidding	Diglykol	626
109—593		Schmidding	Diglykol	626
109—603	P-3390 C	Schmidding	Diglykol	626
109—708	P-3395	BMW	SV, R	622
109—718		BMW	SV, R	623
109—729		Walter	SV, R	630

Die Wahl der Kennzahlen erfolgte anfänglich in normaler Reihenfolge (Walter 500, 501, 502), wurde aber wenig später bereits dahingehend geändert, daß jeder Hersteller eine bestimmte Endziffer erhielt. Der WASAG wurde 2 zugeteilt (512, 522 etc.), Schmidding 3 (513, 533, 543 etc.), Rheinmetall 5, BMW 8 und Walter 9.
Für die vermerkten Treibstoffe gab das RLM eigene Tarnbezeichnungen heraus. Sie sind in der obigen Zusammenstellung zu finden und werden auch im nachfolgenden Text verwendet. Die einzelnen Abkürzungen besaßen folgende Bedeutung:

A-Stoff	Flüssiger Sauerstoff.
B-Stoff	Hydrazinhydrat, ein Katalysator bei Wasserstoffsuperoxyd und Methanol-Reaktionen.
Br-Stoff	Gasolin, gewonnen aus Rohbenzin.
C-Stoff	Gemisch aus 30 % Hydrazinhydrat + 57 % Methanol + 13 % Wasser mit Restanteilen von Kalium-Kupfer-Cyanid.
M-Stoff	Methanol.
R-Stoff	Tonka. Damit wurden organische Amin-Gemische von basischem Charakter bezeichnet, die mit Wasser nicht gemischt werden können, eine klargelbe bis braune Farbe besitzen und naphthalinartig riechen. Die BMW-Tonka-Kraftstoffe hatten folgende Zusammensetzung: Tonka 93 = 20 % Rohxylidin F, 20 % Anilin M, 20 % Aethylanilin, 20 % Ischexylamin, 10 % Schwerbenzin und 10 % Lösungsbenzol II; Tonka 250 = 50 % Rohxylidin F und 50 % Triaethylamin; Tonka 500 = 12 % Rohxylidin F, 15 % Anilin, 22 % Monomethylanilin, 21 % Triaethylamin, 16 % Schwerbenzol und 14 % Lösungsbenzol II.
S-Stoff	Salbei. Gemisch aus 96 % Salpetersäure + 4 % Eisenchlorid.
SV-Stoff	Salbei. Gemisch aus 90 bis 98 % rauchender Salpetersäure + 2 bis 10 % Schwefelsäure.
T-Stoff	Wasserstoffsuperoxyd.
Z-Stoff	Wässerige Lösung von Natrium- oder Kaliumpermanganat.
Visol	Divinylisobutylsäureester. Visol bildet zusammen mit Salpetersäure ein spontan reagierendes Hypergol.
Diglycol	Diglycoldinitrat, ein flüssig vergossener Pulvertreibsatz (Feststoffrakete).

Als Hypergol werden die Treibstoffe bezeichnet, die sich beim Zusammentreffen spontan selbst entzünden (beispielsweise Tonka mit Salpetersäure).
Zahlreiche weitere Raketentreibstoffe wurden während des Krieges in Deutschland untersucht, davon alleine bei BMW über 3000 Kombinationen. Meistenteils handelte es sich um energieärmere Systeme, die nicht als konventionelle Brennstoffe verwendet werden konnten.

BMW

Bayerische Motorenwerke GmbH, München

Zu der BMW-Entwicklungsabteilung für Gasturbinen im Zweigwerk Berlin-Spandau der ehemaligen Brandenburgischen Motorenwerke gesellte sich ab 1941 noch eine weitere Entwicklungsabteilung für Gasdruck-Raketenmotoren, die der Leitung von Dipl.-Ing. Helmut von Zborowski unterstellt wurde. Die Projekt- und Konstruktionsgruppe befand sich ebenfalls in Spandau, die Prüfstandgruppe auf dem BMW-Gelände der Niederbarnimer Flugmotorenwerke in Zühlsdorf bei Berlin. 1943 entstand dazu eine Parallelgruppe im BMW-Werk Allach bei München. Die Entwicklungen bei BMW beschränkten sich auf Flüssigkeitsraketenmotoren mit einer Verwendung von Salpetersäure als Sauerstoffträger. Als Brennstoff kam Methanol oder das speziell von BMW entwickelte »Tonka« zur Anwendung.

BMW 109-510

Flüssigkeitsraketenmotor, der für einen Einsatz in der Me 163 B und C vorgesehen war. Antrieb durch M-Stoff und SV-Stoff mit Förderung durch Turbopumpe.
Mischungsverhältnis 2:1. Schub von 300 kp bis 1500 kp regelbar.

BMW 109-511

Geschlossenes Antriebsaggregat für die Henschel Hs 298. Antrieb durch M-Stoff und SV-Stoff im Mischungsverhältnis 2:1. Differenzkolbenförderung. Maximalschub 600 kp. Verschleißgerät.

BMW 109-548

Flüssigkeitsraketenmotor für den Einbau in die Kramer X-4. Antrieb durch R-Stoff und SV-Stoff. Preßluftförderung durch elastischen Freiflugkolben. Mischungsverhältnis 4,2:1. Erster Start 1944. Maximalschub 140 kp. Verschleißgerät.

BMW 109-558

Flüssigkeitsraketenmotor für den Einbau in die Henschel Hs 117 »Schmetterling«. Antrieb durch R-Stoff und SV-Stoff im Mischungsverhältnis 3,5:1. Maximalschub regelbar zwischen 60 und 380 kp. Verschleißgerät.

BMW 109-708

Antriebsmotor für den Messerschmitt Me 163 C-Raketen-Interceptor. Haupt- und Reisebrennkammer. Antrieb durch R-Stoff und SV-Stoff im Mischungsverhältnis 3,5:1. Förderung durch Turbopumpe. Schub zwischen 100 und 2500 kp regelbar.

BMW 109-718

Zusatzgerät (Rüstsatz) für die BMW 003 R-Strahlturbine, die gleichzeitig die Kraftstofförderung übernahm. Entwicklungsauftrag im Herbst 1943, erste betriebsreife Brennkammer im März 1944, Lieferung der Null-Reihe im Juni 1944. Erster Flug der BMW 003 R in einer Me 262 am 28. März 1945 in Lechfeld. Bei Kriegsende serienreif. Antrieb durch R-Stoff und SV-Stoff in einem Mischungsverhältnis von 3,5:1. Maximaler Schub der Düse allein 1000 kp, mit der Strahlturbine zusammen für 180 Sekunden 1800 kp.

Elektromechanische Werke

Elektromechanische Werke, Karlshagen

Die Elektromechanischen Werke, die sich vorwiegend mit der Entwicklung von elektronischen Fernsteuerungsanlagen für Fernlenkgeschosse beschäftigten, entwickelten gleichzeitig die kleine Flakrakete »Taifun«, für die auch der Flüssigkeitsraketenmotor konstruiert und gebaut wurde. Weiterhin entwickelten sie den Flüssigkeitsraketenmotor der Peenemünder »Wasserfall«-Flakrakete.

Elektromechanische Werke »Taifun«

Flüssigkeitsraketenmotor zum Antrieb der »Taifun«-Flakrakete. Brennkammer und Düse als Heck der Rakete ausgebildet. Antrieb durch R-Stoff und SV-Stoff. Feststoff-Gaserzeuger zum Austreiben der Treibstoffe. Maximalschub 800 kp. Verschleißgerät.

Elektromechanische Werke »Wasserfall«

Flüssigkeitsraketenmotor zum Antrieb der »Wasserfall«-Flakrakete. Antrieb durch Visol und SV-Stoff. Förderung durch Stickstoff. Maximalschub 8000 kp. Verschleißgerät.

Konrad

Oberbayerische Forschungsanstalt Dr. Konrad, Oberammergau

Konrad entwickelte zusammen mit dem Messerschmitt-Entwicklungswerk in Oberammergau die Flakrakete »Enzian«, für die er auch verschiedene Flüssigkeitsraketenmotoren entwarf. Weiterhin beschäftigte er sich mit einem Flüssigkeitsraketenmotor für die Flakrakete »Rheintochter R 3« der Rheinmetall-Borsig-Werke.

Konrad »Enzian IV«

Flüssigkeitsraketenmotor zum Antrieb der »Enzian IV«-Flakrakete. Brennstoff Visol und SV-Stoff. Förderung durch Druckluft. Startschub 2000 kp, innerhalb von 69 Sekunden Brennzeit auf 1000 kp absinkend. Verschleißgerät.

Konrad »Enzian V«

Flüssigkeitsraketenmotor zum Antrieb der »Enzian V«. Konrad-Zweistoff-Motor genannt. Kraftstoff Br-Stoff und SV-Stoff. Förderung durch Druckluft. Startschub 2500 kp, innerhalb von 56 Sekunden Brennzeit auf 1500 kp absinkend. Verschleißgerät.

Konrad »Rheintochter R 3«

Flüssigkeitsraketenmotor zum Antrieb der oberen Stufe der Rheinmetall-Borsig-»Rheintochter R 3«-Flakrakete. Kraftstoff Visol und SV-Stoff. Förderung durch Druckluft. Startschub 2180 kp, der innerhalb von 53 Sekunden Brennzeit auf 1800 kp absank. Verschleißgerät.

Rheinmetall-Borsig

Rheinmetall-Borsig A. G., Berlin-Marienfelde

1942 begann auch die Firma Rheinmetall-Borsig unter der Leitung von Dr.-Ing. Hermann Vüllers mit der Entwicklung von vorwiegend ballistischen Raketengeschossen und den Versuchen mit Pulverraketenmotoren dazu, die zum Bau einer Reihe von Antriebsaggregaten führten.

Rheinmetall-Borsig 109-505

Diglycol-Feststoffrakete für den Antrieb der Rheinmetall »Feuerlilie 25«. Vollgewicht 48 kg, von dem 17 kg auf die Pulverladung entfielen. Startschub 500 kp.

Rheinmetall-Borsig 109-515

Diglycol-Feststoffrakete ähnlich der 109-505 zum Antrieb der ersten Version der Rheinmetall »Feuerlilie 55«. Startschub 4000 kp.

Rheinmetall-Borsig

Diglycol-Feststoffrakete für die Startstufe der »Rheintochter R 1«. Brennkammer mit sieben Auspuffdüsen von je 165 mm Mündungsdurchmesser. Startschub 7500 kp.

Rheinmetall-Borsig

Diglycol-Feststoffrakete für die obere Stufe der »Rheintochter R 1«. Kalottenförmiger Brennkammerboden mit 6 schräg nach außen stehenden Auspuffdüsen. Startschub 16000 kp, der mit zunehmender Brenndauer rapid absank.

Rheinmetall-Borsig

Diglycol-Feststoffrakete mit zwei Pulverladungen von je 150 kg zum Antrieb der Startstufe der »Rheintochter R 3«. Startschub 14000 kp.

Schmidding

Schmidding, Tetschen-Bodenbach

Schmidding führte umfangreiche Untersuchungen mit gegossenen Diglycoldinitrat-Pulversätzen durch, die zu einer ganzen Reihe von Feststoff-Raketenmotoren führten. Schmidding-Pulverraketen wurden hauptsächlich als Starthilfen verwendet.
Darüber hinaus wurde auch noch eine Versuchs-Flüssigkeitsrakete entwickelt.

Schmidding 109-513

In Zusammenarbeit mit Henschel speziell für die Henschel Hs 293 und Hs 298 entwickelter Flüssigkeitsraketenmotor als geschlossene Einheit, die leicht an diese Geschosse angehängt werden konnte. Der Brennstoff war Methanol, der durch eine Verdrängungsblase, die mit Sauerstoff aufgepumpt wurde, den nötigen Förderdruck erhielt. Dieser mit 260 atü in einen Druckbehälter gepreßte Sauerstoff diente gleichzeitig für die Verbrennung als Sauerstoffträger. Startschub 1000 kp. Verschleißgerät.

Schmidding 109-533

Diglycol-Feststoff-Raketenmotor mit einem Startschub von 1000 kp und einer Brenndauer von 12 Sekunden. Vier dieser Aggregate wurden als Starthilfe für die Bachem Ba 349 »Natter« verwendet.

Schmidding 109-543

Diglycol-Feststoff-Raketenmotor zum Antrieb der Henschel Hs 298. Spezialausführung, mit der sich eine Schubabstufung erreichen ließ. Das Motorsystem bestand darin, daß der Treibstoff in Form von Hohlzylindern verwendet wurde. Die innere Bohrungsfläche der Zylinder wurde mit Polygan — ein Gemisch aus Kalium, Silikat, Asbest und Graphit — ausgekleidet und dann weiter mit dem Pulvertreibsatz aufgefüllt. Diese inneren Treibsätze ergeben für 5 Sekunden Brennzeit einen Startschub von 150 kp, die anschließend abbrennenden äußeren für weitere 20 Sekunden einen Dauerschub von 50 kp. Verschleißgerät.

Schmidding 109-553

Diglycol-Feststoff-Raketenmotor mit einem Startschub von 1750 kp und einer Brenndauer von vier Sekunden. Zwei dieser Aggregate wurden zur Starthilfe an die Henschel Hs 117 »Schmetterling«-Flakrakete angehängt und nach dem Abbrennen abgeworfen. Die Auspuffhutzen waren um 30° abgewinkelt, um die Schubachse durch den Schwerpunkt der Hs 117 verlaufen zu lassen.

Schmidding 109-563

Diglycol-Feststoff-Raketenmotor mit einem Startschub von 500 kp als Starthilfe.

Schmidding 109-573

Diglycol-Feststoff-Raketenmotor als Versuchsträger für Unterwasserstart-Raketen.

Schmidding 109-593

Diglycol-Feststoff-Raketenmotor mit einem Startschub von 750 kp als Starthilfe.

Schmidding 109-603

Diglycol-Feststoff-Raketenmotor für die ersten Versuchsstarts der Kramer X-4-Rakete. Das Triebwerk entwickelte für acht Sekunden Brenndauer einen Schub von 150 kp.

Walter

H. Walter K.G., Kiel

Zwischen 1930 und 1934 entwickelte Prof. Hellmuth Walter in Zusammenarbeit mit der Krupp-Germaniawerft in Kiel eine Gasturbine für den Antrieb von Schiffen. Eine Beheizung durch Wasserstoffsuperoxyd (T-Stoff) wurde damals bereits ins Auge gefaßt. Vor 1935 untersuchte Walter dann das Wasserstoffsuperoxyd zusammen mit den Elektrochemischen Werken in München als Antriebsmittel insbesondere für Unterwasserfahrzeuge. Diese Arbeiten ließen dann ab 1935 den Gedanken aufkommen, auch Flugzeug-Strahlantriebe unter Verwendung von Wasserstoffsuperoxyd zu entwickeln. 1936 wurde der DVL das erste Versuchstriebwerk für die Erprobung zur Verfügung gestellt. Es handelte sich um einen Motor für den »kalten« Betrieb — es fand also keine Verbrennung statt. T-Stoff wurde mittels Preßluft in die Brennkammer gedrückt und über einen festen Katalysator geleitet, wodurch eine spontane Oxydation erfolgte. Für 45 Sekunden wurde so ein Schub von 135 kp erreicht. Die Flugerprobung fand in einer Heinkel He 72 »Kadett« als Starthilfe statt. 1937 konnte das Triebwerk verbessert werden. Als Katalysator kam nun Kaliumpermanganat (Z-Stoff) zur Anwendung. Dadurch erhöhte sich die Leistung auf 290 kp für 30 Sekunden Brenndauer. Die Förderung des T-Stoffes erfolgte noch durch Preßluft. Flugerprobung in dem Focke-Wulf Fw 56 »Stößer«.

Walter R I-203

Diese Walter-Versuchskonstruktion entstand 1938. Da als Brennstoff Methanol (M-Stoff) mit dem T-Stoff zusammengebracht wurde, fand eine im Gegensatz zu den Erstkonstruktionen »heiße« Verbrennung statt. Ein weiterer wesentlicher Fortschritt gegenüber den Erstmustern bestand in der Regelbarkeit des Schubs. Er wurde durch die Verwendung von Turbopumpen zur Förderung der Treibstoffe ermöglicht. Der Antrieb der Turbopumpen erfolgte über eine Dampfturbine, die mit chemischem Dampf aus T- und Z-Stoff gespeist wurde. Mit dem Triebwerk konnte ein Maximalschub von 500 kp für eine Dauer von 60 Sekunden gefahren werden. Es wurde in die Versuchszelle Heinkel He 176 eingebaut, welche am 20. Juni 1939 den ersten erfolgreichen kontrollierbaren Raketenflug der Welt durchführte. Die Walter R I-203 kann als Vorläufer der späteren HWK 109-509-Serie angesehen werden.

Walter R II-203

Die Erfahrungen mit der dampfgetriebenen Turbopumpe wurden für dieses Triebwerk ausgewertet, welches im Juni 1941 für den Einbau in die Messerschmitt Me 163 A geschaffen wurde. Allerdings arbeitete die R II-203 wieder ausschließlich mit T- und Z-Stoff nach dem »kalten« System. Der Schub war zwischen 150 und 750 kp regelbar.

Walter HWK 109-500

Der bekannteste nach dem »kalten« System arbeitende Walter-Flüssigkeits-Raketenmotor wurde die Starthilfsrakete, die in einem Behälter zusammengefaßt war, der leicht an Flugzeugen befestigt werden konnte. Um das Gerät nach dem Gebrauch wieder verwerten zu können, ohne daß es des großen Widerstandes wegen von dem Flugzeug mitgeschleppt werden mußte, befand sich am Bug der Gondel ein Fallschirm, der einen Abwurf nach dem Start gestattete. Der Antrieb bestand aus T- und Z-Stoff, die durch Preßluft gefördert wurden. Der Schub betrug 500 kp für 30 Sekunden. Ab dem Sommer 1937 wurden verschiedene He 111, Do 18 und später auch Ju 88 mit je zwei dieser Starthilfsraketen ausgerüstet. Während des Krieges fanden über 3000 Starts ohne jeden Unfall in allen Teilen Europas statt.

Walter HWK 109-501

Rein äußerlich unterschied sich diese Starthilfsrakete, ebenfalls mit einem Fallschirm am Bug der Gondel, nicht von der

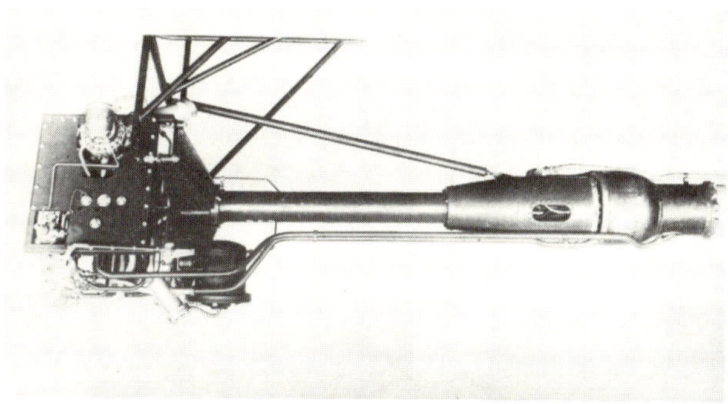

81. Walter HWK 109-509 Gesamtansicht Pumpenseite

HWK 109-500. Jedoch arbeitete sie nach dem »heißen« Prinzip durch die Hinzunahme von B- und Br-Stoff zu dem T- und Z-Stoff. B- und Br-Stoff bildeten beim Zusammentreffen ein hypergoles Gemisch. Die Förderung erfolgte wieder durch Preßluft. Nur eine geringe Anzahl dieser Geräte wurde gebaut und nicht einsatzmäßig erprobt. Lediglich die Ju 287 startete mit Hilfe von vier dieser Raketen zu ihren Erprobungsflügen. Die Schubleistung betrug 1000 kp für 42 Sekunden oder 1500 kp für 30 Sekunden Brennzeit.

Walter HWK 109-502

Abwandlung der HWK 109-501-Starthilfsrakete als Antrieb für die »Enzian 1 bis 3«-Flakraketen.

Walter HWK 109-507

Spezial-Flüssigkeitsraketenmotor zum Antrieb von Gleitbomben, speziell der Henschel Hs 293. Das Aggregat wurde als selbständige Einheit konstruiert und saß einschließlich der Brennkammer, der Kraftstoff- und der Druckbehälter in einem geschlossenen Gehäuse. Die Düse war nach unten abgelenkt, damit der Schub durch den Schwerpunkt des Flugkörpers gehen konnte, an den das Aggregat angebaut werden sollte. Mit den Treibstoffen T- und Z-Stoff war es ein Triebwerk für den »kalten« Betrieb. Die Förderung erfolgte durch Preßluft. Der Schub betrug 590 kp für 10 Sekunden Laufzeit.

Walter HWK 109-509

Der Flüssigkeits-Raketenmotor HWK 109-509, der eine komplette Einheit zum Einbau in Flugzeuge darstellte, war einer der erfolgreichsten deutschen Raketenmotoren während des Krieges. Das gesamte Aggregat besteht aus einem Rahmen, der sämtliche Hilfsgeräte aufnimmt, einer Brennkammer, die im Heck des Flugzeuges zu liegen kam, und einem Übertragungsrohr zwischen Brennkammer und Geräterahmen, um letzteren immer nahe dem Flugzeugschwerpunkt unterbringen zu können. Die Entwicklung wurde aus der Walter R I-203 begonnen, nachdem statt Methanol der C-Stoff, ein Hydrazinhydratgemisch, zur Verfügung stand, der zusammen mit dem T-Stoff hypergole Eigenschaften besitzt. Die Kraftstoff-Förderung erfolgte über ein Turbopumpensystem, welches durch chemischen Dampf aus T- und Z-Stoff angetrieben wurde. Im Verlauf des Krieges wurden verschiedene Ausführungen erprobt und teilweise in die Reihenfertigung genommen.

HWK 109-509 A-0
Vorserienausführung für den Einbau in die Messerschmitt Me 163 B. Einbaureif ab Mai 1943. Nur Hauptbrennkammer mit einem regelbaren Schub zwischen 300 und 1500 kp Standschub.

HWK 109-509 A-1
Serienausführung der Version mit lediglich einer Hauptbrennkammer. Einbaureif ab August 1944. Eingebaut in Me 163 B, in den Versuchsversionen der Bachem Ba 349 und in die DFS 228. Regelbarer Standschub zwischen 100 und 1600 kp.

HWK 109-509 A-2
Erste Ausführung mit einer zusätzlichen Reisebrennkammer. Einbaureif ab August 1944. Eingebaut in die Me 163 C. Vorgesehen für die Projekte Heinkel He P. 1077 »Julia«, Junkers »Walli« und Messerschmitt Me P. 1104. Der Schub der Hauptdüse war regelbar von 200 bis 1700 kp. Die Reisedüse leistete zusätzlich 300 kp.

HWK 109-509 B-1
Leistungsstärkere Ausführung der HWK 109-509 A-1 mit einem Maximalschub von 2000 kp, der bis 100 kp regelbar war. Einbaureif ab März 1944. In der Me 163 B-1 eingebaut.

HWK 109-509 C-1
Leistungsstärkere Abwandlung der mit Reisebrennkammer ausgerüsteten HWK 109-509 A-2 für den Einbau in die Me 263 (Ju 248). Einbaureif ab August 1944. Standschub der Hauptdüse 400 bis 2000 kp, der Reisedüse 400 kp.

HWK 109-509 D-1
Spezielle Abwandlung der HWK 109-509 C-1 mit den gleichen Leistungen für den Einbau in die Bachem Ba 349 B. Das Triebwerk sollte am Fallschirm abgeworfen werden. Einbaureif 1945.

Walter HWK 109-559

Spezielle Abwandlung der HWK 109-509 A-1 für den Einbau in die Bachem Ba 349 A. Das Triebwerk sollte ebenfalls am Fallschirm abgeworfen werden. Nur Hauptdüse. Standschub von 150 bis 1700 kp regelbar. Ab August 1944.

Walter HWK 109-729

Einziges Walter-Triebwerk, welches nicht mit T-Stoff als Sauerstoffträger betrieben wurde, sondern mit SV-Stoff. Spezial-Flüssigkeits-Raketenmotor zum Antrieb der Henschel Hs 117 »Schmetterling«-Flakrakete. Treibstoff SV- und B-Stoff. Förderung durch Preßluft. Anfangsschub 375 kp, der nach 10 Sekunden Brennzeit auf 60 kp abfiel, in dieser Größe jedoch noch weitere 60 Sekunden gehalten werden konnte.

WASAG

Westphälisch-Anhaltische Sprengstoff A.G., Reinsdorf

Die WASAG schuf eine Reihe von Pulver-Treibsätzen für gesteuerte Geschosse und für die Kampfraketen der Land- und Luftstreitkräfte. Im Rahmen dieser Entwicklung wurden Treibsätze bis zu einem Durchmesser von 1,00 m hergestellt, um Untersuchungen über den stabilen Verbrennungsverlauf solcher Riesenladungen durchführen zu können.

WASAG 109-506

Diglycol-Zweistufen-Feststoff-Raketenmotor für den Antrieb der Kramer X-7-Panzerrakete. Die erste Stufe gab einen Startschub von 69 kp, der nach drei Sekunden Brennzeit auf 5 kp absank. Die zweite Stufe entwickelte anschließend für acht Sekunden einen Dauerschub von 5 kp.

WASAG 109-512

Versuchs-Diglycol-Feststoff-Raketenmotor zum Antrieb der Henschel Hs 293, der für 10 Sekunden Brennzeit einen Maximalschub von 1200 kp abgab.

WASAG 109-522

Diglycol-Feststoff-Raketenmotor als Starthilfe.

WASAG 109-532

Diglycol-Feststoff-Raketenmotor, als Bremsraketen in verschiedenen deutschen Lastenseglern benutzt.

Erläuterungen zu der Tabelle Seite 124

Hersteller (Manufacturer)

Baumuster (Name of engine)

Art (Type)
P = Pulversatz (Solid propellant rocket)
F = Flüssigkeits-Raketenmotor (Liquid propellant rocket)

Treibstoff (Fuel)

Schub (Thrust)

Brenndauer (Duration)

Gewicht der Ladung = (nur bei Pulversätzen). (Weight of the powder) = (only by solid propellant rockets)

Baugewicht = (Leergewicht von Flüssigkeits-Raketenmotoren). (Dry weight of the liquid propellant rocket engine)

Abmessungen (Dimensions)
Lg. = Länge (Lenght)
Brt. = Breite (Width)
Hh. = Höhe (Hight)

Kaliber (Calibre)

Verwendung (Employment)

82. Oerlikon MG/FF in der Bodenwanne der Fw 200C

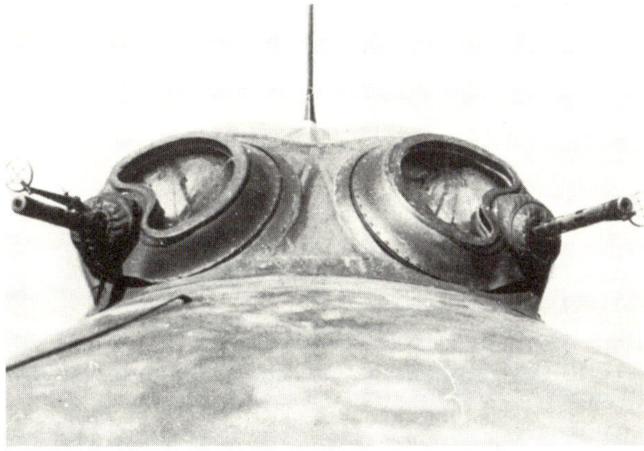

85. Zwei MG 81 in den B-Ständen der Ju 88A-4

83. MG 15 im Drehring, B-Stand Fw 200 C-1

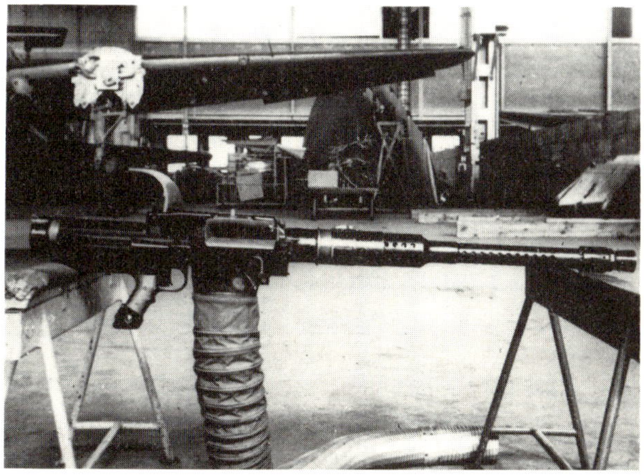

86. MG 131 Rheinmetall

84. MG 17 Rheinmetall

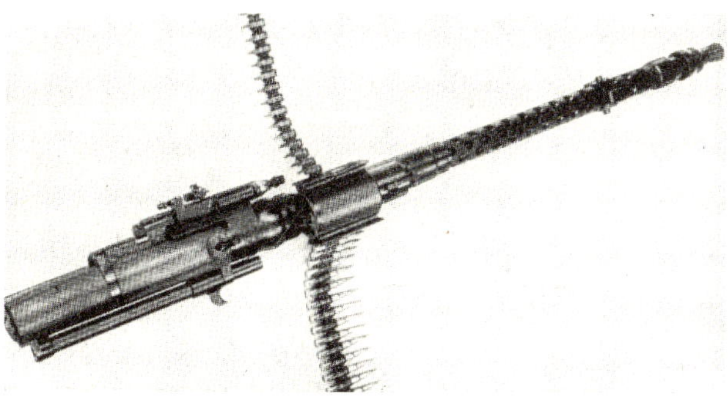

87. MG 151/20 Mauser

Typ	Kaliber (mm)	Hersteller	Länge (mm)	Gewicht (kg)	Schußfolge (pro min)	Mündungs-geschwindigkeit (m/sek)	Bemerkungen
MG 81	7,9	Mauser	890	6,35	1060	885	Entwicklung 1938. Beweglicher Einbau. Bedienung mechanisch und elektrisch. Metallzerfallgurt. Beweglicher Zwillingsbau mit 3000 Schuß/Minute als MG 81 Z.
MG 131	13	Rheinmetall	1168	20,5	930	750	Entwicklung Rheinmetall-Borsig. 1938. Starrer Einbau in Jägern, handbetätigter beweglicher Einbau in offenen Ständen oder Einbau in ferngesteuerten Türmen, teilweise als Zwilling (MG 131 Z). Metallgurt. Elektrische Zündung. Mechanischer oder elektrisch/pneumatische Durchladung und Abzug. Patronengewicht 72 g, Geschoßgewicht 34 g.
MG 151	15	Mauser	1960	42,7	70	1040	Entwicklung 1935. Starrer und beweglicher Einbau. Elektrische oder mechanische Zündung, Durchladung und Abzug. Patronengewicht 190 g, Geschoßgewicht 72 g. Durch MG 151/20 ersetzt.
MG 151/20	20	Mauser	1710	42,5	780—800	790	Entwicklung 1937. Austauschlauf, sonst wie MG 151. Ausführung für das unsynchronisierte Schießen. Standard-20-mm-Kanone.
MG 151/20	20	Mauser	1710	42,5	550—750	790	Ausführung für das synchronisierte Schießen. Patronengewicht 220 g, Geschoßgewicht 115 g. Standard-20-mm-Kanone für den starren Einbau in Jagdflugzeugen.
MG 204		Rh. B.					Konkurrenzentwurf Rheinmetall zum MG/FF. Nicht akzeptiert.
MG GL/15		Mauser	—	—			Nur Projekt. Zugunsten MG 151/20 gestrichen.
MG 203		Mauser	—	—	—	1080	Nur Musterversuch, aus MK 103 entwickelt.
MG 210		Mauser					1942 als Gegenstück zu MG 151/20 entwickelt, aber aufgegeben.
MG 213/20	20	Mauser	1930	75	1300	1065	Entwicklung 1944/45. Auch als MK 45 213 A bezeichnet. Ersatz für MK 108. Elektrische Zündung. Elektrisch/pneumatische Bedienung. Gurt. Geschoßgewicht 115 g.
MG 213/30	30	Mauser	1630	75	1180	540	Entwicklung 1944/45. Auch als MK 213 C bezeichnet. Weiterentwicklung des MG 213/20 mit gleichem Aufbau. Geschoßgewicht 330 g.

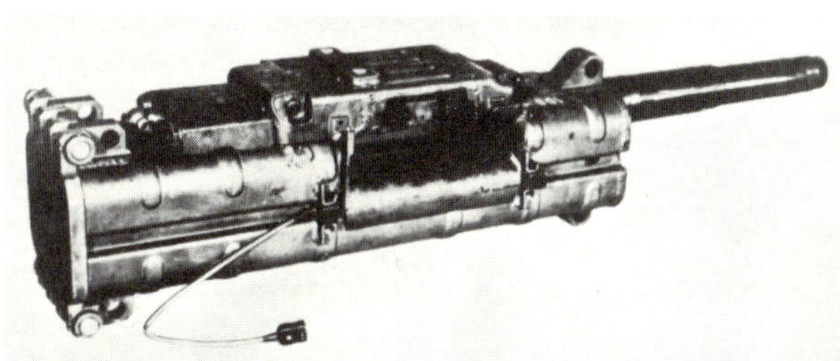

88. MK 103 Rheinmetall in Fw 190 A-5/U11

89. MK 108 Rheinmetall

57. MG 213 Mauser

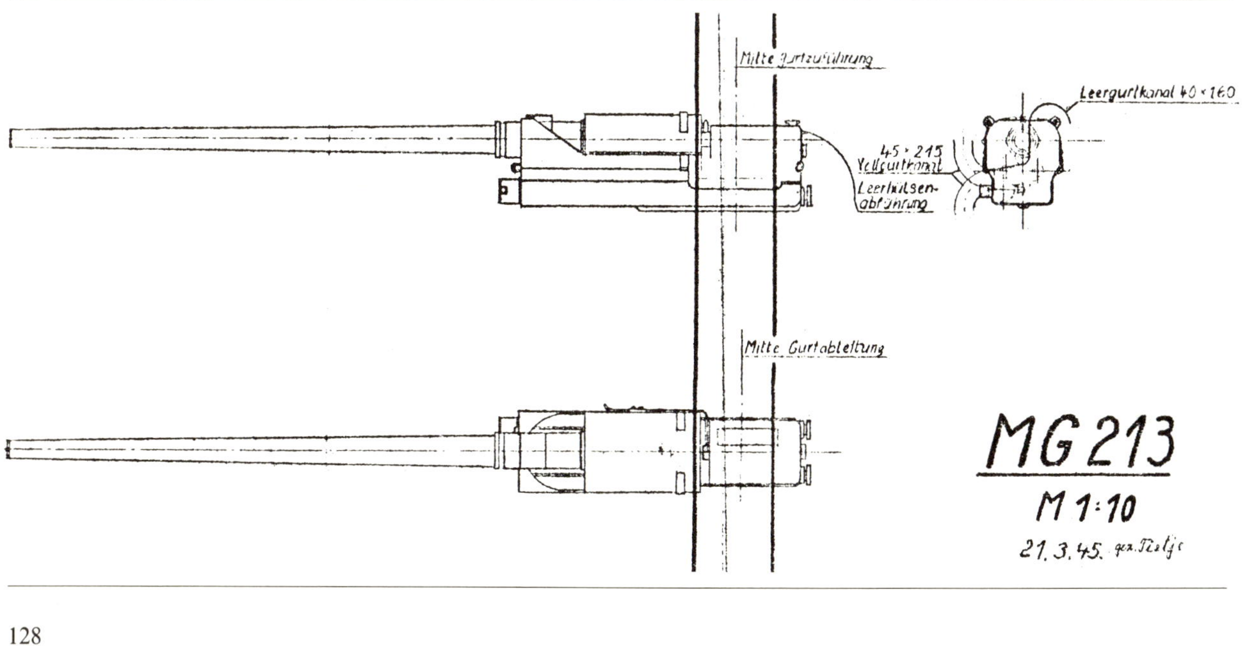

Typ	Kaliber (mm)	Hersteller	Länge (mm)	Gewicht (kg)	Schußfolge (pro min)	Mündungs-geschwindigkeit (m/sek)	Bemerkungen
MK 101	30	Rheinmetall	2640	139	260	920	Veraltete Entwicklung von Rheinmetall-Borsig. Nur in einigen B-Ständen der Do 24 verwendet.
MK 103	30	Rheinmetall	2318	146	440	860	Entwicklung Rheinmetall-Borsig 1941. Letzte Einsatz-Standard-30-mm-Kanone mit hoher Mündungsgeschwindigkeit vor 1945. Elektrisch/pneumatische Bedienung. Patronengewicht 980 g, Geschoßgewicht 530 g. Gurt.
MK 108	30	Rheinmetall	1057	58	660	520	Entwicklung Rheinmetall-Borsig 1942. Standard-30-mm-Kanone für den starren Einbau in Jagdflugzeugen bis 1945. Elektrische Zündung. Elektrisch/pneumatische Bedienung. Schußfolge später auf 850 erhöht. Geschoßgewicht 330 g, Patronengewicht 480 g.
MK 112	55	Rheinmetall	2012	271	300	600	Entwicklung 1945 aus MK 108. Kampfreichweite 910 m. Geschoßgewicht 1480 g.
MK 114	55			708	150	1050	Ähnlich MK 112, jedoch Kampfreichweite 1815 m.
MK 115	55		3300	190	300	610	Rückstoßfrei. Entwicklung abgebrochen.
MG 213	20	Mauser	1930	95,5	1300	1065	Entwicklung 1942—45. Nur 10 Versuchsmuster, Serienlauf sollte 1945 beginnen.
MK 214 A	50	Rh.-Mauser	4000	490	150	930	Gemeinschaftsentwicklung Rheinmetall-Mauser aus BK 5 (1944). Mechanisch-elektrisch/pneumatische Bedienung. Geschoßgewicht 1350 g. Gurt.
MK 214 B	55	Rh.-Mauser		630	180		Entwicklung aus MK 214 A.
MG 215	13,1	Mauser	1100	—	1200	790	Sollte Ersatz für MG 131 werden. Nach einigen Versuchsmustern 1944 gestrichen.
MG 301	20	Krieghoff	—	—	—		Entwurf 1942. Zugunsten SG 113 A gestrichen.
MG 303	30	Kricghoff	—	—	—		Nur Versuch, kein Einsatz.
MG HS 404		Hispano	—	—	—		1940 in Frankreich erbeutet und verwendet. Entwicklung Hispano-Suiza. Bei Alliierten über 140 000 Stück gebaut.
MG HS 405		Hispano	—	—	—		Bewegliche Version der HS 404. In He 115 verwendet.
MG HS 406	23	Hispano	—	—	—		Verwendung erwogen, dann gestrichen.

Typ	Kaliber (mm)	Hersteller	Länge (mm)	Gewicht (kg)	Schußfolge (pro min)	Mündungsgeschwindigkeit (m/sek)	Bemerkungen
MG HS 407	25	Hispano	—	—	—	—	Nur Erprobungsmuster.
MG HS 410	25	Hispano	—	—	—	—	Wegen ungenügender ballistischer Leistungen gestrichen.
Düka 75	75	Rh.B.	—	—	—	540	Nur Versuche 1936—40.
BK 5	50	Rheinmetall	4342	275	140	860	Kampfwagenkanone KWK 39.
BK 7,5	75	Rheinmetall	6165	705	30	790	Entwicklung 1943 aus Pak 43. Nur Versuchseinsatz. Bedienung elektrisch/pneumatisch. Geschoßgewicht 6900 g.
Düka 88	88	Rheinmetall	4705	1000	10	605	Rückstoßfrei. Nur Versuch. Elektrisch/pneumatische Bedienung. Magazin faßte nur 10 Schuß.
Flak 18	37	Rheinmetall	3620	425	160	1170	Entwicklung 1941. Umgebaute Flakkanone. Einsatz Ju 87 für den Schlachteinsatz. Mechanisch-elektrisch/pneumatische Bedienung. Magazin 6 Schuß. Geschoßgewicht 405 g.
Flak 43	37	Rheinmetall		375	180	950	Entwicklung 1943, ähnlich Flak 18, jedoch 8-Schuß-Magazin
MG 131/8	7,9		1168	21,6	1020	1150	Wurde bei Krupp entwickelt
MK 412	55,0		3095	190,0[1] 278,0[2]	160—295	580	Umbau aus 2,7-cm-Flak.
BK 3,7	370,0		3750	275,0[1]	140	860	Entwicklung der Gustloff-Werke, Geschoßgewicht 65 g.
HF 15	—		—	20,0	36000	950—800	

1 Gewicht ohne Lafette
2 Gewicht mit Lafette

90. BK 7,5 (Pak 40L) mit Stutzenbremse in Ju 88 PV1 ▽

91. BK 3,7 cm in Junkers Ju 87 G-1 ▷

Lafetten

Für das bewegliche MG 15 wurde in der Anfangszeit der *Drehkranz mit Wiegensitz* (Dr. 30) eingeführt, der in offene B-Stände eingebaut werden konnte. Die Ergänzung für den offenen C-Stand gab die *Bodenlafette* (Bola) ab. Nachdem sich die Einführung geschlossener C-Stände als notwendig erwiesen hatte, wurde die noch ungepanzerte Bola 39 eingeführt. Diese konnte sowohl für MG 15 als auch MG 81 (als Einzelwaffe) verwendet werden. Anfang 1941 wurde dann die gepanzerte Bola 81 Z eingeführt, die dem C-Stand-Schützen einige Sicherheit gegen die erfahrungsgemäß von unten angreifenden Jäger bot. Die Verluste bei der Bola 39 waren erschreckend hoch geworden. Die Bola 81 Z (MG 81-Zwilling) hat sich dann bei den noch bis Kriegsende eingesetzten 2mot. Bombern bewährt. Für den offenen B-Stand entwickelte Arado später die vereinfachte *Schwenkarmlafette*. Während einzelne Konstruktionen der Anfangszeit noch mit einem offenen A-Stand mit einem Wiegesitz-Drehkranz ausgerüstet wurden, erhielten die meisten deutschen Vorkriegs-Bomberentwicklungen einen geschlossenen *Kuppeldrehkranz* (Kupla) für den A-Stand. Für die im Laufe der Entwicklung ebenfalls geschlossenen B-Stände wurde vielfach die *Linsenlafette* verwendet.

Waffentürme

Mit fortschreitender Entwicklung kamen auch bei den Flugzeugen der deutschen Luftwaffe Waffentürme zum Einsatz. Von den manuell besetzten ist die durch Elektromotoren gesteuerte Drehlafette *EDL* (elektrisch betätigte Drehlafette) erwähnenswert. Die Einführung von Druckkabinen und die dadurch erforderliche Zusammenfassung der Besatzung auf einem engen Raum kostete die deutsche Flugindustrie keine große Umstellung in waffentechnischer Hinsicht, weil die Zusammenfassung der Besatzung in einem sogenannten Kampfkopf sich zu einer Eigenart des deutschen Flugzeugbaues bereits weitestgehend ausgeprägt hatte. Für diese Zwecke standen ferngesteuerte Drehlafetten zur Verfügung, so die *FDL* (fernbetätigte Drehlafette) und die *FHL* (fernbetätigte Drehlafette im Heck). Das Zielen geschah durch ein *Periskop-Visier* (PV-1).

Waffenbehälter WB 81

Dieser Waffenbehälter wurde zuerst bei der Ju 87 verwendet.

Für den Einsatz der Ju 88 als Tiefangriffsflugzeug wurde der Waffenbehälter 81 entwickelt, von denen je einer unter der Tragfläche am inneren Lastenträger links und rechts aufgehängt wurde. Jeder Behälter enthielt 8 MG 81, vier nach vorn und vier nach hinten feuernd. Während die oberen parallel zur Längsachse des Flugzeugs feuerten, waren die unteren im flachen Winkel nach unten feuernd eingebaut. Dadurch war der Flugzeugführer, der die Waffen auslöste, in der Lage,

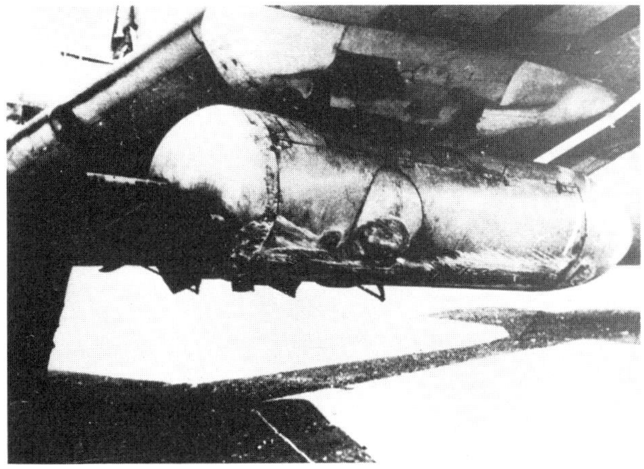

92. Waffenbehälter WB 81 unter Ju 87 D-5

sowohl beim Herabstoßen, wie auch im Geradeausflug und beim Hochziehen Erdziele unter Feuer zu nehmen.

Waffenbehälter WB 151 Z

Für die Fw 190 wurde der Waffenbehälter WB 151 Z mit zwei MG 151/20 gebaut. Die Versuche mit dieser Waffenanordnung wurden mit der Fw 190 A-5/U 12, W.Nr. 813, durchgeführt und verliefen zufriedenstellend. Einige Maschinen der Baureihe A-6/R 1 und die ganze Serie Fw 190 A-7/R 1 wurden mit diesen Waffenbehältern ausgerüstet.

93. Waffenbehälter WB 151 unter Fw 190 A-R1

Schrägbewaffnung »Schräge Musik«

Bereits 1938 schlug der ehemalige Fliegerleutnant Thiede dem RLM seine 1917/18 verwendete Schrägbewaffnung vor, stieß aber nur auf Unverständnis. In Japan hatte man auch bereits Versuche damit durchgeführt und teilte die Ergebnis-

94. Erprobung Schrägbewaffnung mit zwei MK 108 in Bf 110 F-4/U1 in der E-Stelle Tarnewitz

95. Schrägbewaffnung mit zwei MG 151 bei Ju 88 G-6 des NJG 102

se dem RLM mit. Aber man hatte dort kein Interesse. Auch Oblt. Schönert von der 3./NJG 3, der 1941 General Kammhuber den Vorschlag machte Senkrechtwaffen in Do 17 und Bf 110 einzubauen, fand dafür kein Verständnis. Gutachten von Maj. Lent und Maj. Streib waren der Grund für die Ablehnung. Aber an der Waffenerprobungsstelle Tarnewitz fing man doch an mit einer derartigen Bewaffnung zu experimentieren. Als Schönert dann das Ritterkreuz erhielt, bat er Kammhuber noch einmal seinen Vorschlag auszuprobieren. Drei Do 217 J wurden mit Senkrechtbewaffnung ausgerüstet, und wurden von Obstlt. von Loßberg, dem Nachtjagdreferenten bei GL/C getestet. Er stellte fest, daß es besser sei, die Waffen mit einem Winkel von 65—70° einzubauen. Anfang 1943 begann die Truppenerprobung bei der 3./NJG 3. Schönert war inzwischen Kommandeur der II./NJG 5 geworden, die Bf 110 flog. Ein Waffenwart der Gruppe meinte, man könne das auch bei der Bf 110 einbauen. Die durch Umrüstung der Bf 110 freigewordenen MG/FF wurden getestet. Mit dieser bei der Truppe vorschriftswidrig umgerüsteten BF 110 erzielte Schönert den ersten Abschuß im Mai 1943 über Berlin. Die weitere Erprobung verlief so erfolgreich, daß für Do 217 und Ju 88 C-6 ein Rüstsatz R 22 mit zwei schräg nach oben feuernden MG/FF zusammengestellt wurde. Die Genehmigung zum Einbau lag für die Bf 110 noch nicht vor. Aber die Truppe baute sie nach der vom Waffenwart Fw. Mahle erdachten Methode ein und schoß damit weitere englische Bomber ab.

SG 113 »Förstersonde«

Die rapide zunehmende Luftüberlegenheit des Gegners machte in den letzten Kriegsjahren eine Ablösung der bis dahin mit Erfolg zur Panzerbekämpfung und als Schlachtflugzeug eingesetzten älteren Flugzeugmuster durch ein schnelleres und wendigeres Flugzeug sowie den Einsatz verbesserter Waffen mit größerer Wirkung erforderlich.

Während die Henschel Flugzeugwerke AG im Juni 1944 den Auftrag bekamen, noch in drei Maschinen vom Typ Hs 129 B das sogenannte Sondergerät (SG) 113 A zu Versuchszwecken einzubauen, wurde die Focke-Wulf Flugzeugbau GmbH gleichzeitig angewiesen, das schon als Nachfolger für die Hs 129 vorgesehene Schlachtflugzeug Fw 190 F 8 für einen Einsatz mit dem SG 113 A umzubauen.

Bei dieser Waffe handelte es sich um eine von der Rheinmetall-Borsig AG entwickelte rückstoßlose Kanone von 1600 mm Länge und einem Kaliber von 7,5 cm, die beim Überfliegen von Panzern und anderen gepanzerten Zielen in einer Höhe von höchstens 50 m automatisch, durch Sonden ausgelöst, nach hinten unten schoß. Zu diesem Zweck waren die Rohre der fest eingebauten Kanonen um etwa 15° nach hinten unten geneigt (Vorhaltewinkel). Rohr und Patrone wogen zusammen 67 kg, wovon der größte Teil auf die Patrone entfiel. Während von der Hs 129 B bis zu sechs solcher Geschosse abgefeuert werden konnten, waren bei der Fw 190 zwei Zwillingsrohre rechts und links vom Rumpf in den Flächen eingebaut, nachdem ursprünglich ein Einbau im Rumpf dicht hinter dem Führersitz geplant gewesen war. Die Wirkung der völlig rückstoßfreien Waffe war beachtlich: je nach Auftreffrichtung vermochte sie 40 mm starke Panzerplatten glatt zu durchschlagen, bzw. stark zu verbeulen und versprach damit für die Bekämpfung gepanzerter Ziele gute Erfolge.

Die schon erwähnten Sonden sprachen auf Metall an und lösten in ähnlicher Weise wie die heutigen Schießradargeräte automatisch den Abschuß der Waffe aus. Für die Auslösung wurden zwei Verfahren entwickelt: ein elektrostatisches von der Luftfahrtforschungsanstalt Braunschweig sowie ein magnetisches von Prof. Feldtkeller von der Forschungsanstalt Graf Zeppelin, Stuttgart-Ruit. Weiter wurde die Möglichkeit einer Auslösung des SG 113 A durch das Fu G 101

96. Fw 190 F-8 mit SG 113 »Förstersonde«

in Erwägung gezogen. Dieser Plan mußte jedoch angesichts der negativ verlaufenen Vorversuche wieder fallengelassen werden.
Umfangreiche Untersuchungen waren erforderlich, um die zweckmäßigste Anordnung der Sonden zu finden. Aus diesem Grunde mußte den beiden Forschungsstätten Ende Juni 1944 je eine, für den Einbau des SG 113 A vorbereitete Fw 190 für die Dauer von etwa vier Wochen zur Verfügung gestellt werden. Die für Stuttgart bestimmte Maschine wies je eine solche, rechts und links anstelle der Flügelaußenwaffen angeordnete, magnetische Sonde auf, sowie eine weitere, die anstelle des ETC-Trägers unter dem Rumpf angeordnet war.
Während Anfang September 1944 die Fw 190 F-8, Werknummer 582071, ausgerüstet mit einem BMW 801 D-2, Nr. 309199, von Stuttgart nach Langenhagen überführt wurde, um dort mit dem SG 113 A ausgerüstet zu werden, wurde wenig später vom OKL auf Grund der vom Stuttgarter Institut gemachten Erfahrungen der Auftrag zur Umrüstung zweier weiterer Maschinen erteilt, die Mitte November einsatzbereit sein sollten. Die umgerüstete Mustermaschine ging anschließend zur Untersuchung der Flugeigenschaften mit und ohne Gerät und zur Bestimmung der Horizontalgeschwindigkeiten in die Erprobung. Infolge verschiedener Umstände konnte der ursprünglich auf den 30. September 1944 festgelegte Termin für die Ablieferung nicht eingehalten werden, so daß die Maschine erst am 17. Oktober 1944 zur Geräteerprobung noch einmal von Langenhagen wieder nach Stuttgart überführt werden mußte.
Bei diesem Muster waren in jeder Flügelhälfte zwei hintereinanderstehende SG 113 A so eingebaut, daß der Abstand von Mitte zu Mitte 170 mm betrug. Die in eine gemeinsame Verkleidung montierten Rohre ragten oben und unten jeweils 700 mm aus den Flächen heraus. Während ursprünglich geplant war, die Rohre bei Notlandungen etwa 100 mm unterhalb der Fläche durch eine ringförmige Hohlladung abzusprengen, wurden sie bei den Einsatzmaschinen bei Geschwindigkeiten unterhalb 300 km/h durch einen sehr einfachen Auslösemechanismus ausgestoßen.
Für die Überwachung der Schießergebnisse wurde eine parallel zur Waffe eingebaute Robot-Kamera, die zusammen mit dem Schuß ausgelöst wurde, verwandt, während der Zielanflug durch eine BSK-Kamera kontrolliert wurde.
Über den Einsatz der umgerüsteten Maschinen ist bekannt, daß z. B. die Werknummer 933425 am 6. Dezember 1944 an Tarnewitz überstellt worden ist, wo die Luftwaffe seinerzeit ihre Schußwaffen- und Raketenerprobung durchführte, und anschließend an die Truppe übergeben worden ist. Welche Erfolge diese mit Maschinen und Waffe erzielen konnte, ist nicht festzustellen.
Eine ähnliche Entwicklung sah in Anlehnung an die »schräge Musik«-Bewaffnung die gebündelte Anordnung von bis zu sechs solcher rückstoßfreien Kanonen von kleinerem (3 cm) Kaliber vor, mit denen hochfliegende Bomber von unten her bekämpft werden sollten.

SG 116 »Zellendusche«

Dieses Gerät wurde entwickelt, um Angriffe auf feindliche Bomberverbände durch Unterfliegen zu ermöglichen. Die Waffe selbst entstand durch Änderung der MK 103. Die Schußauslösung wurde von einem »Fotozellenfühler« betätigt, eine nach Art des Belichtungsmessers arbeitende Anlage, die beim Zielanflug erst unmittelbar vor dem Unterfliegen des Gegners entsichert wurde. Diese Geräte wurden von der Firma Opta-Radio hergestellt. Die Waffe selbst wurde bei Rheinmetall-Borsig gebaut. Das SG 116 wurde in drei verschiedenen Anordnungen eingebaut: vier Stück in rhom-

97. Fw 190 F-8 mit SG 116 »Zellendusche«

bischer Form im Rumpf, sechs Stück in doppelter Dreiecksform oder drei Stück in Linie in der Rumpfseitenwand mit einer Spreizung von 2 Grad. Von dieser letzten Ausführung wurden 40 Satz in die Fw 190 F-8 des JG 10 eingebaut. Eine Erprobung erfolgte dort, wobei als Zielflugzeuge eine Fw 58 und eine He 177 dienten.

Schleppgerät SG 5005

Während der Arbeiten der DFS am Deichselschlepp entstand die Idee mit Hilfe des Deichselschlepps Bombenlasten, die größer als die den Flugzeugen zumutbaren waren, an den Feind zu bringen. So entstand im Juni 1944 als Vorversuch das SG 5004 A. Dieses bestand aus einem rechteckigen Tragwerk mit einem festen Zweiradfahrwerk, das an einer Deichsel hinter dem Flugzeug geschleppt werden sollte und eine SC 250 tragen konnte. Auf Grund der erfolgreich verlaufenen Schleppversuche entstand das SG 5005, das nicht nur eine vergrößerte Ausführung des SG 5004 A war, sondern über der rechteckigen Tragfläche auf einem etwa 30 cm hohen Gerüst einen Zusatzbehälter von 300 l Fassungsvermögen trug. Dieser Behälter hatte einmal die Aufgabe, die während des Schleppfluges auftretenden Gierschwingungen des SG 5005 zu verringern, zum andern das schleppende Flugzeug nach Abwurf der Bombe mit Kraftstoff zu versorgen. Mit dem SG 5005 war ein Bomber in der Lage, neben seiner normalen Bombenlast zusätzlich 300 kg Bombenlast mitzunehmen. Die erste Erprobung wurde am 31. August 1944 mit einer He 111 H durchgeführt. Später wurde eine He 177 A-3 Erprobungsträger. Die Ergebnisse dieser Erprobung waren so erfolgreich, daß noch im Herbst 1944 vom RLM ein Auftrag zur Entwicklung von Deichselschleppfluggeräten für schwere und sperrige Lasten an die DFS gegeben wurde.

Abmessungen	Spannweite	5,0 m
	Länge	2,7 m
	Flächeninhalt	12 qm
Gewichte	Gewicht ohne Bombe	580 kg
	Nutzlast (300 kg Bombe + 300 kg Kraftstoff)	600 kg

Jägerabwehr durch Flammenwerfer

Bereits Ende 1939 machte Leutnant Stahl, Technischer Offizier beim KG 51, den Vorschlag, angreifende Jäger durch im Heck der Bomber und Fernaufklärer eingebaute Flammenwerfer abzuwehren. Der angreifende Jäger sollte in die ausgestoßene Ruß-Ölwolke hineinstoßen, so daß seine Kabinenscheiben schlagartig blind wurden. Im Februar 1940 fanden entsprechende Versuche mit He 111 und Bf 109 in der Erprobungsstelle Tarnewitz statt. Das Gerät wurde dann auch probeweise bei Beginn des Rußlandfeldzugs beim KG 51 eingesetzt, scheint sich aber bei der Truppe nicht durchgesetzt zu haben.
Als Angriffswaffe wurden die Flammenwerfer »Gero II« A, B und C bei der Fw 190 für Tiefangriffe verwendet.

98. He 177 A-3/R2 mit SG 5005

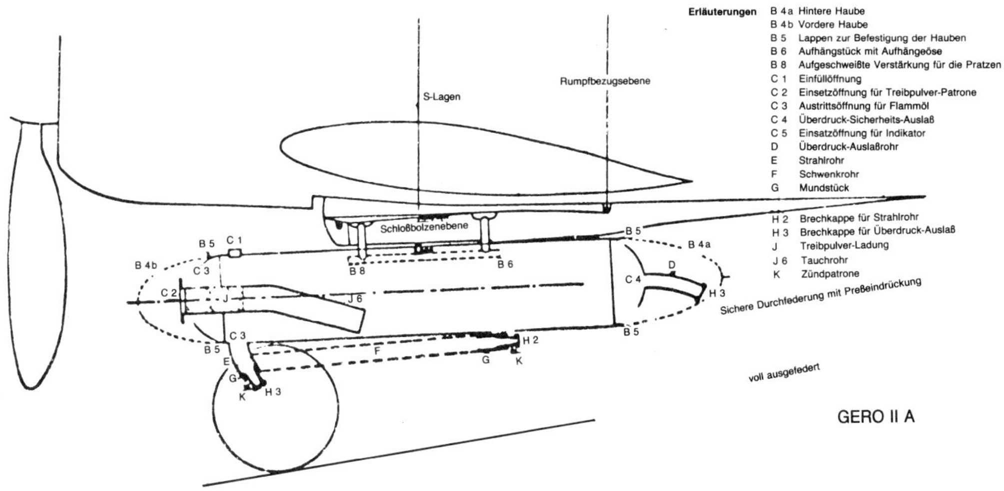

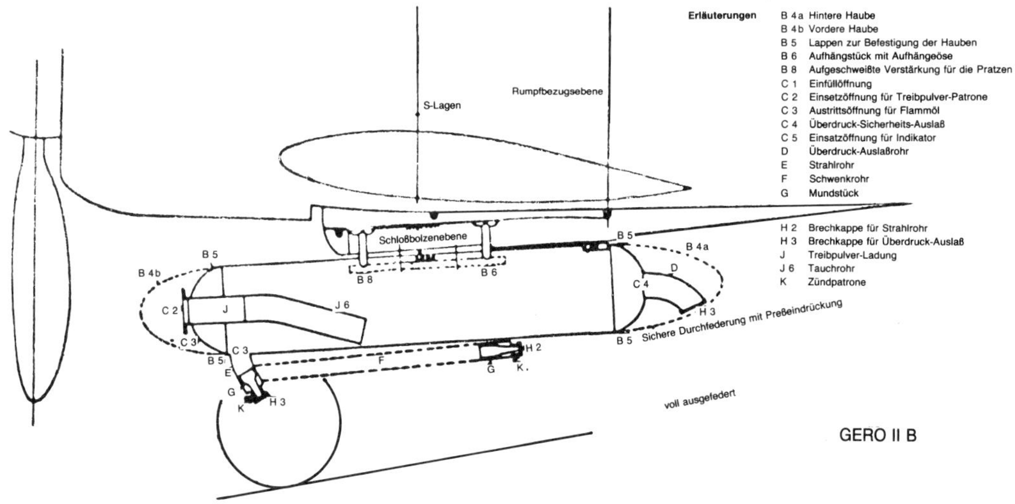

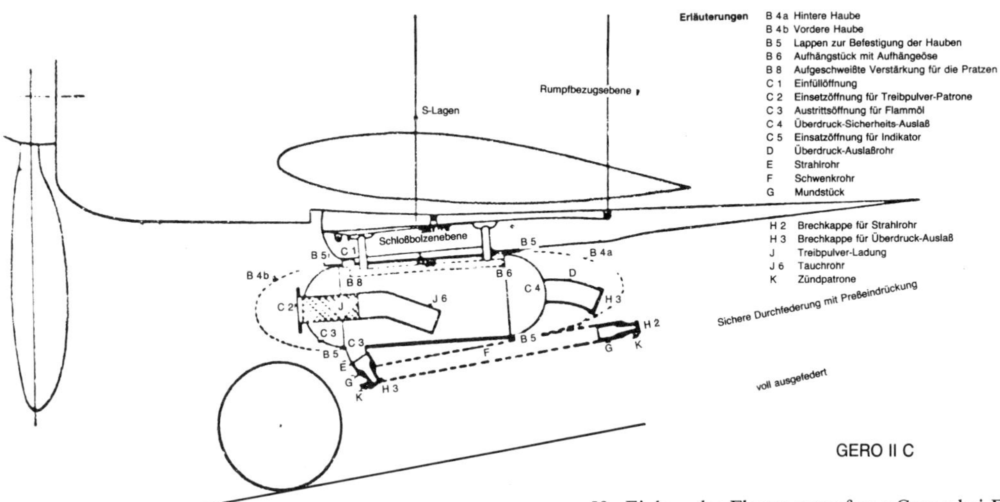

58. Einbau des Flammenwerfers »Gero« bei Fw 190 F9

Abwurfwaffen

Vorbemerkung: Gleitbomben und -torpedos sowie gesteuerte Abwurfwaffen sind im Teil »Flugkörper« zusammengefaßt.

Brandbomben

Hiervon besaß die Luftwaffe nur eine Art, die Elektron-Brandbombe. Länge: 0,35 m, Durchmesser: 5 cm. Brandsatz 0,2 kg. Gesamtgewicht 1 kg. Die Umhüllung der Bombe bestand aus einer Legierung von Elektron-Aluminium und 90 % Magnesium. Diese wurde vom Brandsatz, der bei der Entzündung eine Temperatur von 650 Grad erzeugte, zum Schmelzen und ebenfalls zur Entzündung gebracht.

Sprengbomben

Bei Kriegsbeginn stand der Luftwaffe nur die 250-kg-Sprengbombe SC 250 als schwerste Waffe zur Verfügung. Länge: 1,65 m, Durchmesser: 0,368 m. Bereits 1940 wurde die 500 kg schwere SC 500 mit einer Länge von 2,02 m und einem Durchmesser von 0,47 m eingeführt. In den folgenden Jahren bis 1942 wurden dann noch Sprengbomben im Gewicht von 400 kg, 1000 kg, 1800 kg und 2800 kg entwickelt. Da die Luftwaffe über so gut wie keine 4mot. Bomber verfügte, sondern diese schwersten Bomben mit mittleren Bombern einsetzen mußte, war der Start der überbeladenen Ju 88, He 111 und Do 217 meist nur mit Hilfe von R-Geräten (Startraketen) möglich.

99. Sprengbombe SC 1000

100. Minenbombe SB 2500

Splitterbomben

Die bei Kriegsbeginn vorhandene SC 10 hatte eine Sprengladung von 1 kg Trinitrotoluol. Länge: 58,5 cm, Durchmesser: 8,6 cm. Ihr folgte 1941 die nur 2 kg wiegende SD 2. Für die letztere wurde dann noch speziell für den Osteinsatz ein Abwurfbehälter entwickelt, der etwa 90 SD 2 enthielt. Dieser öffnete sich erst wenige Sekunden vor dem Aufschlag und streute seinen Inhalt auf das beabsichtigte große Fleckziel. Bombe und Behälter haben sich gut bewährt.

Minenbomben

Hierunter fällt die SC 50, die an sich als Sprengbombe galt. Länge: 1,10 m. Durchmesser: 0,20 m.

101. Panzersprengbombe PC 1600 Trialin beim KG 2

Die in größerem Maße von der Luftwaffe eingesetzten Bomben:

Bezeichnung	Gewicht kg	Körper-durchmesser mm	Länge mm	Spreng-stoff kg
SC 10	10	86	585	4,2
SC 50	50	200	1095	25
SC 250	250	368	1651	135
SC 500	500	470	2022	270
SC 1000	1000	654	2800	530
SC 1800	1800	660	3500	1000
SC 2000	2000	660	3500	1200
SC 2500	2450	829	3895	1700
SC 500J	500	470	1957	245
SD 1	1	50	350	0,2
SD 2	2	78	303	0,225
SD 4/HL	4	90	315	0,35
SD 4/HL RS	10,3	90	.	0,35
SD 9/HL	9	120	310	0,85
SD 50	50	200	1090	16
SD 70	70	200	1280	21
SD 250	250	368	1938	80
SD 500	500	396	2007	142
SD 1400	1400	563	2840	325
SD 1700	1700	660	3300	705
SD 500A	500	447	2022	165
SD 500E	500	396	1740	110
PC 500	500	395	2007	98
PC 1000	1000	500	2100	160
PC 1400	1400	562	2836	200
PC 1600	1600	660	3185	280
PD 500	500	276	2100	32
SB 1000	1000	654	2800	850
SB 1800	1800	660	3500	1500
BL C 50	37,5	200	1088	25,2*
ZC 250C	250	368	1638	—

* 28 Leuchtkerzen

Trefferwirkung verschiedener SC-Bomben:

Bombe	Zerstör-kreis m	Splitter-kreis m	Krater-durchmesser oben m	Krater-durchmesser unten m	Krater tiefe m	Wirft Erdreich aus m³
SC 50	12	65	6,0	1,9	3,0	37
SC 250	17	130	10,5	4,8	5,8	220
SC 500	26	190	12,2	6,5	7,2	470
SC 1000	35	360	16,0	7,7	9,8	930
SC 1800	58	700	19,0	9,0	13,1	2300

Die in größerem Maße von der Luftwaffe eingesetzten Brandbomben:

Bezeichnung	Gewicht kg	Körper-durchmesser mm	Länge mm	Brandstoff kg
B 1	1,1	50	350	0,2
B 2	2,2	50	595	0,5
B 4	4,2	80	700	1,2
B 10	11	115	1070	3,5
B C 50	45	200	1095	19
B C 250	185	368	1938	80
B C 500	315	470	2007	160

Lufttorpedos (Verwendung: Abwurfwaffen gegen Schiffsziele)

Im allgemeinen wurde der LT F 5 b eingesetzt, der eine Länge von 5360 mm (4970 mm ohne Pistole) und ein Gewicht von 765 kg besaß. Geringfügig abgewandelte Typen, alle mit einem Durchmesser von 450 mm, besaßen Gewichte bis zu 800 kg. Dieser LT wurde dann in LT 1A/1 umbenannt, wobei die Zusatzzahl hinter dem Schrägstrich je nach der erreichbaren Geschwindigkeit auch /2 oder /3 war. Der LT 1 B unterschied sich von der A-Ausführung durch die EFE (elektrische Ferneinstellung). Die nächste Entwicklung war der LT 2 (zuerst noch F 5 u genannt), der mit dem Vierzylinder-Junkersmotor von 170 PS eine Geschwindigkeit von 45 sm erreichte. Als Treibstoff wurden 65 kg Ingolin mit 55 kg eines Gemisches von 50 % B-Stoff und 50 % Wasser benutzt. Der 5010 mm lange LT, wie er in 50 Mustern von der Torpedofabrik in Ahrensburg b. Hamburg angeliefert wurde, hatte eine Reichweite von 8 sm.
Der 5432 mm lange LT 850 besaß 810 kg Gewicht, hatte einen weiter nach vorn verlegten Schwerpunkt, ist aber nur in wenigen Mustern hergestellt worden. Die Sprengköpfe dieser

102. Luft-Torpedo LT F5 unter Fw 190 A-5/U 15

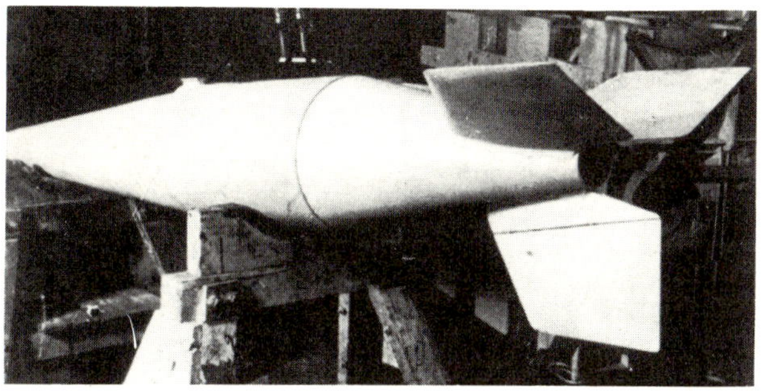

103. Bombentorpedo BT 400

LT waren fast alle mit der Sprengstoffmischung S-19 bzw. S-20 gefüllt, die man für diesen speziellen Zweck entwickelt hatte. Wir wollen uns aber nun den wenig bekannten Mustern zuwenden, die z. T. noch auf dem TWP (Torpedowaffenplatz) E-1 in Leba, dem E-3 im Hexengrund/Gotenhafen und der TVA (Torpedoversuchsanstalt) in Eckernförde erprobt wurden. Der in den letzten Kriegsjahren eingesetzte LT 950, der gegenüber dem LT 1 A eine auf 200 kg erhöhte Sprengstoffmenge trug, war nur geringfügig verbessert und ist deshalb nicht detailliert erklärt.
Bei dieser Waffengruppe hat die TLR/GL-E 7 auch oft mit der von Adm. Gutjahr geleiteten Torpedokommission der KM zusammengearbeitet.

Bombentorpedos

Auf Veranlassung Dr. Beneckes vom Amt für Technische Luftrüstung im RLM wurde im Frühjahr 1943 dieser neuartige Torpedo beim Forschungsinstitut »Graf Zeppelin« angefordert und von der Gruppe Snay bearbeitet. Es sollte ein Torpedo entwickelt werden, der schnellstens und mit geringstem Aufwand gefertigt werden konnte. Die Körper der BT 200, 400 und 700 waren aus Gußeisen, nur das Heck bestand aus Stahlblech. Die größeren BT 1000, 1400 und 1850 bestanden aus zusammengeschweißten Stahlblechen. Vom BT 400 sind einige an einer Fw 190 F-8/R 16 an der Front erprobt worden. Alle Versuche wurden aber im Februar 1945 abgebrochen. Eine kleine Anzahl BT's ist noch bei der Truppe erprobt worden.

Luftminen

Die friedensmäßige Ausstattung der Luftwaffe (See) bestand aus zwei Typen: LMA I/II und LMB I/II von 500 resp. 1000 kg. Während bei Kriegsausbruch nur knapp 300 dieser Minen vorhanden waren, sind im weiteren Verlauf des Krieges 17 000 Stück abgeworfen worden. Die Minen erwiesen sich als äußerst wirksame Waffe, da sie ein Verzögerungswerk besaßen, das sie erst nach Tagen auf die Einsatzhöhe steigen ließ, und einen Magnetzünder, wodurch sie den Schiffsrumpf von unten her aufrissen.

104. Vertikal-Bombenmagazin Elvemag 10

105. Vertikal-Bombenmagazin ESAC 250

106. Reihenabwurfautomat

107. Optisches Bombenzielgerät Zeiß

108. Bombenzielgeräteinbau in Ju 288

109. Optisches Bombenzielgerät Goerz-Boykow (Lotfe C)

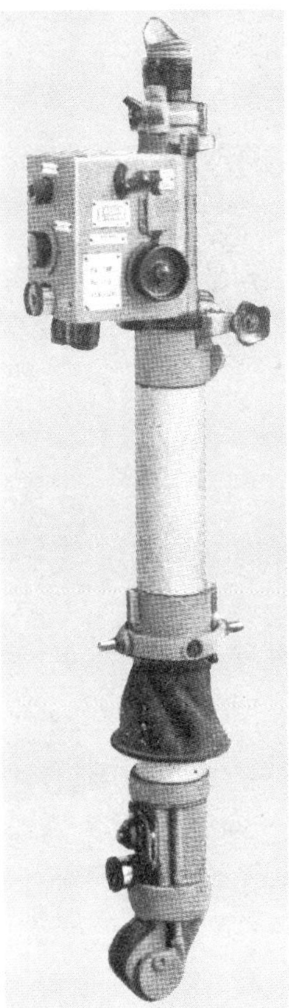

110. Optisches Bombenzielgerät Goerz-Boykow (Lotfe C)

Bombenabwurfvorrichtungen

Die Aufhängung der Bomben erfolgte entweder im Rumpf oder außerhalb der Zelle unter den Tragflächen bzw. dem Rumpf. Die Unterbringung im Rumpf erfolgte in Horizontalmagazinen (ELVEMAG) für Bomben bis 50 kg oder in Senkrecht-Aufhängevorrichtungen (ESAC) für 250-kg-Bomben. Für die Aufhängung der außerhalb der Zelle untergebrachten Bomben dienten Horizontal-Aufhängungen (ETC) für alle Kaliber. Die ETC's waren meistens absprengbar installiert. Die Absprengung erfolgte elektrisch. Die Regelung des Abwurfs in Einzel- oder Reihenwurf erfolgte durch Reihenabwurfautomaten.

Zielgeräte

Bis etwa 1940 erfolgte die Anvisierung des Ziels durch optische Bombenzielgeräte der Entwicklung Goerz-Boykow und Zeiss, auch als Lotfernrohre (Lotfe) bezeichnet. Bis 1941 wurde dann ein neues Zielgerät eingeführt, das nach dem Prinzip des Gyroskops arbeitete, wobei der Bombenschütze den Schnittpunkt des in einem Spiegel befindlichen Fadenkreuzes, das mit dem Bordfunkmeßgerät (FuG 101) gekoppelt war, mit dem auf der Braunschen Röhre erscheinenden Ziel in Übereinstimmung zu bringen und auf Automatik umzuschalten hatte.

Minensuch- und Räumgerät »Mausi«

Im September 1939 stellte Min.-Rat Dr. Benecke bei der

111. Ju 52-3 m g4e mit Minenring »Mausi«

Untersuchung einer englischen Magnetmine fest, daß man dieses Zündsystem mit Hilfe eines künstlichen Magnetfeldes zum Ansprechen bringen könne. Nach Rücksprache mit Prof. Gerlach in München machte er den Vorschlag, eine Ju 52 mit einem horizontal gelagerten Spulenring von etwa 14 m Durchmesser auszurüsten. Fünf Wochen später war eine Ju 52 mit einem Ring von 14 m Durchmesser, der 44 Windungen eines Aluminiumkabels enthielt, ausgerüstet. Der Leonardsatz einer Scheinwerferbatterie lieferte den Strom. Die Erprobung fand über der Hafeneinfahrt von Vlissingen statt und führte sofort zum Erfolg. Die Ju 52 flog in etwa 10—20 m über der Wasseroberfläche, die Mine explodierte etwa 200—300 m hinter dem Flugzeug. Bereits 1940 flogen die »Mausis« an den Mündungen der Elbe und Weser sowie der holsteinischen Küste und den Ostfriesischen Inseln. Die MS-Verbände verlegten dann 1940 Holland, Frankreich und an die Ostseeküste. Letzterer Einsatzplatz war die Donau, die von englischen »Wellingtons« laufend vermint wurde, um die Treibstofftransporte aus Rumänien zu stören.

Einige dieser Maschinen räumten noch nach 1945 Minen unter englischem Kommando.

Die wichtigsten Funkgeräte der Luftwaffe

Funkgeräte

FuG 10P: Hersteller Lorenz. LW/KW Sprech- und Tastfunkgerät für die Bereiche 300—600 kHz und 3000—6000 kHz. Sendeleistung 40—70 Watt. Gewicht 100 kg. Antenne als festverspannte Drahtantenne zwischen Mast und Seitenleitwerk bzw. ausfahrbare Schleppantenne.
In der Ausführung »p« fiel der Langwellenempfänger fort und wurde durch Empfänger des Peilgeräts G 6 ersetzt.

FuG 16 ZY: Hersteller Lorenz. UKW-Sprech- und Tastfunkgerät, gleichzeitig Jägerführungs- und Zielfluggerät in Kombination mit FuG 10. Bereich 38,5—42,3 MHz. Durch Fernbedienung waren Frequenz für Y-Führung, Gruppenbefehlswelle, Nah- und Flugsicherung und Reichsjägerwelle wählbar. Antenne als Schleifenantenne oder schräger Draht zur FuG 10-Drahtantenne.

Funkführungsgeräte

FuG 120 »Bernhardine«: Hersteller Siemens. Funkfeuer-Empfangsgerät in Kombination mit Landefunkfeuerempfänger EBl 3, der die Ausstrahlungen des Bodensenders »Bernhard« empfing. Daran angeschlossen ein Hellschreiber, der die ausgesendeten Daten auf einen Papierstreifen aufzeichnete. Reichweite in 5000 m Höhe 400 km, Ablesegenauigkeit 0,5°.

FuG 135 »Uhu«: Hersteller Siemens. Kommandoübertragungsanlage in Kombination mit FuG 16. Bereich 38,5—42,3 MHz. Ermöglichte die Übermittlung dreier Werte von Bodenstelle zum Jäger, z. B. vorgeschriebener Kurs, Flughöhe, Entfernung. Auf einem Dreifachsichtgerät wurden die Werte gleichzeitig zur Anzeige gebracht. Kurskommando konnte auch auf Kurssteuerung aufgeschaltet werden. Sprechzusatz »Papagei« ver- und entschlüsselte die Sprache des Jlo.

112. Funker einer Ju 88A-4 mit FuG 10

Navigations- und Zielfluggeräte

Peil G 6 »Ludwig«: Hersteller Telefunken. LW/MW-Peil- und Zielfluggerät. Bereich 150—1200 kHz. Erweitert durch automatische Peilzusätze APZ 6 oder PPA 2. Peilrahmen in Wanne eingebaut, Hilfsantennenstab in Antennenmast des FuG 10 eingebaut.

FuG 10 ZY: Hatte festen Peilrahmen und Zielflugvorsatz zum Anflug auf Bodenstationen.

FuG 120 »Bernhardine«: Beschreibung s. unter Führungsgeräte.

FuG 125 »Hermine«: Hersteller Lorenz (?), UKW-Funkfeuerempfangsgerät für einmotorige Nachtjäger. Frequenzbereich 30—33,3 MHz. Reichweite über Kopfhörer 200 km; Gewicht 10 kg. Kleine Serie 1945.

Elektrische Höhenmesser

FuG 101: Hersteller Siemens/LGW. Elektrischer Feinhöhenmesser für 2-mot. Flugzeuge. Frequenz 375 MHz, Leistung 1,5 kW, Meßbereich 150—170 m, Meßgenauigkeit 2 m, Gewicht 16 kg. Antennen unter den Tragflächen.

Aktive Zielsuchgeräte

»Spanner I—IV«: Infrarot-Zielsuchgerät, Hersteller AEG. Spanner I aktiv arbeitend mit Scheinwerfer, Linse und Bildwandler, Spanner II—IV passiv mit Linse und Bildwandler. Kleinserie.

FuG 280 »Kiel Z«: Hersteller Zeiß. Passives Infrarot-Zielsuchgerät. Bleisulfid-Fotozelle mit Verstärker, Anzeige auf Braun'scher Röhre. Reichweite 4 km. Gewicht 42 kg. Geringe Stückzahl zur Erprobung.

112A. Sichtgerät »Spanner« in Bf 110 D-1/U1 (Erstes NJ-Suchgerät)

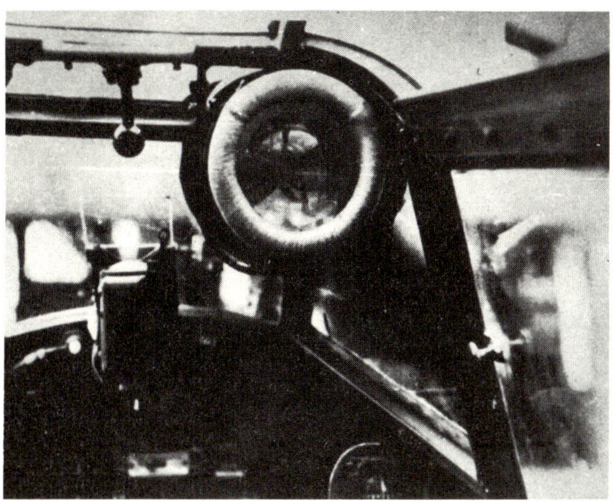

113. Do 217 J-2 mit FuG 202 »Lichtenstein BC«

FuG 202 »Lichtenstein BC«: Hersteller Telefunken. Aktives Nachtjagdgerät. Frequenz 490 MHz; 1,5 kW, Reichweite 200 m—3,5 km, Suchwinkel 70°. Gewicht 24 kg. Entstanden aus dem 1939 entwickelten Großhöhenmesser »Lichtenstein B«. Truppenerprobung August 1941. In Serie 1942—43. Gradeausempfänger als Pendelaudion mit 6-stufigem NF-Verstärker. 4 Kanzelantennen bestehend aus je 4 Dipolen mit Reflektoren, gemeinsam über Weiche für Sendung und Empfang arbeitend. Drei Anzeigeröhren für Entfernung, Seiten- und Höhenpeilung.

FuG 202 »Lichtenstein BC/S«: Versuchsgerät mit zusätzlichen Seitenantennen an den Tragflächen, um Suchwinkel von 120° zu erzielen.

FuG 214 »Lichtenstein BC/R«: Rückwärtswarngerät, nur Versuch, gestoppt zugunsten FuG 216.

FuG 212 »Lichtenstein C 1«: Hersteller Telefunken. Aktives Nachtjagdgerät. Nachfolger des BC, Serie Juni 1943—November 1943. Gleiche Leistungsdaten wie BC, doch mechanisch neu durchkonstruiert, daher Gewicht nur noch 60 kg. Ab August Empfänger durchstimmbar schaltbar im Bereich 420—480 MHz, Sichtgerät auf Einheitssichtgerät mit zwei Röhren umgestellt. Antennen wie bei B/C.

»Lichtenstein C-1 Weitwinkel«: Zusatzgerät zum FuG 220 SN-2b zur Überbrückung dessen schlechter Nahauflösung. Nur Einzelantenne. Suchwinkel 120°, Reichweite nur 2 km.

FuG 212/2 »Lichtenstein C 22«: Nahauflösung 150 m. Gestoppt zugunsten SN-2.

FuG 220 »Lichtenstein SN-2«: Hersteller Telefunken. Frequenzbereich: 73/82/91 MHz, später mit Streuwellen zwi-

114. Ju 88 G-6 mit kompletter NJ-Funkausrüstung FuG 220 C/D

115. FuG 220 und FUG 227 in Ju 88 G-1 »Lichtenstein SN 2«

116. Ju 88 G-6 mit FuG 220 und »Morgenstern«-Antenne

schen 37,5 und 118 MHz. Leistung 2,5 kW, Reichweite 300—(500) m—4 km. Suchwinkel Seite 120°, Höhe 100°. Gewicht 70 kg. Überlagerungsempfänger. Sender und Empfänger gemeinsam über Weiche und Antennenumschalter mit den Antennen verbunden. Zweirohr-Sichtgerät Serie C: Weitwinkelantenne fällt fort. Serie D: Diagonalanordnung der Dipole, zusätzlich Rückwärtswarnantenne. In Großserie ab September 1943.

FuG 228 »Lichtenstein SN-3«: Hersteller Telefunken. Weitsuchnachtjagdgerät. Frequenz 115—148 MHz. Leistung 20 kW, Reichweite 250 m—8 km, Suchwinkel Seite 120°, Höhe 100°. Gewicht 95 kg. Antenne ähnlich SN-2c, doch vordere Dipole dicker. Im Versuch Morgenstern-Antennen mit Dipolen von 1/4 und 1/2 der Wellenlänge. Insgesamt 10 Stück ausgeliefert. Über Einsatz nichts bekannt.

FuG 216 »Neptun«: Hersteller FFO. Ausführung »R 1« Rückwärtswarngerät; »V« Nachtjagdgerät für einmotorige Jäger. Frequenz R 1: 182 MHz, Leistung 1 kW. Sende- und Empfangsantennen aus je 4 Stäben bestehend, unter bzw. auf der Tragfläche angeordnet. 1 Anzeigegerät mit Entfernungsangabe. V: 125 MHz, 1,2 kW. Reichweite 500 m—3,5 km, Suchwinkel 100° (?). Antennen als Stacheln oder bei Fw 190 als Geweihantennen am rechten und linken Flügel. 1 Anzeigegerät, das Höhe, Entfernung und Seitenabweichung wiedergeben konnte. Nur Versuchsserie zur Verfahrensklärung.

FuG 217 »Neptun«: Hersteller FFO. Ausführung R 2: Rückwärtswarngerät, J 2: Nachtjagdgerät für einmotorige Jäger, V/R: Kombiniertes Nachtjagd- und Rückwärtswarngerät für zweimotorige Jäger. Zwei Rastfrequenzen 158 und 187 MHz. Suchwinkel 120°. Reichweite 400 m—4 km. Gewicht 27 kg bzw. 35 kg bei V/R. Antennen als Stachel- oder Geweihantennen.

116A. Fw 190 A-6 mit FuG 217 »Neptun« der 1./NJGr. 10

FuG 218 »Neptun«: Hersteller Siemens/FFO. Ausführungen: R 3 Rückwärtswarngerät, J 3 Nachtjagdgerät für einmotorige Nachtjäger, V/R Nachtjagdgerät für zweimotorige Jäger, kombiniert mit Rückwärtswarngerät, G/R Nachtjagdgerät- und Rückwärtswarngerät mit 30 kW-Sender, der später 100 kW erhalten sollte. 6 Rastfrequenzen 158—187 MHz. Suchwinkel 120°. Reichweite 120 m—5 km. Gewicht 50 kg. Antennen für R 3 und J 3 als Stachel, für V/R und G/R als Geweihantennen ausgebildet. Alle Geräte in Serie.

117. Bf 110 G-4 mit FuG 218 »Neptun«, Versuch in Werneuchen 1944

FuG 219 »Weilheim«: Weiterentwicklung des »Neptun«. Hersteller Siemens. Frequenz 172—188 MHz, Leistung 100 kW. Reichweite bis 15 km? Gerät in Entwicklung.

FuG 240/1 »Berlin N 1a«: Hersteller Telefunken. Wellenlänge 9—9,3 cm = 3250—3330 MHz. Reichweite 300 m—5 km ohne Höhenbegrenzung. Suchwinkel 55°. 2-Rohr-Sichtgerät. Gewicht 180 kg. 10 Geräte ausgeliefert.

FuG 240/2 »Berlin N 2«: Wellenlänge 9—9,3 cm. Reichweite 6—8 km. Suchwinkel 55°, 1-Rohr-Sichtgerät. In Entwicklung.

FuG 240/3 »Berlin N 3«: Nachtjagdgerät. Wellenlänge und Reichweite wie vor. Suchwinkel Seite 90°, Höhe 20°. Antenne als rotierender Parabolspiegel mit spiralförmiger Abtastung. Anzeige als Panorama. Weiterentwickelt zu FuG 244.

118 Einbau FuG 240 »Berlin« in Ju 88 G-6

FuG 240/4 »Berlin N 4«: Projekt für Nachtjagdübersichtsgerät für Fühlungshalter. Wellenlänge und Reichweite wie vor. Suchwinkel = obere Halbkugel, da Antennen als rotierende Stielstrahler auf der Flugzeugoberseite saßen.

FuG 244 »Bremen 0«: Hersteller Telefunken. Nachtjagdsuchgerät. Wellenlänge 9—9,3 cm. Leistung 20 kW. Reichweite 200 m—5 km. Suchwinkel Seite 100°, Höhe 20°, Meßgenauigkeit ± 1 %. Gewicht 100 kg. 1 Muster fertig.

FuG 245 »Bremen«: Hersteller Telefunken. Nachtjagdgerät. Geplanter Nachfolger von FuG 244. 1 Laborgerät fertig.

FuG »Atlas«: Schiffszielsuchgerät. Erprobung mit Fw 200 C-O W.Nr. 023 Juli 1941 in Bordeaux-Mérignac. Später Einbau in Fw 200 C-3/U 3 KF + QD W.Nr. 0064.

118A. Schiffsortungsgerät »Atlas«

118B. Fw 200 C-O W.Nr. 0023 mit Antenne für FuG »Atlas« in Bordeaux-Mérignac Juli 1941

FuG »Rostock«: Schiffszielsuchgerät. Erprobung mit Fw 200 C-4.

118C. Schiffsortungsgerät »Rostock«

118D. Flächenantennen für FuG »Rostock« an Fw 200 C-4

118E. Bugantennen für FuG »Rostock« an Fw 200 C-4

FuG 200 »Hohentwiel«: Schiffszielsuchgerät. Erprobung mit He 111 H-18 September 1942 bei Erprobungsstelle Werneuchen. Serienmäßig bei Fw 200 C-4, C-8, Ju 290, Ju 88 und 188.

118F. He 111 H-18 mit erstem Versuchsmuster FuG 200 »Hohentwiel« mit nur zwei Antennen — noch ohne Seitenpeilung

118G. Fw 200 C-4 mit FuG 200 »Hohentwiel«

Blindschießgeräte und Waffenauslöser

FuG ? »Lichtenstein O«: Nachtjagdgerät zum Schießen nach oben. Frequenz 490 MHz (?). Antennen wie Lichtenstein B/C, parallel zur Schrägbewaffnung an Flugzeugoberseite angebracht. 1 Muster 1943 im Versuch.

FuG 215 »Pauke A«: Hersteller Telefunken. Frequenz 410—490 MHz, 6 Rastfrequenzen. Antenne anfänglich Bugantenne ähnlich Weitwinkel-Li C 1, doch mit dickeren Breitband-Dipolen, später als Parabolspiegel (∅ 70 cm) unter Sperrholzverkleidung im Rumpfbug. 10 Stück zur Verfahrenserklärung hergestellt. Sämtliche »Pauke«-Geräte arbeiteten mit automatischem Entfernungsnachlauf und besaßen neben einem Übersichtsgerät ein elektrisches Visier.

FuG 222 »Pauke S«: Hersteller Telefunken. Wellenlänge 9—9,3 cm. Reichweite 300 m—10 km. Suchwinkel Seite 100°, Höhe 20°, Meßgenauigkeit ± 1°. Gewicht 220 kg. Anzeige als Übersichtsgerät für Seite und Höhe und Visieranzeigebild mit Zielauswahl. 3 Geräte zur Verfahrenserklärung gebaut.

FuG 247 »Bremerhaven«, ex »Pauke SD«: Nachtjagd- und Blindschießgerät. Wellenlänge 3 cm. Reichweite bis 10 km. Suchwinkel 120°. Meßgenauigkeit ± 2°. Gewicht 120 kg. Rotierender Parabolspiegel, der einen kegelförmigen Raum von 120° voraus abtastete. Quasi-optische Anzeige auf einer Bildröhre, dazu Entfernungsmesser. Nur Projekt.

EG 3 »Elfe 3«: Hersteller FFO. Waffenauslösegerät, zu kombinieren mit FuG 216—219 und FuG 248 (s. u.). Funktionsweise: Auf dem Sichtgerät konnte bei der 3-km-Marke ein vom Senderimpuls abgeleiteter Nachlaufimpuls in Wartestellung gebracht werden. Erreichte das Zielecho diesen Impuls, so lief dieser über eine Nachlaufeinrichtung bis zu einer zweiten vorher eingestellten Markierung mit (z. B. 500 m), bei der der Nachlaufimpuls die Bordwaffen auslöste.

FuG 248 »Eule«: Hersteller Telefunken. Jägerschießgerät. Frequenz 10000 MHz. Reichweite 2 km. Nur Entfernungsmessung. Antenne als Trichter ausgebildet, im Flügel eingebaut. Entfernungseingabe automatisch über »Elfe« in das EZ 42-Visier.

Lenkanlagen für Flugkörper

Im Verlauf der Entwicklung der ferngelenkten Abwurfwaffen wurden folgende Funkgeräte hergestellt:

FuG 203 a	Kehl I für Steuerung »Fritz X«
FuG 203 b	Kehl III für Steuerung Hs 293
FuG 203 c	Kehl IV wahlweise für beide
FuG 203 d	Kehl III m für Steuerung von vier Hs 293
FuG 203 e	Kehl IV m für Steuerung von vier Hs 293 oder Fritz X.

Zusatzgeräte, die kombiniert mit den vorgenannten verwendet wurden, waren FuG 230 a, b, h, »Straßburg« a, b, h. Für die Steuerung von Hs 117 und Hs 298 wurden die FuG 206 und 232 verwendet. Im Versuch waren FuG 205 »Greifswald« und FuG 235 »Kolberg«. Nicht mehr zum

118 H. FuG 203 »Kehl« für Lenkung »Fritz X« und HS 293

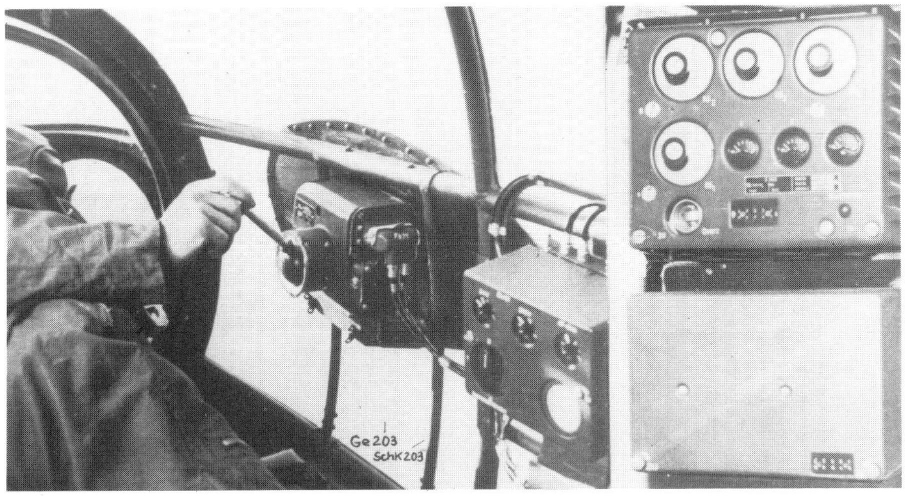

Einsatz kamen FuG 207 »Dortmund« und FuG 237 »Duisburg« sowie FuG 208 »Düren« und FuG 238 »Detmold«, die ebenfalls für die Steuerung der »Fritz X« vorgesehen waren.

Kenn- und Abfragegeräte

FuG 25 a »Erstling«: Hersteller »GEMA«. Empfangsfrequenz 125 ± 1,8 MHz, Sendefrequenz 160 MHz. Abfrage durch »Freya«, »Würzburg« und »Gemse«. Antwort: Impulse mit Kennung getastet. Reichweite 100 km. Großserie.

FuG 226 »Neuling«: Hersteller Lorenz. Kenn- und Abfragegerät Boden-Bord und Bord-Bord, dazu Führungsgerät. Abfrage mit Bordfunkmeßgeräten. Nur Mustereinbau. Großserie lief an.

Passive Ortungsgeräte

FuG 221 »Freya-Halbe«: Hersteller Siemens. Zielanfluggerät gegen »Freya«-Störflugzeuge. Empfang auf 115—135 MHz. Reichweite 100 km. Antennen als stabförmige Dipole unter und auf den Tragflächen. Kleine Serie.

FuG 221 a »Rosendaal-Halbe«: Hersteller Siemens: Zielanfluggerät gegen mit Schiffssuchgerät »ASV«, Rückwärtswarngeräte »Monica«, »Rosendaal« und »Magic Box« ausgestattete Flugzeuge. Empfang auf 190—230 MHz. Reichweite 100 km. Nur Erprobungsserie.

FuG 227 »Flensburg«: Hersteller Siemens. Zielanfluggerät auf das Heckwarnradar »Monica« (Ausführung I), desgleichen auf verschiedene Störsender (Ausführung II u. III). Empfang auf 80—230 MHz. Reichweite 100 km. 250 Stück gebaut.

FuG 350 »Naxos Z«: Hersteller Telefunken. Zielanfluggerät auf Navigationsradar H2S. Empfang auf 2500—3750 MHz. Reichweite 50 km. Rotierende Stielstrahlerantenne auf dem Flugzeugrücken. Nur Seitenwinkel meßbar, keine Entfernung oder Höhenbestimmung.
Entwickelt wurden 25 Versionen.
Besonders zu erwähnende Ausführungen: Zc: verstärkte Punktanzeige im Sichtgerät; ZR: mit Rückwärtswarngerät kombiniert [nur bei Ju 88, Antenne im Rumpfheck]; ZX: Breitbandgerät gegen 9- und 3-cm-Wellen, RX: wie ZX, nur mit Rückwärtswarngerät gekoppelt; ZD: Kombination von Z und ZX, nur Mustergeräte. Von Z und ZR ca. 700 Stück im Einsatz.

FuG 351 »Korfu Z«: Zielanfluggerät mit höherer Empfindlichkeit als »Naxos«. Reichweite ca. 300 km. Nur wenige Versuchsmuster im Einsatz verwendet.

Bord-Funkstörgeräte

Die Luftwaffe entwickelte mehrere Funkstörverfahren, die meist vom Boden aus durchgeführt wurden. Es gab aber auch Störgeräte, die vom Flugzeug aus, meist Ju 52 und He 111, eingesetzt werden konnten. Am bekanntesten waren:

FuG »Caruso 1 und 3«	Störsender gegen feindlichen Sprechfunk
FuG »Frosch IV«	Abwurf-Störsender mit Fallschirm und Fallzeit 30 Minuten
FuG »Garmisch-Partenkirchen«	Störsender, nur 10 Geräte gebaut
FuG »Heinrich-Bord«	Störsender gegen Boden-Flugzeugmeldegeräte (FuMG)
FuG »Kobold 1—3«	Störsender gegen verschiedene Feindanlagen

119. Ju 52-3m g4e mit Störsender »Heinrich-Bord«

FuG 40 »Nervtöter«	Störsender für Bomber und Nachtjäger
FuG »Starnberg«	Störsender gegen Sprechfunk u.a.
FuG »Schwan-Luft«	Abwurf-Störsender gegen Flak-Radar (Bezeichnung nicht sicher)

Die Flugzeug-Bordstörsender wurden vorwiegend über dem Feindgebiet eingesetzt, um eine Radarortung eigener Verbände zu erschweren oder um den Jägerleitverkehr des Gegners lahmzulegen. 1941, während der Schlacht um England, hatte man festgestellt, daß die mit einem Funkmeßgerät ausgerüsteten englischen Nachtjäger den deutschen Bombern empfindliche Verluste zufügten. Es wurden mehrere Funkstöranlagen in Ju 52 eingebaut und beim Sonderkommando Koch erprobt. Größter Erfolg der deutschen Funkstörung war das Unternehmen »Donnerkeil-Cerberus«, der Durchbruch der Schlachtschiffe durch den Ärmelkanal. Im Juli 1942 wurden acht Störsender in eine Ju 52 eingebaut, die von Catania jeweils vor den Angriffen der Luftflotte 2 gegen Malta startete und dann halbwegs zwischen Sizilien

119A. Frühwarn-Ortungsanlage »Mammut-Friedrich« in Lorient

und Malta Schleifen flog, um die britischen Radargeräte zu stören. Später wurden auch andere Flugzeugtypen mit Störgeräten ausgerüstet.

Die wichtigsten Bodenfunkmeßgeräte der Luftwaffe

Mammut (ortsfest, Geräte und Bedienung im Bunker)
Verwendungszweck: Fernstsuchgerät
Suchbereich: 100° (Elektrische Schwenkung bei feststehender Anlage)
Reichweite: abhängig von der Flughöhe und der Aufstellungshöhe, im Mittel bei

Flughöhe	Reichweite
50 m	35 km
100 m	50 km
1000 m	100 km
3000 m	170 km
6000 m	250 km
800 m	300 km

Entfernungsmeß-genauigkeit: ± 300 m
Peilgenauigkeit: Seite ± 0,5°
Höhe keine
Gewicht: 25t
Größe: Höhe: 10 m
Breite: 30 m
Störfestigkeit nur Streuwellen, kein Frequenzausweich möglich
(2,20—2,50 m)
Kennung: keine

Wassermann (ortsfest, Gerät und Bedienung im Bunker)
Verwendungszweck: Fernstsuchgerät und Jägerführung
Suchbereich: mechanische Schwenkung um 360°
Reichweite: abhängig von der Flughöhe und der Aufstellungshöhe.
im Mittel bei

Flughöhe	Reichweite
50 m	35 km
100 m	50 km
1000 m	80 km
3000 m	130 km
6000 m	190 km
800 m	210 km

Entfernungsmeß-genauigkeit: ± 300 m
Peilgenauigkeit: Seite ± 1/4°
Höhe ± 3/4°, aber nur im Bereich von 3° bis 18°
Höhenmessung möglich
Erfassungsmöglichkeit von Hochzielen wahrscheinlich bis 12000 m (wird z. Z. erprobt).
Gewicht: 30—60 t je nach Ausführung des Antennenmastes
Größe: Masthöhe 37—57 m, Mastbreite 6—12,4 m je nach Ausführung des Antennenmastes
Störfestigkeit: durch kontinuierlichen Frequenzbereich in 3 verschiedenen Frequenzbereichen
1,9—2,5 m
1,2—1,9 m
2,4—4,0 m
Kennung: gegen Erstling

Freya (ortsbeweglich und mot.)
Verwendungszweck: Flugmelde- und Jägerführungsgerät
Suchbereich: mechanische Schwenkung um 360°
Reichweite: Abhängig von der Flughöhe und der Aufstellungshöhe, im Mittel bei

Flughöhe	Reichweite
50 m	20 km
100 m	30 km
1000 m	60 km
3000 m	100 km
8000 m	120 km

Entfernungsmeß-genauigkeit: ± 150 m
Peilgenauigkeit: Seite ± 0,5°
Höhe keine
Gewicht: 6,2—6,5 t
Größe: Höhe 8—10 m
Breite 6 m
Störfestigkeit gegen Sörsender: Streuwellen im Bereich von 1,80—4,80 m (Köthenwellen) und 1,50—1,80 m (Insel D)
Inseln A B C mit beschränkter Ausweichmöglichkeit
A 2,32—2,48 m
B 2,08—2,24 m
C 3,00—3,30 m
Vollwismarbereiche
I 1,9—2,5 m in Auslief.
II 1,2—1,9 m in Vorber.
III 2,5—4,0 m in Vorber.
Störfestigkeit gegen Düppelkennung: Zusatz Freya-Laus
gegen Erstling bei allen neueren Geräten, bei alten Geräten z. T. in Nachrüstung begriffen

Freya-Fahrstuhl (ortsfest)
Verwendungszweck: Höhenmeßgerät
Suchbereich: mechanische Schwenkung um 360°

120. Funkmeßstellung »Freya«-Drehgerät und »Würzburg D« in der Erprobungsstelle Werneuchen

120A. Flakortungsgerät »Würzburg D« mit zusätzlichen Dipolantennen von FuG 221 a »Rosendaal-Halbe« zur Erfassung englischer Rückwärts-Warnradargeräten »Monica« in Bombern

Reichweite:	abhängig von der Flughöhe und der Aufstellungshöhe, im Mittel bei
	Flughöhe — Reichweite
	2000 m — 65 km
	6000 m — 160 km
	8000 m — 185 km
	10000 m — 230 km
Entferungsmeßgenauigkeit:	± 200 m
Peilgenauigkeit:	Seite 1,5°—2° Höhe abhängig von der Flughöhe und Entfernung des Zieles zwischen ± 50 m und ± 1000 m
Gewicht:	17 t
Größe:	20,3 m (Höhe des Antennenmastes)
Störfestigkeit:	2 Streuwellen (1,80 m und 2,80 m)
Kennung:	keine

Jagdschloß (ortsfest)

Verwendungszweck:	Rundsuchanlage
Suchbereich:	360° rundum, selbsttätige Drehung mit 10 min^{-1}.
Reichweite:	abhängig von der Flughöhe und der Aufstellungshöhe,

121. Rundsuchanlage FuMG 404 »Jagdschloß«

	im Mittel bei	
	Flughöhe	Reichweite
	100 m	15 km
	1000 m	50 km
	3000 m	80 km
	6000 m[1]	120 km
	8000 m[1]	120 km
Gewicht:	25—30 t	
Größe:	Antennenbreite 24 m Antennenhöhe 5 m Gesamtbauhöhe 12 m	
Störfestigkeit:	Kontinuierlicher Wellenausweich im Bereich von: 1. Bereich 1,9—2,2 m 2. Bereich 1,2—1,9 m	
Kennung:	vorgesehen, jedoch noch nicht gelöst	

Würzburg-Riese (ortsfest und Eisenbahn)

Verwendungszweck:	Jägerführungsgerät sowie Höhenmeßgerät zu Flugmeldegeräten
Suchbereich:	Seite mechanische Schwenkung um 360° Höhe mechanische Schwenkung von −5° bis +95°
Reichweite:	Suchen 80 km Peilen 50—60 km
Entfernungsmeß-genauigkeit:	± 100 m
Peilgenauigkeit:	Seite ± 0,2° Höhe ± 4/16
Gewicht:	15 t
Größe:	Höhe 7,9 m Breite 7,5 m
Störfestigkeit:	wie bei »Würzburg D«
Kennung:	keine

122. Flakortungsgerät FuSE 65 »Würzburg-Riese« in Werneuchen 1943

Sonstiges Luftwaffengerät

Abgas-Turbolader

Bei Heinkel-Hirth befand sich in den letzten Kriegsjahren der Abgas-Turbolader 9-2281 in Entwicklung. Der Einsatz des Gerätes beim Daimler-Benz DB 603 scheiterte, da die zur Verfügung stehenden Metall-Legierungen den zugemuteten Hitzebelastungen nicht gewachsen waren.

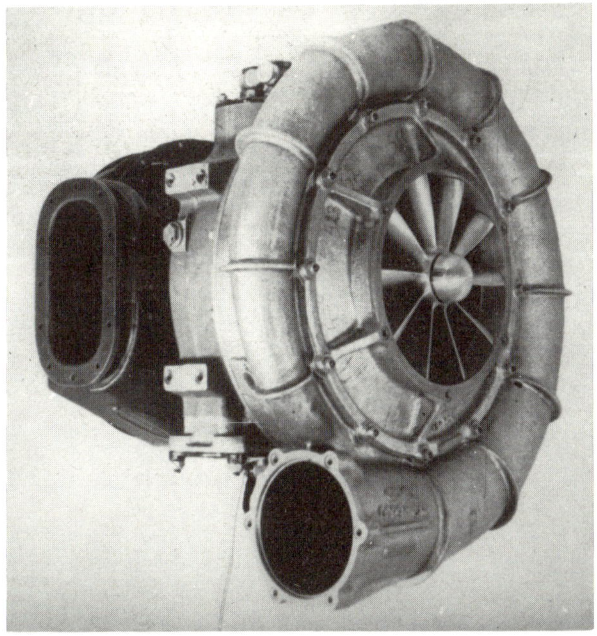

»Doppelreiter«

Bereits 1942 wurde von der Forschungsgruppe »Graf Zeppelin« der Vorschlag gemacht, für vorhandene Flugzeugmuster durch Verwendung von leicht aus- und abmontierbaren Flügelaufsatzkabinen zusätzlichen Laderaum zu schaffen. Im Sommer 1943 wurden zum ersten Mal zwei derartige Kabinen auf den Flügeln einer Bf 109 montiert. Weitere Versuche wurden mit Kl 35 und Ju 87 durchgeführt. Der Geschwindigkeitsverlust betrug bei Kl 35 25 km/h, bei Bf 109 21 km/h und bei Ju 87 38 km/h. Eingehende Versuche im Windkanal führten dann zum Ergebnis derartige

123. Abgas-Turbolader Heinkel 9-2281 ▷

59. Versuchseinbau des Hirth Abgas-Turboladers 9-2281 in die Fw 190 C mit DB 603-Motor

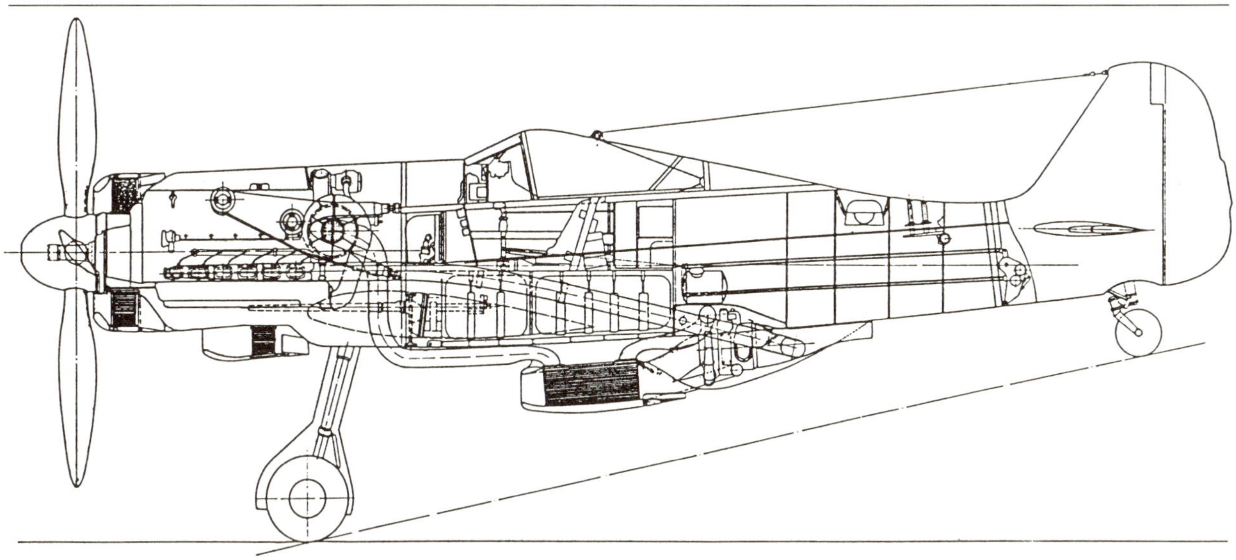

124. Fw 190 A-8 mit »Doppelreiter«

Aufsatzkörper als Zusatz-Kraftstoffbehälter bei der Fw 190 A-8 zu verwenden. Zum Einsatz als Truppengerät kamen die als »Doppelreiter« bezeichneten Zusatzbehälter nicht.

»Dobbas I«

Das Einheitstransportgerät »Dobbas I« zur Verladung sperriger Lasten unter Kampfflugzeugen wurde in Rechlin entwickelt und erprobt (1942). Als Versuchsträger wurden He 111 H-6, Ju 88 A-4 und Bf 110 F eingesetzt. Die Ju 87 erwies sich als Träger ungeeignet. Folgende Lasten wurden versuchsweise mit dem Dobbas I transportiert: Pak 3,7 cm, Pak 5 cm, Luftlandegeschütz, Gebirgsgeschütz, Flakgeschütz 2 cm, Krad mit Beiwagen. Die Maximallast hatte ein Gewicht von 1061 kg.

125. »Dobbas« mit 5-cm-Pak unter Ju 88A-4

Lichtbildgerät

Die Fernerkundung und Naherkundung erfolgte mit Reihenbildern (Rb). Nur bei der Gefechtserkundung Anfang des Krieges wurden noch Handkameras verwandt.
Für die Jagdfliegerausbildung wurden starre Lichtbild-MG-Kameras verwandt, die auf den Tragflächen montiert wurden. Ähnliche Geräte waren für die Ausbildung der Fliegerschützen in beweglicher Ausführung entwickelt worden. Für die Zielphotographie standen den Bomberbesatzungen Robot-Kameras zur Verfügung.

126. Handkamera 13 × 18 cm für Nahaufklärer

127. Reihenbildkameras Rb 12/7,5 × 9 in Fw 190 A-3/U4

MG-Kameras

Für Schulungszwecke wurden MG-Kameras verwendet, wie man sie bereits bei der Fliegertruppe 1917/18 verwendet hatte. Es gab zwei Ausführungen: eine für starren Anbau zur Jagdfliegerschulung und eine dem MG 15 angeglichene für die Ausbildung von Beobachtern bei der Nahaufklärung bzw. für den Bordschützen.

128. MG-Kamera an Bf 109 B-2. Jagdfliegerschule Werneuchen 1939

129. Ju 52-3m als Prüfstand für Daimler-Benz DB 600

130. He 111 H-6 als Erprobungsträger für Heinkel HeS 11

Fliegende Prüfstände

Bereits vor 1933 wurden bei Heinkel und Junkers fliegende Prüfstände verwendet. Dann diente eine Junkers W 33 zur Erprobung des ersten Jumo 210, die Heinkel He 45 D-IDAQ als Erprobungsträger für den BMW 116 und die He 45 D-ITIN und D-IZEO für den DB 600. Später diente hauptsächlich die Ju 52-3m als Fliegender Prüfstand, wobei der Mittelmotor jeweils durch den zu prüfenden Motor ersetzt wurde.

Zusatzbehälter

Zusatzbehälter von meist 300 Liter Inhalt wurden nicht nur bei den Jagdflugzeugen Bf 109 und Fw 190 verwendet, sondern auch bei Fernaufklärern Ju 88 D und den Bombern Do 217, Ju 88 A und der Focke-Wulf Fw 200. Auch mehrere Versionen der Bf 110 trugen diese Zusatzbehälter. Sie wurden teilweise unter dem Rumpf, meist aber unter den Tragflächen aufgehängt. Ausnahmen waren Fw 200, bei der sie teilweise in Mulden unter den Triebwerksgondeln untergebracht waren. Eine Sonderausführung war der »Irmer-Behälter«, der bei Bf 109 der letzten Baureihen direkt unter dem Rumpf untergebracht war.

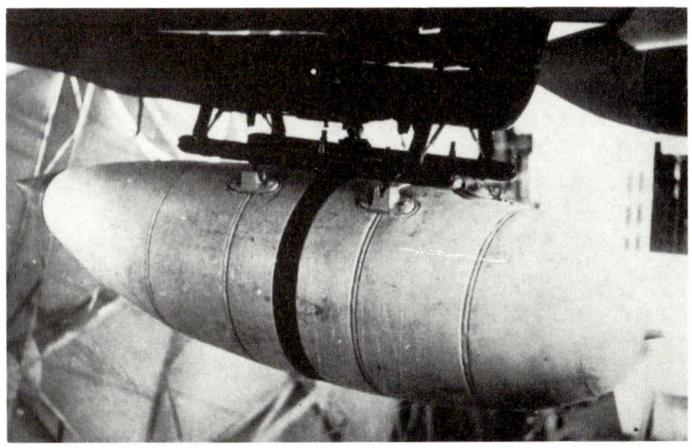

131. 300 Liter-Zusatzbehälter unter Fw 190 A-3/U3

132. Zusatzbehälteraufhängung unter Motorengondel Fw 200C

133. Blindflugschulgerät

Blindflug-Schulgeräte

Flugsimulatoren für die Blindflugschulung wurden von der DVL in Zusammenarbeit mit dem RLM entwickelt und mit Erfolg bei Kampf- und Nachtjagdschulen verwendet.

Atemluftversorgungsanlagen

Auch diese Anlagen wurden von der DVL in Zusammenarbeit mit dem RLM entwickelt. Die Erprobung für Flugzeuge mit 4—6 Mann Besatzung erfolgte mit der Do 217 V 2 und der Do 217 P. Außer dieser wurden von der DVL auch einfachere Anlagen für Jäger und Aufklärer entwickelt.

Fallschirme

Wenn sie auch nicht die Erfinderin des Fallschirms war, so war sie doch das erste Wesen, das in Deutschland mit dem Fallschirm absprang: Käthe Paulus, die schon 1909 die ersten Fallschirmabsprünge durchführte. Sie verbesserte ihren Fallschirm laufend und konnte dann im Ersten Weltkrieg stolz sein, daß ihr Fallschirm bei der Fliegertruppe eingeführt wurde. Ernst Udet, der spätere Generalluftzeugmeister, verdankt sein Überleben 1914—1918 unter anderem dem Paulus-Fallschirm. Dieser Fallschirm wurde dann von Heinecke verbessert und führte zum Heinecke-Fallschirm, der zum Ausgangsmuster der Sprungfallschirme RZ 1 und RZ 16 wurde. Daneben wurden noch Fallschirme für dic fliegenden Besatzungen und Lastenfallschirme entwickelt. Man unterscheidet Fallschirme mit Zwangsauslösung, Handauslösung und automatische Auslösung. RZ 1 und RZ 16 sind Fallschirme mit Zwangsauslösung, bei denen die Aufziehleine mit einem Schnapphaken an der Aufziehvorrichtung des Transportflugzeuges befestigt wurde. Beim Absprung zieht die Aufziehleine den Fallschirm aus der Verpackung. Danach löst sich die Verbindung zwischen

134. Fallschirmjäger beim Absprung mit Fallschirm RZ 1

Flugzeug und Fallschirm automatisch. Ähnlich ist der Vorgang beim Lastenfallschirm, während die meisten anderen Fallschirme manuell betätigt werden müssen.

See-Notausrüstung

Alle mehrmotorigen Flugzeuge der Luftwaffe verfügten über eine Seenotausrüstung, die hauptsächlich aus einem Schlauchboot, Notsender und Verpflegungskonzentrat bestand. Das Durchschnittsgewicht betrug 35—45 kg.

Sondergeräte für Wüsteneinsatz

Alle im Mittelmeerraum eingesetzten Flugzeuge verfügten, sofern sie über Wüstengebiet eingesetzt wurden, über Staubfilter für die Triebwerke und Wasser- und Verpflegungsreserven.

Schleppverfahren

Am 20. Oktober 1943 gab der Leiter des Instituts für Flugversuche der DFS, Fritz Stamer, einen umfassenden Bericht über die von der DFS untersuchten und entwickelten Schleppverfahren. Er wies zuerst darauf hin, daß die Anregung zur Entwicklung verschiedenster Schleppverfahren vom Segelflug ausging, da hier für jeden Startvorgang ein Anschleppen erforderlich ist. Insgesamt sind folgende elf Schleppverfahren entwickelt worden:

1. Kurzschlepp
2. Starrschlepp alter Ausführungsform
2a. Lang- und Starrschlepp
2b. Starrschlepp mit Kugelgelenkkupplung
3. Mehrfachschlepp
4. Abschleppen von Motorflugzeugen
5. Tragschlepp

6. Fangschlepp
7. Mistelschlepp
8. Tragstart
9. Wolga-Startverfahren.

1. Kurzschlepp:
Die Erprobung mit bis auf 40 m verkürzten Schleppseilen ergab keine Nachteile. Versuche, einen Schleppverband blindflugfähig zu machen, wurden auf der Dreieckstrecke Darmstadt—Hamburg—München—Darmstadt durchgeführt, und kamen zu dem Ergebnis, daß die Forderungen an die Besatzungen zu hoch waren und aus diesem Grunde in der Truppenpraxis abzulehnen sei.

2. Starrschlepp:
1939 wurde der Starrschlepp erprobt, bei dem das geschleppte Flugzeug nur 1 m hinter dem Schleppflugzeug hing. Es zeigte sich, daß ein derartiger Schleppverband wesentliche Vereinfachungen für beide Flugzeugführer erbrachte und einwandfreie Blindflugfähigkeit erzielt wurde. Ein solcher Verband wurde im Januar 1940 in Braunschweig den Generälen Udet und Student vorgeführt. Bei der Erprobung zeichneten sich besonders die Flugzeugführer Dr. Fölsche und Schieferstein aus. Beanstandet wurde nur das hohe Gewicht des Starrschleppträgers (200 kg).

2a. Lang- und Starrschlepp:
Hierfür wurde im Schleppflugzeug eine von der DFS entwikkelte und bei der Firma Dieckmann in Düsseldorf gebaute Seilwinde eingebaut. So war es möglich, falls aus taktischen oder meteorologischen Gründen notwendig, vom Langseil- auf Starrschlepp umzuschalten.

135. Langseilschlepp DFS 230 hinter Ar 65

2b. Starrschlepp:
Vom Institut für Aerodynamik und Flugtechnik der DFS wurde eine Leistungsmessung des Starrschleppverbandes-Ju 52 + DFS 230 durch Dr. Spilger durchgeführt. Hierbei

136. Starrschlepp Ju 52-3m g3e mit DFS 230

137. Schleppkupplung am Heck der Ju 52-3m g9e

stellte sich heraus, daß der Leistungsverlust gegenüber dem Langseilschlepp so unbedeutend war, daß eine Wiederaufnahme der Starrschleppuntersuchungen, die gerade wegen des Leistungsverlustes abgebrochen worden war, aussichtsreich erschien. Das neue Starrschleppgestell wurde 1942/43 an den Schleppverbänden He 111 + DFS 230, Ju 52 + DFS 230 und Do 17 + DFS 230 erprobt und aufgrund der zufriedenstellenden Eigenschaften von der Truppe übernommen. Um die erfolgreiche Durchführung der Versuche machten sich die DFS-Piloten Zitter, Opitz und Klöckner besonders verdient.

3. Mehrfachschlepp:
Bereits 1938 war versuchsweise eine DFS 230 von zwei He 72 geschleppt worden. Erst 1940 wurden die Versuche wieder aufgenommen. Man begann wieder mit zwei He 72 und einer DFS 230. Dann ging man zu schwereren Flugzeugen über. U.a. wurde geschleppt: eine Ju 52 ohne Antrieb durch drei Bf 110, drei Ju 52 durch drei He 111, eine Me 321 durch drei BF 110 oder drei He 111 (Troika-Schlepp).

4. Abschleppen:
Bereits 1938/39 wurde von der DFS ein Verfahren entwikkelt, Flugzeuge mit Triebwerkschaden per Seil abzuschleppen. So wurden He 72 und Fw 56 von He 46 abgeschleppt.

138. Schleppversuch von 3 Ju 52 mit einer Ju 52 ohne Luftschrauben

139. Bf 110 einer Troika-Schleppgruppe in Orscha 1941

140. »Troika«-Schlepp einer Me 321 durch drei Bf 110

Später konstruierte man für die Ju 52 eine Ausklinkkupplung, die am Mittelmotor der Ju 52 nach Abbau der Luftschraube eingebaut werden konnte. So konnte diese von drei Ju 52 oder drei Bf 110 abgeschleppt werden.

5. Tragschlepp:
Die mit Strahltriebwerken ausgerüsteten Jagdflugzeuge legten aufgrund der hohen Flächenbelastung den Wunsch nahe, den Start mit Fremdhilfe durchzuführen. Die DFS entwikkelte hierfür das Tragschleppverfahren. Hierbei sind beide Flugzeuge im Schwerpunkt gefesselt, durch das Schleppseil verbunden. Der Start erfolgte normal, bis das Schleppflugzeug abhebt, während das geschleppte Flugzeug noch rollt und zum Schluß mit Seilwinkeln von 50—70° regelrecht vom Boden abgehoben wird. Vorversuche wurden mit einer Ju 87 und einem DFS »Habicht« durchgeführt. Dann wurden eine He 111 und eine Ju 87 ohne Luftschraube für die Versuche verwendet, bei denen sich die Flugzeugführer Kiefel, Zitter und Klöckner auszeichneten.

6. Fangschlepp:
Durch GL/CE 2 V wurde der DFS die Aufgabe gestellt, den Vorschlag eines ungarischen Erfinders namens Banhidi, der sich auf das Fangen am Boden stehender Segelflugzeuge durch fliegende Motorflugzeuge auf seine Durchführbarkeit zu prüfen. Es wurde festgestellt, daß der Vorschlag Banhidis undurchführbar war. Die DFS entwickelte ein eigenes Verfahren in der bereits mehrfach vorgeschlagenen und auch für Postaufnahme und dergleichen bereits in Anwendung befindlichen Form mittels Fanghaken und zwischen zwei Masten aufgespannten Seilen. Die Versuche mit Ju 87, DFS-»Habicht« und He 111-DFS 230 wurden den Piloten Schieferstein, Kiefel, Zitter und Klöckner durchgeführt.

7. Mistelschlepp:
Der Starrschlepp setzt ein bestimmtes Verhältnis der Fluggewichte und der Flächenbelastungen von Schlepp- und geschlepptem Flugzeug voraus. Dadurch kann man beispielsweise ein Jagdflugzeug nicht als Schleppflugzeug eines Lastenseglers einsetzen, trotzdem der Leistungsüberschuß ausreichen würde. Um aus diesem Dilemma einen Ausweg zu finden, wurde von der DFS das Mistelverfahren entwikkelt.
Der Grundgedanke war, daß es möglich sein müsse, statt des bereits erprobten Starrschlepp-Verbandes Schleppflugzeug und Lastensegler zu einem Aggregat zu vereinigen. Hierbei mußte es sich in jedem Fall um zwei grundverschiedene Flugzeugarten handeln. Unter Leitung von Fritz Stamer begann nun eine Arbeitsgruppe der DFS, der unter anderem Paul Kiefel, Kurt Opitz, Paul Stämmler und Karl Schieferstein angehörten, alle in Frage kommenden Möglichkeiten zu untersuchen und zu erproben.
Als Erprobungsobjekt diente der Lastensegler DFS 230. Das erste zur Erprobung gelangende Aggregat bestand aus dem Lastensegler und einer aufgebockten und mit diesem starr

141. »Mistel«-Schlepp Klemm Kl 35 B und DFS 230

142. »Mistel«-Schlepp Bf 109 E-3 mit DFS 230

143. Einsatzbereites »Mistel«-Gerät: Umbau Ju 88 A-4 mit Voreilzünder unter Bf 109 F-4

verbundenen Klemm Kl 35. Da der Motor der Kl 35 selbstverständlich nicht ausreichen konnte, um das Ganze zu starten und in der Luft zu halten, wurde das Gerät mit einer Ju 52 auf Höhe geschleppt. Es ergab sich, daß die Flugeigenschaften keine Schwierigkeiten boten und die Steuerung bei Verständigung beider Piloten durch Bordsprechanlage ohne weiteres funktionierte.

Bei weiteren Versuchen mit der leistungsstärkeren Focke-Wulf Fw 56 wurde das Aggregat zwar immer noch von der Ju 52 hochgeschleppt, war aber dann, ohne Nutzlast, durchaus flugfähig.

Die Endphase dieser Versuchsreihe, eine Kombination aus DFS 230 mit Me 109 E, zeigte, daß das Ganze ohne weitere Hilfe starten, fliegen und landen konnte, das letztere sowohl als Ganzes als auch getrennt.

Zu diesem Zeitpunkt scheint der Gedanke aufgetreten zu sein, aus dieser reinen Transportkombination eine Einsatzwaffe zu machen. Die fehlenden schweren Bombertypen und, vielleicht, die ersten Meldungen vom Totaleinsatz der japanischen Kamikaze-Piloten gaben den Anlaß dazu, aus dem Schleppgerät ein Kampfgerät zu entwickeln.

Damit ging auch die weitere Entwicklungsarbeit von der DFS auf den Junkers-Konzern über. Die Hauptaufgabe lag nun in der Lösung des Steuerungsproblems. In verhältnismäßig kurzer Zeit gelang es eine trennfähige Verbindung zwischen dem Steuerapparat der Me 109 und der Untermaschine zu entwickeln. Nunmehr stand der Lösung der Hauptaufgabe nichts mehr im Wege. Diese bestand darin, daß ein Mann, nämlich der Pilot der aufgebockten Maschine, das ganze Aggregat bis ans Ziel heranzubringen hatte, dann im Bahnneigungsflug auf das Ziel zu stürzen hatte und dann nach Trennen der Verbindungen mit der lenkenden Obermaschine heimkehren sollte.

Zur Erprobung wurden Me 109 G-6 und als Unterteil Ju 88 A-4 verwendet, wobei trotz der bereits gut funktionierenden Steuerungsanlage die Ju 88 mit zwei Mann Besatzung flog. In der Zwischenzeit wurden bereits die ersten Ju 88 A-4 in Merseburg und Nordhausen für den Mistel-Einsatz umgebaut. Hierfür hatte die Junkers Werft Leipzig 15 reparierte Ju 88 A-4 zu liefern. Nordhausen hatte vor allem die Aufgabe, die Kanzel der Ju 88 auszubauen und statt dessen eine kugelförmige Hohlladung von 3,8 t mit einem sogenannten Voreilzünder einzubauen.

Die ersten fertigen Geräte wurden so schnell wie möglich an die Invasionsfront gebracht und erzielten, wie nicht anders zu erwarten war, verhältnismäßig große Überraschungserfolge gegen Schiffsziele.

Hierauf wurden sofort durch den Generalstab der Luftwaffe Eilbestellungen an die Firma Junkers erteilt. Da die anderen Werke des Konzerns überlastet waren, erhielt die ausschließlich mit Reparaturaufgaben betraute Werft Leipzig-Mockau (Dir. Wilhelm Schulz) den Auftrag zur Durchführung des Mistel-Programms. Für dieses erste Mistel-Programm waren 75 Maschinen des Baumusters Ju 88 G-1 vorgesehen. Diese

waren aus Reparaturmaschinen zu beschaffen. Da Dir. Schulz gleichzeitig Leiter des Arbeitsausschusses Fla war, der für die gesamte Instandsetzung der Ju 88, 188 und 388 verantwortlich war, bot die Zusammenziehung der erforderlichen Reparaturmaschinen keine Schwierigkeiten. In Tag- und Nachtschichten wurden die Maschinen repariert und gleichzeitig umgebaut und nach Nordhausen zum Einbau der Sprengladungen und des Steuerapparates abgeliefert. Auch die als Anschlußlieferung geforderten 50 Maschinen wurden termingemäß abgeliefert, trotzdem das Werk wiederholt durch Luftangriffe beschädigt worden war.
Nennenswerte Erfolge sind dann mit dem Gerät nicht mehr erzielt worden. Die Schwerfälligkeit des Gerätes machte in jedem Fall einen starken Jagdschutz erforderlich, der aber nicht zur Verfügung stand. Geplante Ferneinsätze gegen Scapa Flow und gegen Industriewerke im Ural kamen nicht mehr zur Ausführung. Die letzten Einsätze fanden gegen die Oderbrücken statt.

8. Tragstart:
Nachdem es mit dem »Tragschlepp« ein hochbelastetes Flugzeug am Seil unter einem Flugzeug zu tragen, lag der Gedanke nahe, einem überladenen Normalflugzeug dadurch Starthilfe zu leisten, daß man ein großflächiges, leicht belastetes motorloses Flugzeug im Start derart von dem überladenen Flugzeug schleppen läßt, daß das motorlose Flugzeug das andere übersteigt und einen Teil von dessen Last mitträgt. Entsprechende Flugversuche wurden mit Do 17 MV-1 und DFS 230 vorgenommen, wobei die Do 17 eine Schleppkupplung auf dem Rumpfrücken über dem Schwerpunkt erhielt, die DFS 230 aber eine entsprechende Gegenkupplung unterhalb des Schwerpunktes an der Rumpfunterseite. Die Versuche wurden von den Piloten Zitter und von Jan geflogen, befriedigten aber anscheinend nicht.

9. Wolga-Startverfahren:
Ebenfalls für Zwecke der Starthilfe bei motorlosen und überladenen Motorflugzeugen, wie insbesondere auch bei Schleppzügen, wurde ein Verfahren erprobt, bei welchem fahrende Landfahrzeuge sozusagen als Vorspann dienen sollten. Da dabei große Geschwindigkeiten erforderlich waren, war eine Seilrollenumlenkung derart vorgesehen, daß die Geschwindigkeit des Landfahrzeugs um das Vierfache übersetzt wurde. Vorversuche mit unbeladenen DFS 230 wurden von zwei Halbketten-Zugmaschinen Sd.Kfz. 8 gefahren. Versuche mit DFS 230 mit 1000 kg Nutzlast wurden von 1—2 E-Loks oder einer Dampflokomotive gefahren. Das Flugzeug erreichte nach etwa 1000 m Strecke eine Höhe von 200—300 m. Das Schleppseil fiel bei Erreichung eines Seilwinkels von 50—60° automatisch aus dem offenen Schlepphaken. Die Versuchsflüge wurden von Flugzeugführer Schieferstein durchgeführt.
Stamer kam zum Abschluß seines Berichtes zu der Auffassung, daß in Verbindung mit einigen anderen vom Institut für Flugversuche der DFS an Lastenseglern durchgeführten Arbeiten, z. B. Lastensegler auf Schwimmern, Lastensegler mit Sturzflugbremse, Tragschlepp unbemannter Lastenschlepper und Lastensegler mit Raketenbremse, sich eine außerordentlich vielseitige Anwendungsmöglichkeit des Schleppfluges für militärische Zwecke ergeben habe.

144. Tragschlepp: Ju 87 B unter He 111 H

FIST-Landflugzeugschleuder Kl 12

Dieses Gerät ist eine Starthilfe für hochbelastete Flugzeuge, die von Dipl.-Ing. Albert Nack bei der Forschungsanstalt »Graf Zeppelin« in Stuttgart-Ruit entwickelt wurde. Die Schleuder bestand aus der Hauptanlage und einer Hilfsanlage. Die Hauptanlage beschleunigt das zu startende Flugzeug mit Hilfe eines Beschleunigungsseils, das mit einem Haken am Flugzeug eingehängt wurde. Die Hilfsanlage hielt das Beschleunigungsseil mittels eines Bremsseils und löste am Ende der Beschleunigungsstrecke das Beschleunigungsseil vom Flugzeug. Mit diesem Gerät konnten Flugzeuge bis 14000 kg Fluggewicht und rund 200 km/h Startgeschwindigkeit auf 100 m Startstrecke bereits abheben. Als Antrieb des Geräts diente ein Kolbenmotor von 320 PS. Beim Startvorgang wurde das gesamte Aggregat in Hauptwindrichtung 250 m entfernt vom Flugzeug aufgestellt. Das Bremsseil der Hilfsanlage wurde abgespult und mit dem Beschleunigungsseil verbunden. Durch Wiederaufspulen des Bremsseils wurde dieses abgespult und über die Startstrecke ausgelegt. Dann wird der Starthaken am Flugzeug eingehängt. Das Flugzeug gab Vollgas, die Schleuder gleichzeitig ausgelöst. Die Maschine beschleunigt sehr schnell und hebt nach 100 m ab. Das Gerät wurde ab Januar 1941 an der Front erprobt, aber bald durch die R-Geräte (Startraketen) ersetzt.

Flakartillerie

1933 bestanden sieben Flugabwehrabteilungen, die durch Herauslösung der Kraftwagenbatterien der Artillerieregimenter der Reichswehr entstanden waren. Ihre Nummern entsprachen den Infanteriedivisionen des Heeres. Im zweiten Halbjahr 1934 wurden vier weitere Flugabwehrabteilungen in Seerappen, Döberitz, Wurzen und Brandenburg a.d. Havel aufgestellt. Eine Flugabwehrschule entstand in Wustrow. Diese besaß drei Lehrgruppen: Schießausbildung, Flugabwehrmeßwesen sowie Horch- und Scheinwerfereinsatz. Nach längeren Auseinandersetzungen zwischen Heeresleitung und RLM wurden dann am 18. März 1935 sämtliche vorhandenen Luftabwehrverbände in die Luftwaffe überführt. Die bestehenden Abteilungen wurden nun um sieben weitere in Stettin, Königsberg, Berlin-Lankwitz, Dresden, Fürth und Ludwigsburg ergänzt. Bis zum Jahresende 1935 waren es bereits 18. Diese bestanden aus 32 Flakbatterien, einer Scheinwerferbatterie und zwölf Scheinwerferzügen. Die Abteilungen wurden dann laufend auf je vier Flakbatterien und eine Scheinwerferbatterie verstärkt. Die Aufstellung eines Sperrballonversuchszuges wurde begonnen. Der Ausbau der Flakartillerie ging zügig vorwärts. Bis 1. Oktober 1938 war die Aufstellung von 18 Flakregimentern mit je einer schweren und leichten Flakabteilung und neun Flakregimentern mit je zwei Flakabteilungen sowie drei selbständigen Flakabteilungen vorgesehen. Jedes Flakregiment sollte aus einer schweren Flakabteilung mit Stab und Nachrichtenzug, drei Batterien 8,8-cm-Flak, einer Batterie 3,7-cm-Flak, einer Flakscheinwerferbatterie 150 cm sowie einer Ergänzungsflakbatterie und einer leichten Flakabteilung mit Stab und Nachrichtenzug, drei Batterien 2-cm-Flak, einer Flakscheinwerferbatterie 60 cm und einer Ergänzungsflakbatterie bestehen. Für die Flawaffenentwicklung war bisher die Abteilung WaPrüf 10 im Heereswaffenamt verantwortlich gewesen. Diese wurde im Mai 1939 in »L Flak« umbenannt und dem Chef des Heereswaffenamtes unmittelbar unterstellt. Bereits 1934 begann die Entwicklung einer 10,5-cm-Flak, die bewährte 8,8-cm-Flak 18 wurde zur 8,8-cm-Flak 36/37 weiter verbessert. Krupp und Rheinmetall arbeiteten bereits an der Entwicklung von Flugabwehrgeschützen mit dem Kaliber 15 cm. Bei Kriegsausbruch bestand die Ausrüstung der Flakartillerie durchgehend aus: 2-cm-Flak 30,3, 7-cm-Flak 18 und 36 sowie 8,8-cm-Flak 18,36 und 37. Funkmeßgeräte auf elektromagnetischer Basis wurden erst ab 1937 für die Luftwaffe bei den Firmen Telefunken

145. Kommandogerät für 8,8 cm Flak

147. Flak-Scheinwerfer 150 cm △

146. Akustisches Horchgerät 1936 ◁

148. Sperrballon-Abteilung Saarow 1936 ▽

und Lorenz entwickelt, waren aber 1939 noch nicht frontverwendungsfähig. Die Flakartillerie arbeitete bei Kriegsausbruch 1939 noch mit akustischen Horchgeräten und Kommandogeräten auf optisch-elektrischer Basis. Auch personell war die Flakartillerie sehr stark geworden. Am 1. Juli 1939 gehörten rund 100000 Soldaten aller Dienstgrade zu diesem Bereich, wozu noch 3000 Mann der Flakartillerieschule zuzurechnen sind. Nach dem Mobilmachungsplan der Luftwaffe vom 1. Juli 1939 konnte die Luftwaffe zusätzlich zu den aktiven Verbänden 19 weitere Flakregimenter mit 17 Abteilungen, fünf Scheinwerferabteilungen, 14 leichte Flakabteilungen und 128 Reserveflakabteilungen, 40 Reserve-Scheinwerferabteilungen, elf leichte Reserve-Flakabteilungen, 95 Flugabwehrmaschinengewehr-Reservekompanien, drei Reserveluftsperrabteilungen, neun Flaktransportabteilungen, drei Reserveflak-Eisenbahnabteilungen, drei leichte Reserveflak-Eisenbahnabteilungen, 14 Flakersatzabteilungen, eine leichte Flakersatzabteilung und eine Luftsperrersatzbatterie aufstellen. Die Flakartillerie hat aber nicht nur bei der Luftabwehr, sondern auch im Erdkampf bis 1945 ihre Leistungsfähigkeit unter Beweis gestellt.

MG 151/20-Flak-Drilling

Als 1944 leichte Flugabwehrwaffen knapp wurden, griff man auf diese Flugzeugbordwaffe zurück und verwendete sie in Behelfslafetten zum Objektschutz gegen Tiefflieger. Wurde frei ohne Hilfsmittel gerichtet.

2-cm-Flak 30

Dies war eine der erfolgreichsten und vielseitigsten Flugabwehrwaffen. War bereits in Spanien 1936—1939 sehr erfolgreich. Bewährte sich auch im Erdkampf. Wurde auf einachsigem Anhänger transportiert, oder auf Räder-Raupenfahrzeugen als Selbstfahrlafette verwendet. Von 1934 bis 1939 bei der Truppe, dann durch 2-cm-Flak 38 ersetzt.

149. MG 151/20 in Drillingslafette auf Schützenpanzerwagen Sd.Kfz 251/21

150. 2-cm-Flak 30 mit Flakvisier 35

2-cm-Flak 38

Munition und ballistische Leistungen wie Modell 30. Spannung des Verschlusses leichter als bei diesem. Flakvisier Modell 38, statt 35 beim Vorgänger. 1944 wurden monatlich

151. 2-cm-Flak-Zwilling 38, Ostfront 9.9.43

170 Stück dieser Waffe ausgeliefert. Im August 1944 waren von beiden Ausführungen (30 und 38) 17589 Stück im Einsatz.

2-cm-Flakvierling 38

Diese Vierlingsversion der 2-cm-Flak 38 war wegen ihrer hohen Feuerkraft beim Gegner sehr gefürchtet. Besonders kurz nach der Invasion in der Normandie zeitweise einzige Waffe der Erdtruppen gegen die alliierte Luftübermacht.

3-cm-Flak 103/38

Verwendung der Bordkanone MK 103 in Flaklafette ab 1944 in geringer Stückzahl bei Heeresflakverbänden.

3,7-cm-Flak 18

Entwicklung bei Rheinmetall ab 1930, nur bis 1936 gebaut, schwer beweglich und geringe Feuergeschwindigkeit. Reichte nur bis etwa 3500 m Höhe. Ersetzt durch 3,7-cm-Flak 36.

3,7-cm-Flak 36

Ballistische Leistungen entsprachen dem Modell 18. Das Waffenprinzip war beibehalten aber technische Einzelheiten

152. 2-cm-Flak-Vierling 38

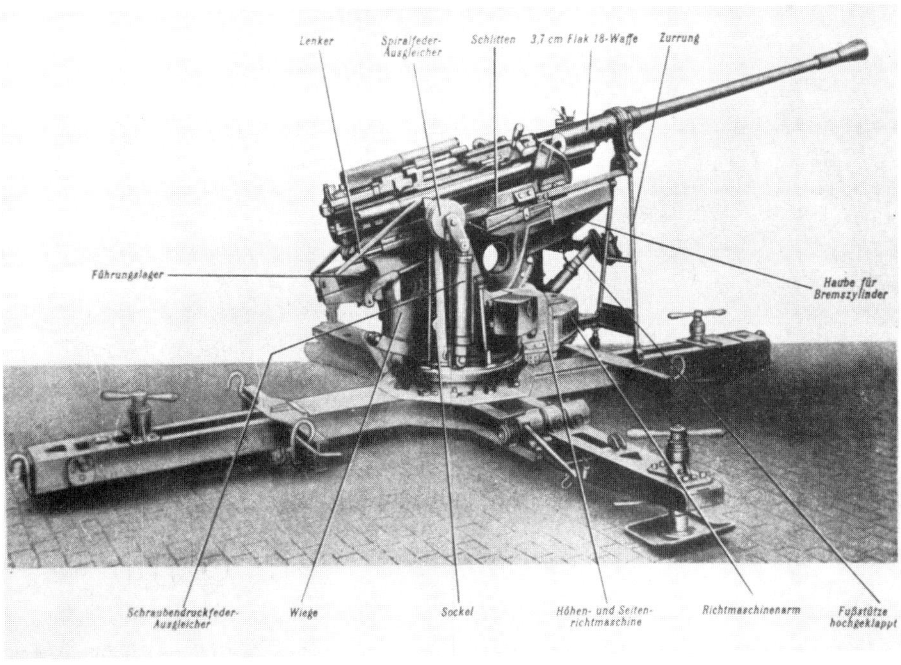

153. 3,7-cm-Flak 18 in Feuerstellung

154. 3,7-cm-Flak 36 auf Flakpanzer IV

155. Eisenbahnflak 8,8 cm 18

verbessert worden. Transport erfolgte mit einachsigem Anhänger. Als Selbstfahrlafette auch auf 6-t-Zugkraftwagen oder auf Chassis Pz.Kw. IV verwendet. Im Herbst 1944 waren 4211 Flawaffen dieses Typs im Fronteinsatz.

3,7-cm-Flak 43

Nach Versuchen mit dieser neuen Ausführung der 3,7-cm-Flak 1942 ging diese dann in den Serienbau bei Rheinmetall-Borsig. Verwendung wie Vorgängermodelle. Ballistische Leistungen gegenüber Vorgängern nicht verbessert. Feuergeschwindigkeit erheblich erhöht. Fertigung vereinfacht, vorher 4320 Arbeitsstunden, nunmehr nur 1000. Im Frühjahr 1945 waren noch 1032 3,7-cm-Flak 43 im Einsatz. Wurde auch als Zwillingswaffe geliefert.

5-cm-Flak 41

Nach Erprobung von Versuchsgeschützen dieses Kalibers bei Rheinmetall und Krupp etwa 100 Stück bei Rheinmetall gebaut. Trotz Forderung der Flakinspektion und Flakentwicklung aufgrund von Intervention des Ministeriums Speer von Hitler und Göring abgelehnt. Auch Nachfolgetyp »Gerät 58« (5,5 cm) wurde abgelehnt. Ende 1944 waren noch 44 5-cm-Flak im Einsatz.

7,5-cm-Flak L/60

Einzige Flugabwehrwaffe, die vor 1933 bei der Reichswehr durch den Friedensvertrag von Versailles erlaubt war. Nach Anlaufen der Fertigung der 8,8-cm-Flak 18 zurückgezogen und ins Ausland verkauft, großer Teil ging 1935/36 an Spanien.

8,8-cm-Flak 18

Seit 1928 bei Krupp entwickelt, ab 1933 Auslieferung an die Truppe. Bewährte sich an allen Fronten gut. Erster Einsatz in Spanien. Großer Erfolg bei Zerschlagung des Panzergürtels von Bilbao. Zentrale Feuerleitung durch Kommandogerät für ganze Batterie, ab 1940 dazu Funkmeßgerät. Fahrbar mit Sonderanhänger. Wurde während der Fertigung laufend verbessert.

8,8-cm-Flak 36

Wie Vorgängermodell 8,8-cm-Flak 18 eine bewährte Waffe, die bis zum Kriegsende im Fronteinsatz war. Die Schußhöhe

156. 8,8-cm-Flak 41

von 10600 m reichte bei ständig steigenden Flughöhen der angreifenden Bomberverbände nicht mehr aus. Ab 1943 auch als Eisenbahnflak auf Selbstfahrlafette verwendet. 1944 monatlich etwa 450—700 Geschütze dieses Typs ausgeliefert. Im Herbst 1944 waren 10930 8,8-cm-Flak im Fronteinsatz. Im Oktober 1944 wurden von diesen Fla-Geschützen 3175400 Schuß Munition verbraucht!

8,8-cm-Flak 41

Dieses Modell und auch die verbesserte Ausführung 8,8-cm-Flak 42 war eine hervorragende Flugabwehrwaffe, deren Leistung bis in die fünfziger Jahre nicht übertroffen wurde. Die ersten Geschütze gingen im März 1943 auf dem Weg nach Nordafrika verloren. War seit 1939 bei Rheinmetall in Entwicklung, Produktion aber erst auf Initiative Gfm. Rommels auf vollen Touren. Im Februar 1945 waren erst 279 Geschütze dieses Typs im Einsatz.

10,5-cm-Flak 38

Ursprünglich Marine-Entwicklung. Ende 1933 RLM-Auftrag an Industrie, Gerät für Flak-Einsatz umzukonstruieren. Da während Erprobung viele Störungen auftraten, durch verbesserten Typ 10,5-cm-Flak 39 ersetzt.

10,5-cm-Flak 39

Ballistisch der 8,8-cm-Flak 41 unterlegen. Für beweglichen Fronteinsatz zu schwer. Nur für Objektschutz im Heimatgebiet und im rückwärtigen Frontgebiet einsetzbar. Auch als Eisenbahnflak verwendet. Wegen Munitionsmangel gedrosselte Fertigung. 1944 nur noch 60—80 Geschütze monatlich ausgeliefert.

157. 10,5-cm-Flak 38

158. 12,8-cm-Flak 40

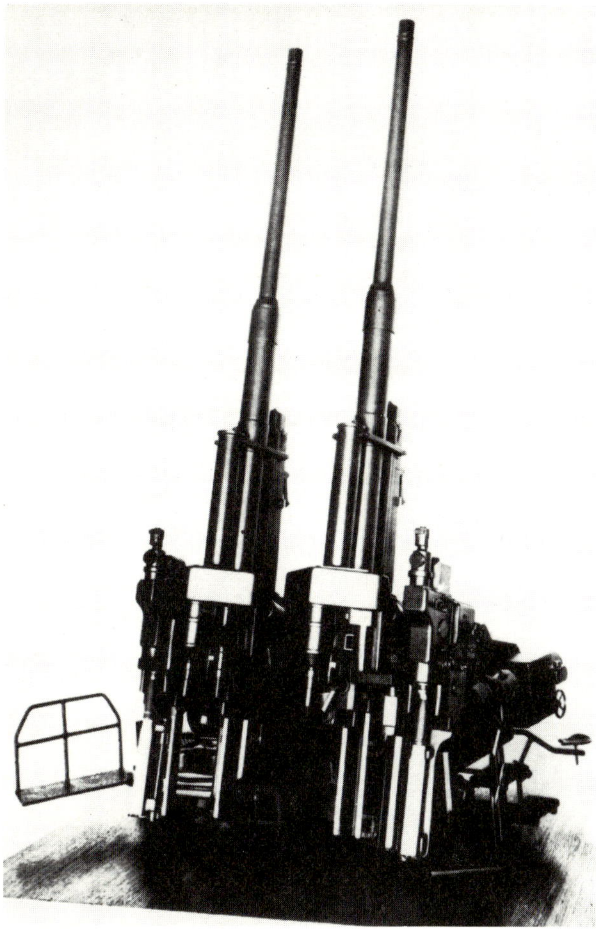

159. 12,8-cm-Flak-Zwilling 44

12,8-cm-Flak 40

Wirkungsvollste Flugabwehrwaffe 1939—1945. Für beweglichen Einsatz zu schwer. Meist ortsfest oder als Eisenbahnflak verwendet. Schußhöhe 14800 m reichte 1944/45 nicht mehr aus. Auch als 12,8-cm-Flakzwilling 40 zum Objektschutz in Großstädten, z.T. auf Flaktürmen eingesetzt. Frühjahr 1945 nach monatlicher Fertigung von 12 Zwillingsgeschützen 34 im Einsatz in Einzellafette 362, als Eisenbahnflak etwa 200.

15-cm-Flak (Gerät 50 und 55)

Obwohl der Auftrag zur Entwicklung dieser Waffe bereits 1936 erteilt wurde, wurden nur zwei Prototypen bei Krupp hergestellt. Die Schußhöhe lag nur wenig höher als bei der 12,8-cm-Flak. Material- und Arbeitsaufwand deshalb nicht gerechtfertigt. 1940 Auftrag zur Entwicklung einer neuen Waffe dieses Kalibers mit erheblich gesteigerten Leistungen.

15-cm-Flak (Gerät 60 F)

Insgesamt nur drei Prototypen gefertigt, Gerät 65 F bei Rheinmetall, Gerät 60 und 65 bei Krupp und Rheinmetall. Im Laufe der Entwicklung mußte man erkennen, daß die Leistungsgrenze für Fla-Geschütze gegen moderne Flugzeuge erreicht und eine Steigerung nicht mehr möglich war. Im September 1943 wurde die Weiterentwicklung eingestellt bis auf Versuche mit erhöhter Mündungsgeschwindigkeit. Auch die 1941 angelaufene Entwicklung ortsfester 24-cm-Flak wurde etwa zu diesem Zeitpunkt eingestellt, da höhere Leistungen nur noch mit Fla-Raketen erwartet wurden.

Quellen-Nachweis: von Senger und Etterlin, Die deutschen Geschütze 1939—1945, J. F. Lehmanns Verlag, München 1960.

Geschütztyp	2 cm 30	2 cm 38	Vierling 38	3,7 cm 18	3,7 cm 36	3,7 cm 43	5 cm 41	7,5 cm L/60
Länge mm in Feuerstellung	4080	4000	4330	7150	5570	3493	8555	—
Breite mm	1810	1810	2420	2135	2420	1780	2360	—
Höhe mm	1600	1700	2166	2210	2130	1619	2160	—
Rohrlänge mm	2300	2252,5	2252,5	3626	3626	3300	4686	4500
Kaliber mm	20	20	20	37	37	37	50	75
Gewicht kg in Fahrstellung	770	750	2212	3560	2400	2000	5500	—
Gewicht kg in Feuerstellung	450	420	1514	1750	1550	1250	3100	—
V^0 Sprenggran. m/sec	900	900	900	820	820	820	840	825
V^0 Panzergran. m/sec	830	830	830	770	770	770	—	—
Schußweite m/max.	4800	4800	4800	6500	6500	6500	12400	—
Schußhöhe m/max.	3700	3700	3700	4800	4800	4800	9400	10000
Feuergeschwindigkeit theoretisch (s/min)	280	480	1800	160	160	180	130	—
Feuergeschwindigkeit praktisch (s/min)	120	220	800	80	120	150	130	—
Schwenkbereich °	360°	360°	360°	360°	360°	360°	360°	—
Erhöhung °	−12—+90	−20—+90	−10—+100	−5—+85	−8—+85	−7,5—+90	−10—+90	—
Flakvisier	35	38	40	33	36/37	43	41	—

Geschütztyp	8,8cm 18, 36, 37	8,8cm 41	8,8cm 37/41	10,5cm 38/39	12,8 cm 40	12,8cm Zwilling	15 cm 50/55
Länge mm in Feuerstell.	7620	9658	7700	8420	15000	9120	—
Breite mm	2305	2400	2400	2450	2500	5045	—
Höhe mm	2418	2360	2600	2900	3550	2950	—
Rohrlänge mm	4930	6548	7027	6648	7835	7835	—
Kaliber mm	88	88	88	105	128	128	150
Gewicht kg in Feuerstell.	7200	11200	9300	14600	27000	—	—
Gewicht kg in Feuerstell.	5000	8000	7111	10240	18000	27000	22200
V^0 Sprenggran. m/sec	820	1000	1000	880	880	880	890
V^0 Panzergran. m/sec	795	980	980	860	860	860	850
Schußweite m max.	14860	19800	19800	17700	20900	20900	—
Schußhöhe m max.	10600	14700	14700	12800	14800	14800	15200
Feuergeschwindigkeit theoretisch s/min.							
Feuergeschwindigkeit praktisch s/min.	15—20	20—25	15—20	12—15	10—12	20—24	9
Schwenkbereich °	260°	360°	360°	360°	360°	360°	360°
Erhöhung °	−3—+85	−3—+90	-3—+85	−3—+85	−3—+87	0—+87	—
Kommandogerät	36	36 u. 40	40	36 u. 40	40	40	—

Verzeichnis der Fotos

Verzeichnis der Zeichnungen

Der Autor

Heinz J. Nowarra, 1912 in Berlin geboren, 1919 – 1928 Besuch des Treitschke-Gymnasiums in Berlin-Wilmersdorf, 1928 – 1930 Lehre als Handlungsgehilfe. 1930 bis Ende 1933 arbeitslos. Dezember 1933 bis Januar 1936 Kontorist und Kassierer, 1936 bis Anfang 1940 Lagerbuchhalter und Terminbearbeiter bei Siemens-Schuckert, Schaltwerk.
1941 bis Mitte 1942 Gesellschaft für Luftfahrtbedarf in Berlin (Ersatzteilbewirtschaftung für Me 109, Januar 1942 für Ju 88). Ab Mitte 1942 in gleicher Funktion abgestellt zu Junkers-Flugzeug- und Motorenwerke, Werft Leipzig, als Gruppenleiter beim Ringführer Ju 88, später auch für Ju 188 zuständig, Mistel-Programm.
Nach 1945 Ausübung verschiedener Berufe, ab 1949 Wiederaufbau des im Kriege zerstörten Luftfahrt-Bild- und Informationsarchivs, zur Zeit größtes Luftfahrt-Bildarchiv in privater Hand (über 30000 Negative). 1968 bis Ende 1977 Mitarbeiter der Abteilung »Marktforschung und Verkehrsentwicklung« am Flughafen Frankfurt/Main, Arbeitsgebiet Interner Informationsdienst und Archiv. Seit 1958 umfangreiche Tätigkeit als Luftfahrtschriftsteller.

Bisherige Veröffentlichungen als Autor bzw. Mitautor:

1958	Richthofen and his Flying Circus	Harleyford Publ.
1959	Air Aces 1914—1918 (Germany)	Harleyford Publ.
	Entwicklung der Flugzeuge 1914—1918	J. F. Lehmanns
	Der silberne Dreidecker (W. Voss)	Moewig
	Heinrich Gontermann	Moewig
1960	Im Rücken des Feindes	Moewig
	England-Geschwader (BOGOHL 3)	Moewig
	Flieger v. Zeebrügge (Christiansen)	Moewig
	Nachtjagd	Moewig
	Nachtjagd, 2. Auflage 1968	Pabel-Verlag
	Jagdgeschwader 2 1917/18	Moewig
1961	Die deutschen Flugzeuge von 1933—1945	J. F. Lehmanns (m. K. H. Kens)
	50 Jahre Deutsche Luftwaffe (1910—1915)	Eigenverlag
	Flug des Jagdfalken (Buddecke)	Moewig
	Flieger-Asse 1914—1918	Moewig
	Bombengeschwader (1914—1918)	Moewig
1963	Messerschmitt 109	Harleyford Publ.
1964	Die deutschen Flugzeuge 1933—1945, 2. Aufl.	(ohne K.-H. Kens)
	50 Jahre deutsche Luftwaffe, Bd. 2 (1915—1917)	Interconair
1965	Focke-Wulf Fw 190	Harleyford
	Junkers Ju 87 (Bildband, mit Feist)	Aero Publishers
	Dornier Do 335 (Bildband, mit Feist)	Aero Publishers
	Tigers-Tanks (Bildband, mit Feist)	Aero Publishers
	Pz. Kw. I—V (Bildband, mit Feist)	Aero Publishers
1967	Sowjetflugzeuge 1941—1966	J. F. Lehmanns
	Junkers Ju 87 (Bildband)	Caler, USA
	Junkers Ju 88 (Bildband)	Caler, USA
	Messerschmitt Me 262 (mit Feist)	Aero Publ., USA
	Heinkel He 177	Aero Publ., USA
	50 Jahre Deutsche Luftwaffe, Bd. 3 (1918)	Interconair
1968	German Tanks (Bildband)	ARCO, USA
	The Jew with the Blue Max (Frankl)	Caler, USA
	Marseille (Bildband)	Caler, USA
	Die deutschen Flugzeuge 1933—1945, 3. Aufl.	J. F. Lehmanns
	Eisernes Kreuz und Balkenkreuz	Hoffmann
1969	60 Jahre Deutsche Verkehrsflughäfen	Hoffmann
1970	Junkers (mit John Turner)	Jan Allen, GB
1971	Russian Civil & Military Aircraft 1884—1959 (mit G. R. Duval)	Harleyford Publ.
	German Combat Planes (mit Ray Wagner)	Doubleday, USA
	Messerschmitt (mit J. R. Smith)	Jan Allen, GB
	Junkers (mit John Turner)	Jan Allen, GB
1972	Die deutschen Flugzeuge 1933—1945, 4. Aufl. (ohne K.-H. Kens)	J. F. Lehmanns
1973	Focke-Wulf (mit J. R. Smith)	Jan Allen, GB
	Über allen Fronten (Ju 88)	Pabel
	»Haudegen« des II. Weltkriegs (Fw 190)	Pabel
	Feindflug nach Norden 1940	Pabel
	Luftkrieg im Westen 1940	Pabel
1974	Messerschmitt 109	Pabel
	Legion Condor	Pabel
	Stukas	Pabel
	Messerschmitt-Zerstörer	Pabel
	Heinkel-Bomber	Pabel
	Pioniere des Jet-Zeitalters	Pabel
	Dornier-Bomber	
1975	Raketenjäger	Pabel
	Heinkel-Jäger	Pabel
	Werner Mölders	

	Fernbomber	Papel
	Helmut Wick	Pabel
	Marineflieger	Pabel
	Am Himmel über Rußland	Pabel
	Heinkel und seine Flugzeuge	J. F. Lehmanns
1976	Schlacht um England	Pabel
	Flugzeug-Giganten	Pabel
	Kampf unter Sternen	Pabel
	Luftkampf über dem Balkan	Pabel
	Zwischen Italien und Afrika	Pabel
1977	Krieg über Europa	Pabel
	Die deutschen Hubschrauber	Pabel
	Luftkrieg über dem Mittelmeer	Pabel
	Gesunken im Eismeer	Pabel
	Der Kessel von Demjansk	Pabel
	Der Frontbogen von Kursk	Pabel
	Die deutschen Flugzeuge 1933—1945, 5. Aufl.	J. F. Lehmanns
	Spitfire (Bildband)	Podzun-Pallas
	Uboot Typ VII (Bildband)	Podzun-Pallas
1978	Deutsche Lastensegler (Bildband)	Podzun-Pallas
	Sowjet-Jagdflugzeuge (Bildband)	Podzun-Pallas
	Der fliegende Bleistift (Bildband)	Podzun-Pallas
	Junkers Ju 88 (Bildband)	Podzun-Pallas
	Heinkel He 111	Podzun-Pallas
	Luftschlacht um England	Podzun-Pallas
	Geleitzugschlachten im Mittelmeer	Podzun-Pallas
	Junkers Ju 88, 1. Aufl.	Motorbuch
	Luftkrieg über Großbritannien	Pabel
	Die Fallschirmjäger und ihr General	Pabel
	Über Europas Fronten (Ju 52)	Pabel
1979	Über sterbenden Städten	Pabel
	Die Augen des Heeres	Pabel
	Bomberstrom im Quadrat	Pabel
	Dem Feind auf der Spur	Pabel
	Blohm & Voß Bv 138 (Bildband)	Podzun-Pallas
	Junkers Ju 87 (Bildband)	Podzun-Pallas
	Fieseler Fi 156 »Storch« (Bildband)	Podzun-Pallas
	Heinkel He 111	Motorbuch
	Die 109	Motorbuch
1980	Luftwaffen-Unternehmen »Barbarossa«	Podzun-Pallas
	Die ersten Strahlbomber (Bildband)	Podzun-Pallas
	Blohm & Voß Bv 222 und 238 (Bildband)	Podzun-Pallas
	Die deutschen Hubschrauber (Bildband)	Podzun-Pallas

	Englands Höllenvögel (Spitfire)	Pabel
	Die verbotenen Flugzeuge	Motorbuch
	The He 111 (engl. Version des Titels bei Motorbuch-Verlag)	Jane's, GB
1981	Nahaufklärer	Motorbuch
	Junkers Ju 88, 2. Aufl.	Motorbuch
	Vom Fliegen besessen (Udet)	Podzun-Pallas
	Fokker Dr. I und D VII (Bildband)	Podzun-Pallas
	Fremde Vögel im deutschen Gewand (Bildband)	Podzun-Pallas
1982	Heinkel He 219 »Uhu« (Bildband)	Podzun-Pallas
	Die Bomber kommen	Podzun-Pallas
	Die Flugzeuge des Alexander Baumann	Podzun-Pallas
	Gezielter Sturz — Sturzbomber	Motorbuch
1983	Die großen Dessauer (Bildband)	Podzun-Pallas
	Fernaufklärer	Motorbuch
1984	Torpedoflugzeuge	Motorbuch
	Heinkel He 162 (Bildband)	Podzun-Pallas
	Messerschmitt Me 109 (Bildband)	Podzun-Pallas
1985	Dornier Do X (Bildband)	Podzun-Pallas
	Dornier Do 335 (Bildband)	Podzun-Pallas
	Die deutsche Luftrüstung 1933—1945, Band 1	Bernard & Graefe
	Deutsche Jagdflugzeuge 1915—1945	Podzun-Pallas
1986	Die Ju 52, Flugzeug und Legende	Motorbuch
	Die deutsche Luftrüstung 1933—1945, Band 2	Bernard & Graefe
1987	Focke-Wulf Fw 190/Ta 152	Podzun-Pallas
	Deutsche Flugkörper (ohne V 1 und V 2)	Podzun-Pallas
	Die deutsche Luftrüstung 1933—1945, Band 3	Bernard & Graefe
	Junkers Ju 88, 3. Aufl.	Motorbuch
	Focke-Wulf Fw 190/Ta 152	Motorbuch
	Junkers Ju 52, Flugzeug und Legende, 2. Aufl.	Motorbuch
	Junkers Ju 52 Aircraft & Legend	Englische Lizenzausgabe durch Haynes Publishing Group England & USA
1988	Die deutsche Luftrüstung 1933—1945, Band 4	Bernard & Graefe
	Junkers Ju 52	Podzun-Pallas
	Luftschiffe	Podzun-Pallas
	Junkers-Großflugzeuge	Motorbuch
1989	Henschel Hs 126 & Focke-Wulf Fw 189	Podzun-Pallas

1 Quer durch Regensburg – Weltstadt außer Dienst

Stadtrundgang zwischen Dom, Donau und 2000 Jahren Geschichte

1/2–1 Tag — Weglänge etwa 8 km

Als es in Bayern noch gar keine Bayern gab, sondern nur Kelten, da gab es schon Regensburg. 500 Jahre vor Christus gab es das keltische Rathaspona. 600 Jahre später wurde daraus ein römisches Kohortenlager und im Jahr 179 unter Kaiser Marc Aurel die wichtige Festung „Castra Regina", von der heute noch wuchtige Reste zu sehen sind. Als an der oberen Isar alles noch im Urschlaf lag, im 6. Jh., wurde „Reganespurc" unter den Agilolfingern Hauptstadt von Bayern, im 8. Jh. wurde Regensburg eine karolingische Königspfalz und dann wieder Hauptstadt Bayerns unter den Welfen und den Wittelsbachern. Seit 739 ist Regensburg Bischofssitz. Als die Münchner erwachten, um endlich in die bayerische Geschichte einzutreten, stand die alte Donaustadt schon im Zentrum der Geschichte der Alten Welt, war freie Reichsstadt und – im Rahmen jener Zeit – eine richtiggehende Weltstadt... Wer das nicht glaubt, der laufe in Regensburg die Parade der Zeugen ab: von der Castra Regina bis zum Riesenschatz der guterhaltenen mittelalterlichen Kirchen und Häuser. – Wir durchstreifen Regensburg, weil dort der Regen als größter Bayerwaldfluß in die Donau mündet, weil Regensburg Vorstadt und Eingangspforte zum Bayerwald ist. Keinen Bayerwaldfreund wird es reuen!... Unsere Skizze deutet den Rundgang grob an: Vom Bahnhof geht es N durch Grünanlagen zum Ernst-Reuter-Platz, dann rechts zur Martin-Luther-Straße, nach dem ersten Haus gleich links in ein Gasserl zur Römermauer, der wuchtigen SO-Ecke der Castra Regina und durch die Gasse „Am Königshof" nordwärts zum Dachauplatz: 0,9 km. Hier an der Ostseite im einstigen Minoritenkloster das sehr interessante Städtische Museum. Weiter N zum Schwanenplatz und dann links zum Alten Kornmarkt: er umfaßt den Bezirk des römischen Castells. An der Westseite der Herzogshof, der Römerturm, südlich anschließend die großartige Alte Kapelle. Später gehen wir N über den Platz zur Niedermünster-Kirche, dann links W zum ehemaligen Domfriedhof zwischen St. Ulrich und dem gotischen Dom St. Peter mit seinen wuchtigen, doch feingegliederten Bündelpfeilern: + 0,7 km – Vom Hauptportal rechts über den Krauterermarkt abwärts zum Bischofshof, vom Innenhof links durch die Porta Praetoria in die Gasse „Unter den Schwibbögen", zur Donau und über die Eiserne Brücke zum Unteren Wöhrd. Am N-Ufer bummeln wir mit feinem Blick auf die Altstadt unter der Steinernen Brücke durch, dann über den Eisernen Steg, am Südufer zurück bis zur historischen Wurstkuchl: + 2,1 km. – Zweimal rechts, dann links haltend kommen wir durch die Brückstraße zum Goliathhaus und anderen bis zu sieben Stockwerken hohen alten Geschlechterhäusern. Jetzt westwärts durch die Goliathstraße, am Baumburger Turm vorbei, zum Kohlenmarkt mit dem architektonischen Phänomen des Alten Rathauses: + 0,4 km – wo es viel zu entdecken gibt, nicht nur älteste Reichsgeschichte. Über die versteckte Silberne-Kranz-Gasse hinab zum Kepler- und Runtigerhaus, dann S zum Haidplatz, einem mittelalterlichen Turnierplatz mit der Kaiserherberge „Zum Goldenen Kreuz". Weiter südwärts – ev. Dreieinigkeitskirche –, dann rechts W durch die Predigergasse zur wuchtigen Dominikanerkirche St. Blasius und durchs Loth-Gässchen in die Schottenkirche St. Jakob: + 1,2 km. Nach der Besichtigung W weiter zum Grüngürtel, SÖ durch ihn hindurch, die Kumpfmühler Straße kreuzend in die Helenenstraße und links am fürstlichen Schloß der Thurn und Taxis entlang zur Emmeramskirche: + 1,2 km. – Der angenehmste Rückweg führt wieder in die Helenenstraße und dann links Ö durch den Park zum Bahnhof: + 1,4 km.

AP/EP: Bhf. Regensburg, P. dort oder im Parkhaus am St. Petersweg.

Charakter: Ein – je nach Interesse – mehr oder weniger aufregender Marsch durch älteste bayrische Geschichte und einen von den Kriegen relativ unversehrten Bestand an kostbaren mittelalterlichen Bauten. Reiner Stadtbummel in kaum befahrenen Gassen.

Einkehr: vielfache Möglichkeiten! Historisch oder aussichtsmäßig besonders interessant: Bischofshof am Krauterermarkt; Kneitinger Garten am Oberen Wöhrd; Wurstkuchl bei der Steinernen Brücke; Ratskeller.

Unbedingt sehenswert: Städt. Museum mit frühgot. Minoritenkirche. – Alte Kapelle: urspr. karoling. Pfalzkapelle, hochroman. Basilika des 11. Jh., ebenfalls barockisiert. – St. Ulrich: Übergangsstil Romanik-Gotik. – Dom St. Peter: bedeut. got. Bauwerk, dreistuf. Basilika ab 1250, Chor 13. Jh., interess. Kreuzgang, Allerheiligenkapelle, frührom. Stephanskapelle. – Altes Rathaus mit Reichssaal von 1350, hervorrag. erhaltene Baugruppe. – Dreieinigkeitskirche: von 1542, Renaiss. u. Frühbarock. – Dominikanerkirche St. Blasius: im 13. Jh. unter Bischof Albertus Magnus erbaut. – Schottenkirche St. Jakob: von irischen Mönchen roman. im 12. Jh. erbaut, bedeut. Portal. – St. Emmeram: aus vorroman. Zeit, von den Asams barockisiert. – Fürstl. Thurn u. Taxis'-Schloß: Sammlungen.

Karte: Stadtplan. – **Auskünfte** wegen Führungen im Alten Rathaus.

Bild: Ausblick vom Oberen Wöhrd (einer Donau-Insel) auf Steinerne Brücke, Brücktor und Salzstadel. Links die Doppeltürme des Niedermünsters, überm Tor der teilweise eingerüstete gotische Dom.

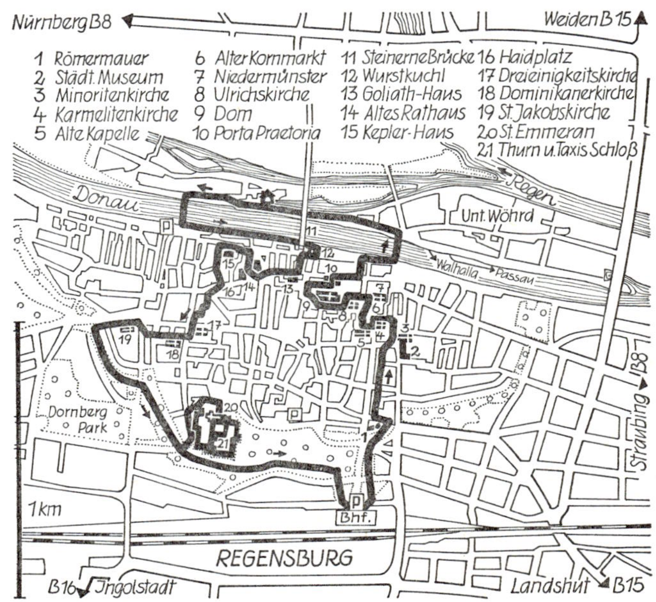

Was ich Gutes finde an Überlegungen, Gedanken, ja sogar im Ausdruck, kommt mir meist im Gehen; sitzend bin ich zu nichts aufgelegt. Goethe

Wandern, Rasten, Schauen - im Bayerwald

Dicht hinter den beiden fürstbischöflichen Residenzen Regensburg und Passau, von den Ufern der Donau weg, steigt „der Wald“ in dunklen Wellen hinauf zum Grenzkamm. Ebendort, wo ihn ein eisiger politischer Wind vom Böhmerwald abschneidet, überragt er wie ein mystisches Zeichen den grellen Lärm des Europa unserer Tage. Aus seinem mächtigen, kaum übersehbaren und doch harmonisch in Kamm- und Talfalten gefügten Waldreich sprudeln noch alle frischen Quellen des letzten Jahrhunderts – Ruhe, Einsamkeit, Besinnung. Wer als Stadtmensch unserer Zeit in diesem Waldgebirge zu wandern beginnt, der geht überall am Arme Adalbert Stifters, dem „stört kein Laut die durchs Gemüt sinkenden Gedanken“, der tritt unversehens dem eigenen Ich gegenüber – und grüßt sein innerstes Wesen wie einen Verlorenen Sohn... Dies klingt nach großen Worten und sattem Überschwang. Aber wir geben unser Wort: so ist es gewesen! So haben wir es erlebt in zwei Sommern zwischen Eisfichten und vergreisten Tannen, zwischen Farnsträußen und Granitblöcken, als wir, Pilze hier, Beeren dort, glücklich im unendlichen Walddämmer versanken. So haben wir es empfunden, wenn wir aus dem grünen Schatten unverhofft an einen hohen Waldrand gerieten, in den Bann eines weltverlorenen Schachten, oder auf einen freien Urgesteinsgipfel, – wo die Sonne nicht mehr im Walddunkel fleckte, sondern in blendender Schärfe über schwarzgrüne Walddämme schäumte, oder über ein in makellos seidigem Glanze ruhendes Nebelmeer.

Das „hohe Lied“ des Bayerwaldes wird längst auch in modernen Fremdenverkehrsprospekten gesungen. Das ist verständlich. Europas Menschenfülle kocht über, es lag nur allzu nahe, auf den Bayerwald als letzte Konserve von Stille und Abgeschiedenheit zurückzugreifen. Wer kennt die Zukunft des Bayerwaldes?... Wohin aufkeimender Fremdenverkehr bei einschlägigen Unternehmern und auch bei Behörden führt, ist leicht zu erahnen. Die Alpen bieten ein grausames Beispiel, obwohl dort die große Verwandlung zum Rummelplatz erst begonnen hat. Im Bayerwald hat Erwerbstrieb für die ersten Einbrüche gesorgt, für die ersten Flecken im reinen Schild seines Ansehens: eine Bergbahn mußte partout auf den höchsten Bayerwaldgipfel gebaut, zwei Forststraßen mußten unbedingt bis dicht unter die Gipfel von Lusen und Dreisessel für den Autoverkehr geöffnet werden. Gewiß, man plant Oasen, plant einen Nationalpark und noch angrenzende Naturparke. Aber wird der böse Trend unserer Zeit vernünftige Planungen noch erlauben? Wir meinen, daß, wer die Entwicklung im Bayerwald dem üblichen, also dem rücksichtslosen Geschäfts- und „Erschließungs“-Trend überläßt, sein Ende beschwört. Der Bayerwald lebt von seinen Kennzeichen Walddichte, Waldluft, Stille, Einsamkeit, Wanderwege, Freiheit der Landschaft. Wenn diese wunderbaren, weil noch vorhandenen Begriffe in einer vernünftigen, aber auch strengen Planung mit den Ansprüchen der „Waldler“, ihrer Sommer- und Wintergäste, der Industrie-Unternehmen und des Gastgewerbes ausgeglichen werden können, dann kann der Bayerwald eine legitime Werbung betreiben. Wenn der Trend siegt, wenn Behörden und Regierung versagen, dann werden aus Werbesprüchen Lügen.

Niemand nehme uns unsere Sorgen um den Bayerwald übel: wir haben nicht nur tief in die Wälder hineingeschaut, sondern auch in verschmutzte Flüsse, auch in den beginnenden Rummel dort, wo bisher auf die glücklichste Weise „nichts los“ war. Wir haben unsere Befürchtungen mit Bedacht vorgetragen... Trotzdem haben wir dieses Buch nicht ohne Freude geschrieben. Wir sind überzeugt, daß unsere Leser auf diesen 84 Wanderungen und Übergängen finden, was sie suchen. Sei es im Vorwald ob Regensburg, im Kamm der Donauhöhen, im großen Grenz- und Hauptkamm, oder im Passauer Buckelland – jeder Leser, der sich vom Auto trennen kann, der leidlich bei Fuß ist, und der ausreichend Willen besitzt, um einige Tage wandernd, rastend, schauend die Unwelt der Großstädte zu vergessen, wird als verwandelter Mensch heimkehren. WALTER PAUSE und WERNER HEISS

Das sanfte Gesetz

wodurch nach Adalbert Stifter's berühmter Maxime „das menschliche Geschlecht geleitet wird", dieses sanfte Gesetz veranlaßt uns, an erster Stelle jener beiden Frauen zu gedenken, die an diesem Buche das Schöne geschaffen haben: Frau Renate Maier-Rothe aus Schwabing, die für den bunten, unseren Absichten vollkommen angemessenen Umschlag sorgte, dazu für die angenehm zu studierende Übersichtskarte der Vorsatzseiten, – und Frau Gaby Neumann aus Pasing, die mit grafischem Gewicht, und mit viel kleinem Kummer um die tausend technischen Details die 84 Wanderskizzen zeichnete. Wir sagen diesen liebenswerten Helferinnen unseren respektvollen Dank!

Für die zweite Auflage haben die Herren F. X. Maier, Regen, Dr. Schiel, Kötzting, und G. Spanner, Straubing, die Angaben zu den Wegmarkierungen überprüft. Wir sagen ein kräftiges Vergelt's Gott! Ebenso allen mitwirkenden Fotografen, dem oft im Bayerwald weilenden und wandernden Verleger Dr. Johannes Steiner, auf dessen Initiative dieses Buch zurückgeht, und nicht zuletzt dem Bayerischen Wald-Verein und den Forstbehörden für ihr Wohlwollen und Entgegenkommen.

Walter Pause und Werner Heiss

Zweite Auflage 1972 ISBN 3 7954 0331 6

 · Einband und Vorsatz: Renate Maier-Rothe, München · Wanderskizzen: Gaby Neumann, München · Klischees: Süddeutsche Klischeeunion, München · Papiere: Papierfabrik Scheufelen, Oberlenningen · Satz, Druck und Bindearbeit in der Offizin des Verlages in Waldsassen

Wandern im Bayerwald

Schnell + Steiner

Die berühmtesten deutschen Autos aller Zeiten

Verlag Podszun-Motorbücher
Elisabethstraße 23, D-59929 Brilon
Herstellung Druckhaus Cramer, Greven
ISBN 3-923448-67-8

Udo Bols

Die berühmtesten deutschen Autos aller Zeiten

PODSZUN

Inhalt

1886-1918

1919-1929

1930-1944

1945-1959

1960-1969

1970-1989

Das erste Automobil: Der Patent-Motorwagen von 1886

Die Motorwagen wurden nicht nur mit Beifall begrüßt

Von den Anfängen 1886 bis zum Ende des ersten Weltkriegs

Schon immer hat der Traum vom selbstfahrenden Wagen die Gemüter der Menschen bewegt. Leonardo da Vinci schuf 1490 ein per Muskelkraft angetriebenes "Fahrzeug". 1769 und 1771 baute der Franzose Nicolas Joseph Cugnot seine Dampfwagen, und Nikolaus Otto ließ sich 1876 den nach dem Viertaktverfahren arbeitenden Verbrennungsmotor patentieren. 1886 erklärte ein Gericht das Patent für ungültig, denn das Viertaktprinzip wurde bereits 25 Jahre früher von einem französischen Ingenieur - zumindest theoretisch - festgelegt. Anders interpretiert: Jeder, der wollte, konnte dieses "Patent" nachbauen, ändern oder verbessern.

Gottlieb Daimler machte davon Gebrauch. Seine Idee: Ein schnellaufender Einzylindermotor, der sich zum Antrieb eines Automobils eignete. Zur selben Zeit beschäftigte sich Carl Benz mit dem Verbrennungsmotor. Beide kannten sich nicht, wußten nicht von der Arbeit des anderen. Das Resultat: Ihre "Motorwagen" wurden auf der Pariser Weltausstellung 1889 gezeigt.

Es war noch ein harter und langer Weg für beide, den Motorwagen salonfähig zu machen. Die stinkenden, knatternden Vehikel wurden keineswegs nur mit Beifall begrüßt. Aber die Anstrengungen wurden belohnt, und was um die Jahrhundertwende wohl niemand vorhergesehen hatte: Das Automobil startete zu einem einzigartigen Siegeszug.

Zügig gewann man immer mehr Distanz zu den Motorwagen mit Riemenantrieb. Die Leistung der Motoren wuchs. Allmählich entwickelten sich die ersten Karosserieformen und findige Köpfe konstruierten all die Dinge, die ein Automobil erst so richtig fahrtüchtig werden ließen: Getriebe und Kupplung, Magnetzünder, sichere Fußbremsen.

Von Jahr zu Jahr gab es mehr Automobilfabriken. Alle standen in hartem Wettbewerb zueinander, starteten bei großen, werbeträchtigen Fahrten, organisierten Grand-Prix-Rennen oder zeigten ihre Entwicklungen auf Ausstellungen. Der Trend war unverkennbar. Wo man vor Jahren im Karosseriebau noch mit Holz gearbeitet hatte, wurde nun Blech eingesetzt. Harte Vollgummireifen gehörten ebenso schnell der Vergangenheit an. Mit Luft gefüllte "Pneumatiks" waren der letzte Schrei.

Als in Europa der erste Weltkrieg ausbrach, hatte das Automobil seine erste Epoche bereits beendet . Während des Krieges lief die PKW-Produktion auf Sparflamme. Automobilhersteller wurden in die Rüstungsindustrie eingebunden und bauten Flug- und Schiffsmotoren.

Nach Ende des ersten Weltkriegs fingen kleine und winzige Firmen an, Automobile zu bauen. Mehr als 100 Unternehmen wollten den Nachkriegsbedarf decken. Zu viele, wie sich bald herausstellen sollte.

Opel 5/12 PS (1911)

Ohne viele Umstände in Gebrauch gesetzt

Wo immer die Rede von der Geburtsstunde des Autos ist, ist auch die Rede von Carl Friedrich Benz und Gottlieb Daimler, jenen Männern, die 1886 - unabhängig voneinander, ohne sich überhaupt zu kennen - die ersten Automobile bauten.

Als am 3. Juli 1886 die Bürger von Mannheim ihre "Neue Badische Landeszeitung" lasen, fanden sie eine interessante Nachricht: "Ein mittels Ligroingas zu betreibendes Veloziped, welches in der Rheinischen Gasmotorenfabrik von Benz & Cie. konstruiert wurde, wurde heute früh auf der Ringstrasse probiert...".

Benz hatte sein erstes Ziel erreicht, der Wagen lief und dort, wo heute Mannheims Wahrzeichen, der Wasserturm steht, ist er zum ersten Mal damit über Mannheims Straßen gefahren.

Schon im Jahr 1885 hatte Benz seine Idee zum Patent angemeldet, und am 29. Januar 1886 erhielt er vom Kaiserlichen Patentamt unter der Nummer 37435 die Urkunde. In seiner kleinen Werkstatt arbeitete er nun Tag und Nacht an dem Wagen. Rohre wurden gebogen und zu einem Chassis zusammengeschweißt. Die großen Drahtspeichenräder bestellte er bei der Firma Heinrich Kleyer in Frankfurt, die damals Hochräder herstellte. Den Motor ordnete er liegend hinter dem Sitz an. Ein flacher Lederriemen führte zu einer Welle unter dem Wagen. Auf dieser Achse gab es ein starres und ein durchdrehendes Riemenrad. Vom Führersitz konnte der Riemen über einen Hebelmechanismus vom Leerlaufrad auf das Antriebsrad gelenkt werden.

Eine filigrane Zahnstangenlenkung, die über eine Kurbel auf das Vorderrad wirkte, verschaffte dem Gefährt eine erstaunliche Wendigkeit.

In einem Artikel vom 15. September des Jahres 1886 schreibt der "Mannheimer General-

Benz Patent Motorwagen (1886)

Technische Daten:
offener zweisitziger Dreiradwagen
Motor: 4-Takt, 1 Zylinder, Hubraum: 954 ccm, Leistung: 0,75 PS bei 4000 U/min, Gewicht: 265 kg, Baujahr: 1886

Carl Benz auf seinem Patent-Motorwagen

Carl Benz am Steuer seines Motorwagens von 1887

Benz-Velo, erstes Serienfahrzeug (1894)

Familie Benz mit einem Vierzylinder (1905)

anzeiger: "Wir glauben, daß dieses Fuhrwerk eine gute Zukunft haben wird, weil dasselbe ohne viel Umstände in Gebrauch gesetzt werden kann und weil es, bei möglichster Schnelligkeit, das billigste Beförderungsmittel für Geschäftsreisende, eventuell auch für Touristen werden wird...".

Benz war mit "freudiger Zuversicht" erfüllt. Bis 1894 baute er etwa 25 solcher Dreirad-Motorwagen, die für rund 3000 Mark verkauft wurden.

1893 entstand das erste vierrädrige Modell "Victoria", mit dem sich Benz besonders gern zeigte. Auch die weiteren Neunziger-Jahre-Benz "Comfortable" und "Vis-à-Vis" waren wie Kutschen gebaut und mit langsamlaufenden Heckmotoren ausgestattet. Der Käufer konnte unter einer Vielzahl von Aufbauten wählen: dem offenen Phaeton, dem Landauer mit aufklappbarem Verdeck, es gab Sonnendächer und Glasaufbauten und bis zu acht Sitzgelegenheiten. Diese Modelle brachten Benz vorübergehend an die Spitze der Weltproduktion.

Benz Parsifal Tonneau 10/12 PS (1903)

Noch vor der Jahrhundertwende kam bei Benz ein Viertakt-Zweizylinder-Boxer, der "Contra"-Motor, auf den Markt, der zunächst in die "Dos-á-Dos"-Modelle (Rücken an Rücken) eingebaut wurde. Die "Parsival"-Modelle (1902) trugen den Zwei- oder Vierzylindermotor vorn stehend. Die Weigerung von Benz, Autos mit mehr Leistung und Geschwindigkeit zu bauen, führte Anfang des Jahrhunderts zu einer Absatzkrise. 1903, Carl Benz war ausgeschieden, Erfolge bei Rennveranstaltungen konnten verbucht werden, wurde die Krise überwunden.

Opel Motorwagen "System Lutzmann" (1899/1900)

NSU 8/24 PS

Zum halben Preis

Von dem Auto als Gebrauchsgegenstand war erst ein Jahrzehnt später die Rede. Opel hatte diesen Trend frühzeitig erkannt und präsentierte 1909 ein Automobil, das sich als geradezu ideal für alle jene erweisen sollte, die beruflich auf einen fahrbaren, möglichst unkomplizierten Untersatz angewiesen waren. Die vorrangige Zielgruppe: Ärzte!

Ihnen, aber auch anderen Berufsgruppen, machte die Werbung ein Fahrzeug schmackhaft, das man bequem allein, ohne Chauffeur, auf allen Straßen bewegen konnte. Für das schnelle Vorwärtskommen sorgten 8 PS, und die Kraft wurde sogar über ein Dreiganggetriebe auf die Hinterachse übertragen. Eine vernünftige Fußbremse gab es auch. Reifenpannen zählten damals zur Tagesordnung. Überall lagen Hufnägel herum. Opel vereinfachte durch komplett abnehmbare Felgen den Reifenwechsel. Ein Automobil mit solchen Annehmlichkeiten mußte sich einfach gut verkaufen: Opel konnte den Doktorwagen dank enormer Nachfrage gegenüber dem Vorgängermodell zum halben (!) Preis anbieten. Fazit: Der Doktorwagen war das Automobil, das Opel zum großen Durchbruch verhalf - vorerst zumindest.

Technische Daten:
Motor: Vierzylinder-Reihe, Hubraum: 1.000 ccm, Leistung: ca. 8 PS bei 1.500 U/min, Spitze 55 km/h, Baujahre: 1909/1910.

Opel Doktorwagen 4/8 PS (1909)

Auf eigene Gefahr ins Verderben

Fidelis Böhler baute 1923 in Berlin einen Prototypen. Hanomag kam, sah und übernahm Konstruktion samt Konstrukteur. Kein schlechter Fang. Das Fahrzeugkonzept war in vielen Details seiner Zeit voraus.

Um Platz zu gewinnen, wurde auf Kotflügel und Trittbretter kurzerhand verzichtet. So entstand quasi die erste Pontonkarosserie für einen Gebrauchswagen. Und das immerhin 25 Jahre bevor es den Nachfolger Borgward gab. Der Volksmund war bei solch ungewöhnlicher Karosserie natürlich gleich zur Stelle: Kommißbrot.

Betrachten wir den Wagen von der technischen Seite. Die Vorderachse wurde mit zwei übereinanderliegenden Querblattfedern unabhängig gefedert. Es gab nur einen Mittelscheinwerfer, dafür aber gleich zwei Hupen und einen Scheibenwischer mit je einem Blatt für außen und innen. Der Einzylinder-Motor war vor der differentiallosen Hinterachse angebracht.

Technische Daten:
Motor: Einzylinder stehend, Hubraum 502 ccm, Leistung: 10 PS bei 2.500 U/min, Spitze: 60 km/h, Preis ca. 2.500 Reichsmark, Baujahre: 1925 bis 1928

Hanomag Kommißbrot 2/10 PS

Trotz der simplen Technik avancierte das Kommißbrot zum meistgebauten und populärsten Automobil seiner Zeit. Hanomag produzierte in drei Jahren mehr als 15.000 Stück. Erst später übertrafen der Opel-Laubfrosch oder der Dixi diese Zahl.

Der hier gezeigte Kommißbrot aus dem Automuseum Ibbenbüren gehört zu den wenigen, die absolut dem Original entsprechen. Selbst die am Armaturenbrett montierten Hinweistäfelchen sind noch erhalten: Ein Emailleschild mit den wichtigsten Verkehrszeichen oder der warnende Hinweis für den Beifahrer, daß er sich "auf eigene Gefahr ins Verderben" stürze.

Hanomag Kommißbrot 2/10 PS

Der kleine Unterschied

Was Citroen recht war, konnte Opel nur billig sein. In Rüsselsheim beabsichtigte man einen ähnlichen Kleinwagen zu bauen, wie ihn Citroen 1920 geschaffen hatte: preisgünstig, komfortabel, wendig. Ein Auto, das sich "jeder" leisten konnte. Derartige Bedingungen konnten nur durch hohe Stückzahlen erreicht werden. Und hohe Stückzahlen hieß: rationelle Fertigungsmethoden.

1924 war es soweit. Unter der Bezeichnung 4/12 PS betrat das Gefährt 1924 die Automobilszene. Das erste Automobil,. das in einer Großserie gebaut wurde. Grün lackiert, hatte das Wägelchen bald seinen Spitznamen gefunden: Laubfrosch.

Hatten sich die Rüsselsheimer zu sehr an dem französischen Vorbild orientiert? Nachdem ein Journalist 1924 schrieb, bei dem Laubfrosch handele es sich wohl um einen Lizenzbau des Citroen 5 HP, stand für Citroen fest, daß der Opel nichts anderes als eine "Raubkopie" ihres 5 HP sei.

Opel 4/12 PS und dahinter 4/14 PS

Technische Daten:
Motor: Vierzylinder Reihe, Hubraum: 951 ccm, Leistung: 12 PS bei 2.200 U/min, Spitze: 66 km/h, Preis ca. 4.000 Reichsmark, Baujahre: 1924 bis 1925

Opel 4/12 PS Laubfrosch (1924)

Opel 4/12 PS Laubfrosch (1924)

Es kam zur Klage. Beweise hatten die Franzosen reichlich. Der Opel ähnelte dem Citroen nicht nur äußerlich, auch von der Technik her gab es Punkt für Punkt Gemeinsamkeiten. Opel sah das anders: Immerhin habe ihr Laubfrosch mehr Leistung und außerdem trage er ein Opel-Emblem am Kühlergrill! Das leuchtete den Richtern ein, und weil Citroen für seinen 5 HP nie Gebrauchsmusterschutz angemeldet hatte, konnte der Laubfrosch keine Kopie sein! Wie dem auch sei: der Opel 4/12 PS wurde ein Longseller.

Der Laubfrosch war der Urahn der erfolgreichen Opel-Kleinwagen-Baureihe. Der erste preiswerte "Volkswagen" wurde rationell und kostengünstig "am laufenden Band" produziert. Ab Herbst 1924 konnten neben dem Laubfrosch ein offener Dreisitzer, eine 3-Platz-Limousine und ein Kastenwagen georgeordert werden, mit längerem Fahrgestell und einem auf 14 PS verstärkten Motor. Daneben blieb der Zweisitzer 4/12 PS im Programm bis zum Spätherbst 1925.

Opel 4/14 PS (1924/25)

Opel 4/14 PS (1926)

Modell SSK (1928-1930)

Hundertachtzig Pferdestärken

Sie sind die interessantesten Produkte, die nach der Fusion von Daimler und Benz präsentiert wurden: Die Kompressorwagen S , SS, SSK und SSKL. "S" wie Sport, "SS" wie Super Sport, "SSK" wie Super Sport Kurz und "SSKL" wie Super Sport Kurz Leicht.

Der "S" debütierte 1927 und war für den Sporteinsatz prädestiniert. Er basierte auf einem Niederrahmenfahrgestell von nur 1.270 kg. Der zuschaltbare Kompressor putschte bei Bedarf die Leistung der 6,8-Liter-Maschine von 120 PS auf 180 PS hoch.

Der "SS" verfügte über einen 7,1-Liter-Hubraum, war aber wie der "S" für den Wettbewerbssport mit zu langem Radstand behaftet. Der "SSK" mit seinem kürzeren Radstand ließ sich schneller in enge Kurven ziehen. Der "SSKL" schließlich war abgespeckt leichter als seine Artgenossen.

Billig waren sie nicht, die Kompressorwagen. Auch die etwas unauffälligeren Reisewagen galten als äußerst nobel. Unzählige Karosserieversionen und Sonderaufbauten waren zu haben, konnten nach individuellen Wünschen bestellt werden. In Fachkreisen gelten heute die Kompressorwagen, die nur in geringer Stückzahl gebaut wurden, als absolut gewinnbringende Geldanlage.

Technische Daten: (SSK)
Motor: Sechszylinder Reihe, Hubraum: 7.065 ccm, Leistung: 180 PS bei 3.300 U/min, Spitze: 192 km/h, Preis ca. 33.000 Reichsmark, Baujahre 1929 bis 1930

Modell SSKL (1931)

Modell SS Cabriolet von Castagna

Mercedes-Benz Sport-Viersitzer Modell K (1928)

Das kleine Wunder

Pläne, einen einfachen und robusten Personenwagen zu bauen, raubten dem dänischen Ingenieur Jörgen Skafte Rasmussen den Schlaf. 1920 hatte ein kleiner Spiel-Zweitaktmotor sein Interesse erregt. Er wollte mehr daraus machen, irgendwie mußte sich dieser Motor doch zum Betrieb eines Autos weiterentwickeln lassen. Und tatsächlich gelang Rasmussen zunächst ein Fahrradhilfsmotor, dann ein Motorradmotor und 1928 erfüllte sich sein Traum: Der Produktion eines Zweitakt-Automobils mit Heckantrieb stand nichts mehr im Weg. Der DKW war einfach in der Herstellung und lief im Alltagsbetrieb relativ störungsfrei.

Aber Rasmussen wollte mehr. Noch Ende der zwanziger Jahre schmiedete er Pläne für eine neue Modellreihe. Zusammen mit Audi entwickelte er seinen ersten "Front"angetriebenen Wagen. Das Resultat: Ab 1931 gab es den DKW-Front zu kaufen. Das Publikum reagierte zunächst skeptisch, doch der "Front" setzte sich durch, Rasmussen mußte die Produktion ständig erhöhen.

Der erste serienmässige DKW, Roadster 600 ccm

DKW F 5 K 700

DKW F1

DKW F 5 Luxuscabriolet

Dieser erste deutsche Großserienwagen mit Frontantrieb besaß einen quer zur Fahrtrichtung eingebauten Motor, ein Konzept, das erst Jahrzehnte später zur Selbstverständlichkeit wurde. Bei der Weiterentwicklung hielt sich Rasmussen konsequent an die Bezeichnung "F" wie Frontantrieb. Dem F1 folgte der F2 usw. Der bekannteste Nachfolgetyp war der DKW F5, der von einem 700-ccm-Motor mit der von DKW patentierten "Schnürle-Umkehrspülung" angetrieben wurde, jenem System, das den Betrieb eines Zweitakters wirtschaftlich und zuverlässig machte.

Die kleinen DKW zählten zu den meistgefahrenen Automobilen in Deutschland. Aber, so bekannt sie auch waren, bei der Deutung der Buchstaben DKW stößt man heute noch auf Widersprüche. Eigentlich kann DKW nur für "Das kleine Wunder" stehen.

Technische Daten: (DKW F1)
Motor: Zweizylinder-Zweitakt, Hubraum: 584 ccm, Leistung: 15 PS bei 3.500 U/min, Spitze 75 km/h, Preis: 1.825 Mark, Baujahre: 1931/1932

Der sicherste Wagen der Welt

Sie waren die Sensation auf der Berliner Automobilausstellung 1928: Die Röhr 8-Zylinder-Wagen. Mit Recht, wie wir heute wissen. Denn mit ihnen begann die Entwicklung des modernen Automobils. Bis dahin verließ man sich auf trampelnde Starrachsen, baute hohe Karosserien und verwindungsfreudige Rahmen, gab sich mit einer gefühllosen Schnekkenlenkung zufrieden.

Technische Daten: (Röhr R)
Motor: Achtzylinder-Reihe, Hubraum: 2.246 ccm, Leistung: 50 PS bei 3.250 U/min, Spitze: 100 km/h, Preis: 8.450 Mark, Baujahre: 1928 bis 1930

Röhr 8 Cabriolet 13/75 PS

Gustav Röhr zeigte, daß es besser ging. Sein Beispiel war so überzeugend, daß bald alle fortschrittlichen Fahrgestelle nach seinem Vorbild konzipiert wurden. Bereits 1922 entwickelte Röhr Prototypen, die durch leichte Tiefbettkastenrahmen und unabhängige Federung mehr Komfort boten als konventionelle Automobile. Eines dieser Ergebnisse nannte sich "Röhr R". Dieser Wagen wurde mit dem Slogan "Das sicherste Auto der Welt" beworben. Leider kam der "R" in der Wirtschaftskrise auf den Markt. Die unterkapitalisierte Firma stand vor dem Konkurs. Röhr ging zu den Adler-Werken.

Nach dem Konkurs übernahm eine Schweizer Finanzgruppe die alte Firma. Sie beauftragte Porsche mit der Überarbeitung der gesamten Konstruktion. Das Chassis wurde im Prinzip beibehalten. Unter der Haube arbeitete ein völlig neuer 8-Zylinder mit hoher Leistung. Den Namen Röhr konnte man jetzt in einem Atemzug mit Maybach, Horch oder Mercedes-Benz nennen. Dennoch blieben relevante Verkaufszahlen aus. Der exclusive Röhr F brachte es auf gerade 250 Exemplare.

Die Zeit der klassischen Automobile

Die dreißiger Jahre

Die dreißiger Jahre, das war die Zeit, in der die typischen Klassiker entstanden. Raritäten wie die Mercedes-Benz-Kompressorwagen, Maybachs Zeppelin oder Horchs 853. Von der Stückzahl her waren sie nicht der Rede Wert, aber sie waren die Wagen, die auf den zahlreichen Automobilausstellungen für Gesprächsstoff sorgten.

Es waren jedoch auch schwere Zeiten. Viele Unternehmen mußten während der Weltwirtschaftskrise ums Überleben kämpfen. Konkurse waren an der Tagesordnung. DKW, Audi, Horch und Wanderer schlossen sich zur Auto-Union zusammen, um die Existenz zu sichern.

Trotz dieser Schwierigkeiten blieb der Fortschritt keineswegs auf der Strecke. Verbesserungen auf dem Gebiet der Fahrwerktechnik, gepreßte Ganzstahlkarosserien und Servobremsanlagen zählten, zumindest in der oberen Klasse, bald zum Standard. Die Karosseriebaubetriebe hatten Konjunktur. Viele Kunden orderten nur das Fahrgestell, ließen sich den Aufbau individuell gestalten. Avantgardistische Formen entstanden. Windschlüpfrige Stromlinien-Karosserien machten die Autos schneller.

Mercedes-Benz präsentierte den ersten Diesel-PKW. Das Konzept setzte sich durch. Andere Überlegungen oder Weiterentwicklungen, oft bereits als Prototyp ausgebildet, blieben in unvollendeter Phase stecken. Mit dem Ausbruch des zweiten Weltkrieges ging die Produktion von Personenwagen rapide zurück. Automobilhersteller stellten ihre Produktion auf Rüstungsgüter um.

Hansa 1100 Cabriolimousine (1934)

Opel Admiral (1937/38)

Über hunderttausend Trümpfe

Er wartete mit der ersten Lenkradschaltung der Welt auf: Der Adler Trumpf Junior. Von Röhr und Dauben entwickelt, war er der Nachfolger der Röhr-Wagen, natürlich mit Frontantrieb und unabhängiger Federung. Neben dem Primus war der Trumpf der erfolgreichste Adler und wesentlich moderner.

Die Kastenplattform war mit der Karosserie fest verbunden, fast eine selbsttragende Karosserie. Als Trumpf Junior erschien der Wagen 1934 zunächst mit kunstlederüberzogener Leichtbaukarosse. Die anspruchsvollere Stahlblechversion folgte. Ab 1936 bot Adler den Trumpf Junior als Limousine, Cabrio-Limousine und als sportlichen, offenen Zweisitzer an. Viele Karosseriebauer, vor allem Karmann in Osnabrück, kleideten den Wagen mit gelungenen Aufbauten ein.

Technische Daten: (Junior 1. Serie) Motor: Vierzylinder Reihe, Hubraum: 995 ccm, Leistung: 25 PS bei 4.000 U/min, Spitze: 90 km/h, Baujahre: 1934/1935

Ende 1939 rollten über 100.000 Trümpfe auf Landstraßen und Autobahnen. Pläne, den erfolgreichen Typ auch nach dem Krieg wieder aufzulegen, konnten nicht verwirklicht werden. Prototypen wurden verschrottet. Einen Beitrag zur Massenmotorisierung leistete Adler erst wieder in den fünfziger Jahren mit einem Motorroller.

Fünfundzwanzig Jahre Pause

Mit einem aufwendig gestalteten Katalog warb Audi schon lange vor der Präsentation seines berühmten, letzten Vorkriegswagens. Mit Erfolg! Bis zum Januar 1939 lagen über 200 Vorausbestellungen vor! Die Käufer wurden nicht enttäuscht. Ein geniales Automobil war entstanden.

Als Motor des Heckantrieb-Wagens diente der bewährte Reihen-Achtzylinder des Horch (um zwei Zylinder "gekürzt"). Das Fahrgestell erinnerte an Wanderer-Automobile und von DKW lieh man sich die hintere Schwebeachse. Der Innenraum erinnerte an amerikanische Vorbilder.

Verbesserungen wurden während der gesamten Bauzeit kaum angebracht. Zwar plante man die Endgeschwindigkeit zu erhöhen, aber die Einführung des Tempolimits von 100 km/h auf Autobahnen (das gab es damals schon!) stoppte dieses Vorhaben. Pläne für die vierziger Jahre gab es reichlich, doch der Kriegsausbruch verhinderte die Verwirklichung. Wer Audi treu bleiben wollte, mußte eine Pause von 25 Jahren einlegen, bis zum Comeback 1965 in Ingolstadt.

Technische Daten:
Motor: Sechszylinder Reihe, Hubraum: 3.281 ccm, Leistung: 75 PS bei 3.000 U/min, Spitze: 130 km/h, Preis: ca. 8.500 Mark, Baujahre: 1938 bis 1940

Traumwagen der dreißiger Jahre

Mit den Typen 500 K und 540 K verband sich noch einmal der Welterfolg der S- und SS-Modelle. Sie waren zwar nicht so sportlich, aber unter den gewaltigen Hauben verbarg sich eine faszinierende Technik. Die Linienführungen der verschiedenen Karosserieaufbauten waren außerordentlich elegant. Und in den mehr als 50 Jahren, seit es diesen Traumwagen gibt, hat sich die Faszination unaufhaltsam gesteigert.

Sporttyp 380 mit Kompressor (1933)

Der 500 K, der 1934 erscheint, basiert auf dem Sportwagen-Typ 380, einem Vollschwingachser mit Aufhängung der Vorderräder an Parallelogramm-Lenkern, die sich nun auch vorne der Schraubenfedern bedienen. Der Nachfolger 540 K setzt die Reihe der schnellen Kompressorwagen fort und beschließt sie mit Beginn des Krieges.

Was aus den Trümmern des Dritten Reiches gerettet werden konnte, wurde inzwischen von Liebhabern auf der ganzen Welt restauriert. Früher waren es die Großen dieser Welt, die solche Autos besaßen. Heute sind es die Liebhaber klassischer Automobile, die mit großem finanziellen und ideellen Aufwand diese Schmuckstücke erhalten.

Mercedes -Benz 770 Cabriolet (1938)

Technische Daten: (500 K/540K) Motor: Achtzylinder Reihe, Hubraum: 5.018/5.401 ccm, Leistung: 160/180 PS, Spitze: 160/170 km/h, Gewicht: bis 2.500 kg, Verbrauch: 27/29 Liter, Preise: 22.000 bis 28.000 Mark, Baujahre: 1934 bis 1939

Sporttyp 500 K (1933)

Mercedes -Benz770 (1930-1936)

Mercedes-Benz 540 K Cabriolet

Mercedes-Benz 500 K Cabriolet

Zwölfzylinder Luxusmobil

Maybach: Eine Luxusmarke, die man in einem Atemzug mit Horch und Daimler-Benz nennen muß. Zunächst bekannt für Luftschiffe und Flugzeugmotoren, begann der Automobilbau bei Maybach 1922 mit dem "W3". Er besaß einen elastischen Motor, der ohne Getriebe auskam.

Maybach SW 35

Mitten in der Weltwirtschaftskrise erschien 1929 der berühmte "Zeppelin" mit 12-Zylinder-Motor. Ein Nobel-Mobil von bester Qualität, das in 12 Jahren allerdings nur 340 Käufer fand. Ein kleinerer Wagen mußte ins Programm. Deshalb nahm Maybach ab 1935 die Produktion des "SW35" auf (SW wie Schwingachse). Der Hubraum des 3,5-Liter-Motors wuchs aber rasch an. Aus dem SW35 wurde der SW38, dem das Modell SW42 folgte. Wer meint, der Hubraumvergrößerung folgte logischerweise auch ein Leistungsanstieg, der irrt. Maybach mußte den Hubraum wegen der immer schlechter werdenden Benzinqualität notgedrungen vergrößern. Es gab keinen anderen Weg, die 140 PS zu halten.

Maybach Zeppelin (6-7 sitzige Pullmann-Limousine)

Maybach SW 38 (6-7 sitziges Cabriolet als Coupé aufgeklappt)

Maybach SW 38 Cabriolet

Technische Daten: (Maybach Zeppelin) Motor: Zwölfzylinder in V-Form, Hubraum: 6.962 ccm, Leistung: 150 PS bei 2.800 U/min, Spitze: 145 km/h, Preis: ca. 30.000 Mark, Baujahre: 1930 bis 1934

Wie bei Luxuswagen üblich, beschränkte sich Maybach auf den Bau von Chassis. Die Aufbauten wurden auswärts bei einschlägigen Karosseriebauern hergestellt.

Das technisch interessanteste Detail eines Maybach ist die Funktionsweise seines Getriebes. Es wird über zwei kleine Hebelchen direkt an der Lenkradnabe geschaltet. Man brauchte nur das Gas wegzunehmen, die Hebel in ihre entsprechende Position zu bringen, und schon war man - ohne zu kuppeln - im nächsten Gang. Der Mittelschalthebel diente zum Einlegen des Rückwärtsgangs und zum Einschalten des Vorgeleges für schwieriges Gelände.

Luxuswagen dieser Klasse wurden damals nur selten von Privatleuten angeschafft. Viel häufiger schmückten sich Staatsdiener oder Direktoren großer Konzerne mit solchen Nobelgefährten.

Bei 130 bleibt die Nadel stehen

Sie galten stets als nobel. Schauspieler und andere Prominente ließen sich gern mit ihnen ablichten. Sie tauchten häufig in alten Filmen auf: Horch-Automobile, die es zwar seit 1900 gab, die aber erst in den dreißiger Jahren so richtig berühmt wurden.

Technische Daten:
Motor: Achtzylinder Reihe, Hubraum: 4.944 ccm, Leistung: 120 PS bei 3.600 U/min, Spitze: 130 km/h, Preis 15.000 Mark, Baujahre: 1937 bis 1939

1931/32 ging Horch in der Auto-Union auf, jenem Konzernzusammenschluß, der den Firmen DKW, Wanderer, Audi und Horch im hartumkämpften Markt eine Überlebenschance bot. DKW baute Kleinwagen, Wanderer

Horch 856 A Cabriolet

Horch 780 Sportcabriolet

die untere und Audi die obere Mittelklasse. Horch bestritt den Marktanteil der Luxuswagen.

Der Horch 853 zählt zu den berühmtesten Klassikern. Ein Elitefahrzeug! Damals kostete er 15.000 Reichsmark. Zwar erhielt man für wesentlich weniger Geld schon schnellere Autos, aber mit diesen Gefährten fiel man kaum auf. Allerdings täuschte der 853 durch seine Linienführung eine hohe Geschwindigkeit vor. In Wirklichkeit blieb die Tachonadel des zwei Tonnen schweren Wagens bei etwa 130 km/h stehen. Der weich laufende Achtzylinder-Motor tat es kaum unter 25 Liter auf 100 km.

Etwa 1000 Exemplare wurden vom 853 gebaut. Das erklärt, warum gerade von diesem Horch noch heute einige Dutzend existieren.

Horch 670 Sportcabriolet

Vom Wiederaufbau in die fetten Jahre

Die Wirtschaftswunderzeit

Der Zweite Weltkrieg ist beendet, Deutschland ein Trümmerhaufen. Eine enorme Anstrengung ist nötig, das Land wieder zu einem Staat zu machen, in dem es sich leben läßt und zu leben lohnt. Vor allem muß der Automobilindustrie rasch auf die Beine geholfen werden: Transportmittel werden für den Aufbau dringend benötigt. An eine Aufnahme der Produktion von Pkw für den privaten Gebrauch ist noch nicht zu denken.

Die Autowerke sind zum Teil schwer beschädigt. Daimler-Benz zum Beispiel verlor mehr als drei Viertel seiner Produktionsfläche. Maschinen und Material fehlen. Anderen Herstellern ergeht es ähnlich. Hinzu kommt die Aufteilung Deutschlands in Besatzungszonen. Intakte Produktionsanlagen werden von den Besatzern annektiert. Erst der "Marshall-Plan" erleichtert den Wiederaufbau der Autoindustrie.

Viele Unternehmen widmen sich zunächst der Ersatzteilfertigung. Die Produktion der Personenwagen knüpft fast immer an die etwas überarbeitete Version ihrer letzten Vorkriegsmodelle an. Mit der Währungsreform (1948) kommt die Autoproduktion allerdings in Fahrt. Bald spricht man vom "Wirtschaftswunder". In den Wochenschauen der Kinos taucht das Bild des wohlgenährten, zigarrerauchenden Wirtschaftsministers Ludwig Erhard auf: Symbol für den Aufstieg der Industrie.

Auf den Automobilausstellungen gibt es wieder neue deutsche Produktionen zu sehen: Mittelklassewagen, Luxuswagen und eine ganz neue Kategorie, die sich "Kleinwagen" nennt. Vor allem diese Fortbewegungsmittel mit meist nur drei Rädern, unglaublichen Karosserien und oft haarsträubender Technik werden die Renner in der er-

Typische Vertreter der Wirtschaftswunderzeit von Borgward: Isabella, Arabella und der Borgward 2,3

Erfolgreicher Kleinwagen: Goggomobil Coupé

sten Hälfte der fünfziger Jahre. Sie verbrauchen wenig Benzin, das immer noch knapp ist, und locken mit Preisen, die auch für den weniger betuchten Bundesbürger bezahlbar sind. Bald gehören die Kleinwagen zum Straßenbild.

Dem Aufwärtstrend folgend wachsen einige dieser Gefährte zu günstigen Fahrzeugen der unteren Mittelklasse heran und machen etablierten Firmen wie Opel, VW oder Ford Konkurrenz. Aber bald können die "Kleinen" nicht mehr mithalten. Dem Investitionsvermögen der "Großen" haben sie nichts entgegenzusetzen. Mit Einfallsreichtum und Engagement allein ist gegen Fließbandproduktion und Finanzkraft nicht anzukommen. Hinzu kommt, daß Firmen wie BMW, Glas und NSU selbst groß ins Geschäft mit den kleinen Wagen einsteigen. Ein Kleinwagenhersteller nach dem anderen meldet Konkurs an.

In dieser Zeit entstehen aber nicht nur "Brot- und Butterautos". Regelrechte Luxuslimousinen werden auf die Räder gestellt. Es ist schon verwunderlich, daß Firmen wie Porsche, BMW oder Mercedes ihre Superwagen gerade in dieser Zeit auf den Markt bringen. Aber es geht ja auch um das Image: Edelschlitten wirken sich selbstverständlich auf den Verkauf "normaler" Autos aus.

1953 werden ungefähr eine Million Pkw in der Bundesrepublik gefahren. Die Entwicklung geht schnell voran. Straßen- und Autobahnnetze werden kontinuierlich ausgebaut. Die Wirtschaft läuft auf vollen Touren. 1960 wird Vollbeschäftigung verzeichnet. Es geht uns gut. Ein neuer Begriff entsteht: Zweitwagen!

Mit selbsttragender Ganzstahlkarosserie

Der Name war schnell gefunden. Schließlich standen die Olympischen Spiele an. Und was lag da wohl näher als "Olympia". Wenn auch nicht gerade sportlich, ein Siegertyp war er allemal. Das beweisen die Verkaufserfolge. Bereits vor dem Zweiten Weltkrieg wurde er in Großserie gebaut.

Durch den Anschluß an den amerikanischen Konzern General Motors gelingt es Opel, die Weltwirtschaftskrise besser zu meistern als ihre Mitbewerber. Allein 1928 werden rund 43.000 Autos gebaut. Der Preis: Die traditionsreiche Adam Opel AG gehört ab 1931 zu 100 Prozent den Amerikanern! Für den Verkauf wirkt sich das positiv aus. Unter der Regie von GM florieren die Geschäfte trotz schlechter Zeiten so gut, daß Opel zur größten europäischen Automobilfabrik heranwächst.

Der Olympia, 1935 mit selbsttragender Ganzstahlkarosserie auf den Markt gebracht, der Kadett, ein anspruchsloser, zuverlässiger Kleinwagen, und schließlich der P4, mit 1.450 Reichsmark 1938 ein wahrer Preisknüller, verhelfen dem Konzern noch vor dem Zweiten Weltkrieg zur ersten Produktions-Million.

Trotz aller Startschwierigkeiten ist Opel nach dem Krieg mit Hilfe der amerikanischen Finanzkraft gleich wieder dabei. Schon Ende 1946 verlassen die ersten Olympia die Montagehallen. Sie werden zunächst unverändert weitergebaut mit dem neuen, modernen und stärkeren Motor von 1938. Die Synchronfederung fehlte allerdings. Sie wurde nur bis 1939 eingebaut. Von Dezember 1947 bis Dezember 1949 wurden rund 26.000 Limousinen produziert.

Mit neuem Gesicht und geraderen Kotflügeln verjüngt sich der Olympia. Die Heckansicht wird glatter. Man konnte unter drei Karosserie-Versionen wählen, außerdem wurde ein Kastenwagen angeboten. Miesen, Autenrieth, Popp, Rappold und andere Karosseriebetriebe setzten Seitenscheiben und Klappbänke ein.

Olympia 1,3 Liter 1935-1937 (Modell 1935)

Olympia 1938 als viertürige Limousine

Olympia 1947 Limousine

1953 hatte der Olympia ausgedient. In der Nachkriegszeit war er insgesamt 151.403 mal gebaut worden. Ein vorzeigbares Ergebnis. Nichts aber gegen das, was dann kam. Der neue Olympia-Rekord schlug alle Rekorde. Aber davon wird noch die Rede sein.

Technische Daten: (Olympia 1946-1953)
Motor: Vierzylinder Reihe, Hubraum: 1.488 ccm, Leistung: 37 PS bei 3.500 U/min (ab 1951 39 PS bei 3.700 U/min), Spitze: 112 km/h, Gewicht: 910 kg (ab 1951 920 kg, Kombi - Ausführung 1.040 kg), Stückzahlen: 1946 bis März 1953 insgesamt 151.403, Preise: Limousine 6.600 DM, Cabriolet 6.800 DM, Kombi 7.350 DM (1952)

Opel Olympia Limousine (1950)

Opel Olympia Miesen-Kombi (1950-1953)

Opel Olympia Cabriolet-Limousine (1951-1952)

Opel Olympia Cabriolet-Limousine (1950)

Opel Olympia Limousine (1951)

Mercedes-Benz 170

Mercedes-Benz 170 V Cabriolet (1938)

Der erste Wirtschaftswunderwagen

1936. Noch ist Frieden in Deutschland. Max Schmeling besiegt den bis dahin ungeschlagenen Joe Louis im New Yorker Yankee-Stadion. Im Berliner Olympia-Stadion kämpfen Athleten aus aller Welt um Sieg und Ehre. Auf der Berliner Automobilausstellung werden zwei neue, vielversprechende PKW vorgestellt: Der Opel Olympia und der Mercedes 170 V.

Dieser 170 V sollte eines der erfolgreichsten Automobile werden, das je unter dem Zeichen des Silbersterns gebaut wurde. Neben der Limousine, die wahlweise mit zwei oder vier Türen ausgestattet wurde, gab es ihn bald auch als elegantes, zweisitziges und als geräumiges fünfsitziges Cabriolet oder als Cabrio-Limousine. Er wurde als Roadster angeboten und man konnte ihn als praktischen Kastenwagen ordern. Für Polizei und Heer war ein Kübelwagen im Programm. Es gab einen zwei- und einen viertürigen Tourenwagen.

Nachkriegsausführung des 170V/170D (1952)

Technische Daten: (170V/170S Nachkrieg) Motor: Vierzylinder Reihe, Hubraum: 1.697 ccm, Leistung: 45/52 PS bei 3.600/4.000 U/min, Gewicht: 1.185/1.220 kg, Spitze: 116/122 km/h, Verbrauch: 10/12 Liter, Preise: 5.500 bis 8.620/10.100 bis 15.800 DM, Baujahre: 1946/1949 bis 1953

Mercedes-Benz 170 V (1936 bis 1950)

170 S Cabriolet (1949 bis 1953)

Krankenwagen 170 V (1950)

Einer der letzten 170er: der 170 S (1953)

Nach Kriegsende wurde der 170 V weitergebaut. Als offener Pritschenwagen, als Krankenwagen und 1947 auch wieder als Limousine.

1949, Adenauer wird gerade Kanzler, stellt Daimler-Benz den neuen 170S vor. Das beginnende Wirtschaftswunder ließ die Produktion rasch ansteigen. Es gab kaum eine Persönlichkeit aus Wirtschaft und Politik, die ihren Status nicht mit dem neuen Mercedes unterstreichen wollte. Bald folgten der viertürigen Limousine ein sportlicher Zweisitzer, das 170S Cabriolet, und ein repräsentatives fünfsitziges Cabriolet. Ab 1952 konnte man den 170S auch als Diesel erwerben.

Von 1949 bis 1955 wurden über 70.000 Fahrzeuge hergestellt. Dennoch hielt sich der 170S nur relativ kurz im Straßenbild, denn als die neuen Pontonmodelle auftauchten, wollte kaum noch jemand den schnell antiquiert wirkenden Wagen haben. Aber gerade diesem Umstand verdankte er schon in den frühen siebziger Jahren seine Renaissance. Sammler aus aller Welt entdeckten in ihm den letzten klassischen Mercedes.

Ein richtiges Auto für nur 990 Reichsmark

Bei der Eröffnung der Berliner Automobilausstellung 1934 wird sie bekanntgegeben: Die Idee Ferdinand Porsches, einen "Volkswagen" zu bauen. Kaum jemand beachtet diese Meldung. Erst als 1938 der Volkswagen mit endgültiger Form und großer Propaganda seinem "Volk" vorgestellt wird, regt sich Interesse. Man kann es kaum glauben: Da soll es bald ein richtiges Auto für nur 990 Reichsmark geben, was man über die Organisation "Kraft durch Freude" (KdF) in Wochenraten zu 5 Reichsmark ansparen kann.

Aber der Ausbruch des Krieges zerstört die Träume. Rüstungsproduktion heißt die Devise. Es geht weiter 1945. Das noch kurz vor dem Krieg geschaffene VW-Werk ist zu zwei Drittel zerstört. Eine ge-

Vor der Villa Porsche 1937: VW-Versuchsmodelle

Viertüriges Polizei-Cabriolet (1949) und VW Export (1949-1953)

Restauriertes Karmann-Cabriolet (1966)

VW-Hebmüller Cabriolet (1948-1950)

Der Aerodynamische

Taunus de Luxe Limousine (1951-1952)

Technische Daten:
Motor: Vierzylinder Reihe, Hubraum: 1.172 ccm, Leistung: 34 PS bei 4.250 U/min, Spitze: 105 km/h, Verbrauch: 9 Liter, Stückzahlen: 62.828 (1948-1952), Preise: zwischen 5.770 DM (Standard) und 8.730 DM (Cabrio)

Stolz sind sie, die Kölner, als ihr neuer "Taunus" 1939 als Nachfolger des "Eifel" vorgestellt wird. Besonders auf die aerodynamische Karosserie! Die Scheinwerfer sind in den Kotflügel eingelassen. Der Kühlergrill verliert zugunsten der Frontharmonie seine Eigenständigkeit. Der Motor wird fast unverändert vom Eifel übernommen. Radstand und Spurbreite sind leicht vergrößert. Auf den Plattform-Leichtstahlrahmen ist die selbsttragende Karosserie aufgeschweißt. Für Ford beachtlich: die Einführung der Öldruck-Vierradbremse.

Der wirtschaftliche Wagen (Verbrauch zwischen 7 und 11 Litern) mit seinem amerikanischen Gesicht kommt gut an. 7.100 Stück werden bis zur Produktionseinstellung 1942 für 2.870 DM an den Mann gebracht. 1948 wird wieder produziert. Am 23. November kann der erste Nachkriegstaunus in Köln dem interessierten Publikum vorgestellt werden.

Taunus Spezial (1949-1950)

Taunus de Luxe (1951-1952)

Neu nach dem Krieg: Lenkung, Querstabilisatoren, umfangreichere Innenausstattung, verschiedene Detailänderungen. Lieferbar ist der Taunus zunächst als zweitürige Standard-Limousine. 1949 gibt es den "Spezial" mit mehr Chrom, stabileren Stoßstangen und automatischer Beleuchtung im Innen-, Motor- und Kofferraum! Außerdem ist er nicht nur in grau, sondern in vier Farben lieferbar. Zwei- und viersitzige Cabriolets von Deutsch und ein zweitüriger Plasswilm-Kombi bereichern die "Spezial"-Palette.

De Luxe Migö Cabriolet (1951)

Abschluß der Buckel-Taunus-Serie: der "de Luxe" (1951-1952), von dem Cabrios von Deutsch, Migö, Karmann, Drauz und Drews angeboten werden. Fahrwerk und Motor sind vom Spezial übernommen. Aber der de Luxe ist selbstverständlich wesentlich luxuriöser ausgestattet. Er ist vorn und hinten tiefer gelegt (flach gesprengte Federn), was die Straßenlage verbessert. Die Windschutzscheibe, leicht gebogen, ist jetzt durchgehend. Ausstellfenster vorn, sichtfreies Lenkrad, weichere Sitze, fünf Farben zur Auswahl, bei denen die Polster auf die Außenfarbe abgestimmt wurden, und die Feststeller für Haube und Kofferraumklappe sind weitere Verbesserungen. Es mutet seltsam an, solche Dinge heute aufzulisten. Aber dieses Beispiel zeigt, daß damals vieles noch nicht selbstverständlich war.

De Luxe Deutsch Cabriolet (1951)

Internationale Spitzenklasse

Kapitän, zweitürige Limousine (1939)

Mit seiner wuchtigen "Schnauze", dem langgestreckten Heck und dem vielen Chrom sieht er schon sehr imposant aus, der Opel Kapitän, der 1939 die deutsche Autoszene erweitert. "Gangster-Kapitän" heißt er bald im Volksmund, weil er in vielen Kinofilmen als solcher mitspielt. Wie schon sein Vorgänger, der Opel Super 6, setzt der Kapitän neue Maßstäbe für Leistung und Ausstattung. Lange ist er Vorbild für viele Konkurrenten auf dem internationalen Markt. Als im Oktober 1940 die Vorkriegsproduktion eingestellt wird, sind von dem ersten Opel-Großwagen mit selbsttragender Bauweise 25.374 Exemplare verkauft.

Kapitän, viertürige Limousine (1958-1959)

Kapitän (1954-1955)

Nach dem Krieg geht es 1948 weiter. Mit runden Scheinwerfern und Stoßstangen-Mittelteil. Es gibt zunächst nur 4-türige Limousinen. 1950 wird das Armaturenbrett neu gestaltet und es gibt die Lenkradschaltung. 1951 gibt es mehr Chrom und einen größeren Kofferraum. Der Kapitän gleicht jetzt sehr dem Chevrolet.

Eine völlig neue Konzeption gelingt Opel 1954: Als "bildschön" wird der neue Kapitän in der Werbung gelobt. Dann geht es Schlag auf Schlag! Fast jährlich sind Modifikationen fällig, besonders am Kühlergrill, was dem Wiederverkaufswert nicht gut tut. Trotzdem gilt der Kapitän als preisgünstigster Großwagen Deutschlands und wird bis 1977 gebaut (in den siebziger Jahren nur noch in geringer Stückzahl).

Kapitän (1951-1953)

Kapitän (1957) L-Version

Technische Daten: (Kapitän 1948-1960) Motor: Sechszylinder Reihe, Hubraum: 2.473 ccm (ab 1959 2.605 ccm), Leistung: 55 PS bei 3.500 U/min (ab 1954 68 PS bei 3.700 U/min, ab 1955 75 PS bei 3.900 U/min, ab 1958 80 PS bei 4.100 U/min, ab 1959 90 PS bei 4.100 U/min), Spitze: 126 km/h (ab 1954 138 km/h, ab 1955 140 km/h, ab 1958 144 km/h, ab 1959 150 km/h), Verbrauch: 13,4 Liter (ab 1954 10,1 Liter, ab 1955 9,8 Liter, ab 1958 11,9 Liter, ab 1959 10,2 Liter), Stückzahl: 330.367 (1948-1960), Preise: 9.950 DM (1952 8.950 DM, 1960 9.975 DM, Kapitän L 1960 10.675 DM)

Kapitän A (1964-1965)

Opels große Reiselimousine: der Kapitän P 2,6 Luxus (1959 bis 1963)

Als "Leukoplastbomber" ging er in die Automobilgeschichte ein: Der Lloyd 300, hier als Kombi von 1951

Lloyd 600 mit Schiebedach (1955)

Der erste erfolgreiche Kleinwagen

Zweisitziges Lloyd 300 Coupé (1951)

Technische Daten: (Lloyd 300 und Lloyd 400 der Baujahre 1950-1952)
Motor: Zweitakt-Zweizylinder Reihe luftgekühlt, Hubraum: 293 (386) ccm, Leistung: 10 (13) PS bei 4.000 (3.750) U/min, Spitze: 75 km/h, Verbrauch 5,5 (6) Liter, Stückzahlen: 18.087 Lloyd 300 und 109.878 Lloyd 400, Preise: 3.334 DM Lloyd 300 und 3.780 DM Lloyd 400

Bei dieser urigen Konstruktion aus Holz und Kunstleder dauert es nicht lange, bis der Volksmund seine Bezeichnung gefunden hat: Der "Leukoplastbomber", der 1950 der Öffentlichkeit vorgestellt wird, hat es zunächst nicht leicht. Seine potentiellen Käufer brauchen eine Weile, um zu erkennen, daß hier ein zwar recht primitiver, aber entsprechend billiger, wirtschaftlicher Kleinwagen angeboten wird, der genau in die Zeit paßt. Er kostet kaum mehr an Steuern als ein Hund: 6 Mark im Monat. Mit der Haftpflicht macht das ganze 160 DM an festen Kosten im Jahr. Das rechnet sich für den weniger begüterten Nachkriegsbürger, und der Leukoplastbomber mit seinem unverkennbar heulenden Motor wird der erste, erfolgreiche Kleinwagen der fünfziger Jahre.

Der 400er Lloyd, dessen Karosserie zunächst teilweise, später ganz mit Stahlblech gebaut wird, erhält ein größeres Heckfenster. 1955 werden Lichtmaschine und Scheinwerfer verstärkt und die Innenausstattung wird verbessert.

Lloyd LP 300 (1950/51)

Lloyd Alexander (1957)

Mitte der fünfziger Jahre erlebt der Lloyd seinen Höhepunkt. Die Zeit des sperrholzbeplankten Hartholz-Fachwerkgerippes und des Zweitaktmotors ist vorbei. Nur der Name "Leukoplastbomber" lebt weiter; er ist einfach zu schön! Nach VW und Opel steht der Lloyd zeitweise an dritter Stelle der Zulassungszahlen.

Der 1955 vorgestellte Lloyd LP 600 ist das erste deutsche Kleinmobil mit Viertaktmotor, das in größerer Stückzahl gebaut wird. Es avanciert mit seinen 19 PS und 100 km/h Spitze zum Vorbild des leistungsfähigen Kleinwagens. Neben dem LP 600 baut man ab Juli 1957 ein verbessertes Modell, den "Alexander". Er hat Kurbel- statt Schiebefenster, vordere Ausstellscheiben und endlich eine Kofferraumklappe, die diese Bezeichnung verdient.

1956/57 wird eine 250er Ausführung angeboten. Damit sollen die Inhaber des alten Führerscheins IV gelockt werden. Allerdings bringt es diese Version nur auf 3.768 Exemplare. Abschluß des Lloyd-Programms ist der Alexander TS, der von 1957 bis zum Borgward-Konkurs 1961 gebaut wird.

Lloyd 300 als Kombilimousine (1951)

Lloyd LP 400 Limousine

Porsche 356 A (1955)

Die 356. Konstruktion

Porsche 356 C-Cabriolet

Technische Daten: (356 1950-1955)
Motor: Vierzylinder Boxer im Heck, Leichtmetallblock, luftgekühlt, Hubraum: 1.086 bis 1.488 ccm, Leistung: 40 PS bei 4.000 U/min bis 70 PS bei 5.000 U/min, Spitze: 140 bis 175 km/h, Verbrauch: 9 bis 11 Liter Super, Stückzahlen: 7.627 (1950 bis 1955), Preise: 10.200 bis 15.800 DM

Ferry Porsche geht 1946 im Büro seines Vaters mit Chefkonstrukteur Karl Rabe an die Verwirklichung seines Traumes, die Entwicklung eines Sportwagens. 1948 ist die 356. Porsche-Konstruktion baureif: Ein zweisitziger Roadster mit Aluminium-Karosserie auf der Basis des VW-Käfers.

Bei der Vorstellung auf dem Genfer Automobilsalon 1949 findet der Porsche 356 starkes Interesse. Innerhalb eines Jahres werden in der kleinen Reutter-Karosseriefabrik 500 Wagen fertiggestellt, die reißenden Absatz finden und jetzt mit einer Ganzstahlkarosserie eingekleidet sind. Im April 1951 kommen zum 1100er der 1300er und im Herbst noch der 1500er Porsche auf den Markt.

1955 folgt der 356 A mit vielen Verbesserungen, der in der 1500er Version "Carrera" heißt. Aus dem "A" wird 1959 der "B" mit veränderter Karosserie, dessen stärkste Variante (2000 GS Carrera 2) erstmals bei Porsche in der Beschleunigung von 0 auf 100 unter 10 Sekunden bleibt.

Porsche 356 C-Carrera

Porsche 356 B (1959-1963)

Der "Rhein-Ruhr-Volkswagen"

Sechssitziger Mercedes 300 als Limousine

Deutschlands Nobelwagen der fünfziger Jahre wird 1951 auf der Frankfurter Automobilausstellung präsentiert. Auf Anhieb gefällt er Leuten mit großem Geldbeutel: Wirtschaftsführern, hohen Politikern. "Stern"-Autotester Alexander Spoerl nennt ihn "Rhein-Ruhr-Volkswagen". Im Volksmund heißt er bald "Adenauer-Mercedes", weil der Bundeskanzler seinen 300er, mit Trennscheibe, Blaulicht, Stander und Kurzwellentelefon ausgestattet, für tägliche Fahrten und Wahlkampfreisen nutzt. Es wird erzählt, daß eine andere Automarke einmal ihr Produkt dem Kanzler vorführte. Beim Einsteigen verlor Adenauer seinen Hut. Schweigend ging er zurück zu seinem Mercedes 300 und würdigte den fremden Wagen keines Blickes mehr.

Bundeskanzler Adenauer mit US-Präsident Eisenhower bei dessen Besuch in Bonn am 26. Juli 1959

Mercedes-Benz 300 Cabriolet

Die Entwicklung des 300 läuft gleichzeitig mit der des 220. So gibt es viele Parallelen. Der Aufbau entspricht der Konstruktion des 170, der Ovalrohr-X-Rahmen stammt vom 170V. Der kurzhubige Motor ist 115 PS stark und von hoher Elastizität. Der Typ 300 B wird 1954 mit höherer Leistung und größeren Bremsen angeboten. Der 300 S, eine Weiterentwicklung des 300, ist ab 1952 zu haben. Er ist der letzte Mercedes in "klassischer" Linienführung.

Der "Spiegel" (1989): "Mercedes-Wagen chauffieren selbständige Handwerker und Manager von Großunternehmen, Taxifahrer und Playboys, Päpste und Zuhälter, rechte Diktatoren und linke Revolutionäre, Hollywoodstars und Rauschgifthändler."

300 S als Coupé (1953)

Viersitziges Cabriolet 300

Technische Daten: (300er von 1951)
Motor: Sechszylinder Reihe, Hubraum: 2.996 ccm, Leistung: 115 PS bei 4.600 U/min, Spitze: 160 km/h, Verbrauch: 16,5 Liter, Stückzahl: 11.430 (von 1951 bis 1962 ohne "S"), Preise: Limousine 19.900 bis 27.000 DM, Cabriolet 23.700 bis 26.200 DM

Sie erscheinen gleichzeitig 1951 auf der Frankfurter Automobilausstellung: Der "Adenauer"-Mercedes 300 (oben) und der Mercedes-Benz 220 (unten die Cabriolet-Ausführung)

Die Konkurrenz der großen Mercedes-Benz: Die Barockengel aus Bayern. Oben: Viertürige Limousine BMW 3,2 Super . Unten: BMW Cabriolet 501 (sechs Zylinder) von Baur.

Ein starkes Stück Autogeschichte

Heute gehören sie zu den gesuchtesten Oldtimern: die BMW-V8-"Barockengel". Auch damals wurden sie bewundert, Käufer fanden sich allerdings nur wenige. Ein Grund unter anderen, weshalb BMW Ende der fünfziger Jahre in eine schwere finanzielle Krise gerät. BMW ist die einzige deutsche Marke, die sich in den Fünfzigern an die Produktion eines Achtzylinders wagt.

Der V8 wird als Cabriolet, Coupé und später sogar als Sportwagen angeboten. Mit seinem starken Leichtmetallmotor und der eleganten Karosse erringt er weltweit Interesse und Respekt. Trotzdem bleiben die Verkäufe unter den Erwartungen. Nach zehnjähriger Bauzeit läuft die Produktion der V8-Limousinen, zuletzt als 2.600 L und 3.200 S, 1964 aus.

BMW 501 Prototyp auf Testfahrt

501 Prototyp, fast seriengetreu

Technische Daten: (BMW 502, 1954-1961) Motor: Achtzylinder V-Form, Hubraum: 2.580 ccm, Leistung: 100 PS bei 4.800 U/min, Spitze: 160 km/h, Verbrauch: 14,5 Liter Super, Stückzahl: 3.117 (501V8=5.914), Preise: 17.800, Coupé 21.800, Cabriolet 21.900 DM

BMW 501 (Sechszylinder) mit Faltdach

BMW 502 V8 mit 100 PS und 2,6 Liter Maschine

Ein solch schwerer Wagen als schnittiges Coupé? Die Karosseriefirma Baur bewies es! BMW 501/502 V8

Tiger & Co.

Sie gehören zu den ulkigsten Kleinwagen der fünfziger Jahre und zu den erfolgreichsten: die Messerschmitt-Kabinenroller. Von Fritz Fend aus seinem "Fend-Flitzer" entwickelt, werden sie ab Frühjahr 1953 im Regensburger Messerschmitt-Werk serienmäßig produziert. Dem KR175 folgt 1955 der KR200, dessen Hubraum leicht angehoben wird. 1956 stößt Messerschmitt den Kabinenroller ab. Fritz Fend macht alleine weiter und präsentiert 1958 den vierrädrigen, sportlichen "Tiger", den TG500.

Der Tiger mit seinem 500-ccm-Motor gilt als schnellster Kleinwagen: 125 km/h Spitze! Fend baut noch bis 1964, allerdings in geringen Stückzahlen.

Technische Daten: (KR 200)
Motor: Zweitakt-Einzylinder, Hubraum: 191 ccm, Leistung: 10,9 PS bei 5.250 U/min, Spitze: 90 km/h, Verbrauch 4,5 Liter, Stückzahl: etwa 50.000 insgesamt mit KR175 und Tiger, Preise: 2.400 bis 2.700 DM

Messerschmitt Kabinenroller "KR200"

Messerschmitt Tiger 500

Messerschmitt KR 200

Dem Taunus die Zähne zeigen

Die letzte Cabriolet-Limousine (1956)

Andrang am Opel-Stand auf der Automobilausstellung im Frühjahr 1953: Der Olympia Rekord sorgt mit seiner ganz neuen Karosserie für Aufsehen. Was damals noch niemand ahnt: Der Rekord wird das erfolgreichste Auto seiner Klasse.

Technisch hat er nicht viel Neues zu bieten, seine Stärke sind die Detailverbesserungen. Der auf Wirtschaftlichkeit konzipierte Rekord soll vor allem dem Konkurrenten Ford Taunus 12M die Zähne zeigen. Der ist nämlich schon seit einem Jahr erfolgreich im Geschäft.

1955/56 folgen weitere optische Verbesserungen: erweitertes Heckfenster, die "Haifischzähne" werden durch ein Kühlergitter ersetzt, was 1957 schon wieder verändert wird.

Opel Olympia Rekord (1955)

Opel Olympia Rekord (1958-1960)

Luxus-Rekord der Schweiz: Ascona

Nach amerikanischer Art wird die Karosserie 1958 wieder erheblich verändert. "Panoramascheiben" heißt die Parole, und die bisher noch leicht angedeuteten Kotflügel sind nun endgültig passé. 1959 kommt ein Rekord 1700 mit 55 PS auf den Markt, der sich vom 1,5-Liter aber nur in Hubraum und Leistung unterscheidet. Autenrieth gibt 1959 aufwendige Sonderkarosserien als Cabriolet und Coupé heraus. Kombis, bei Opel "Caravan" genannt, werden jeweils parallel zur Limousine angeboten.

Technische Daten: (Rekord 1953)
Motor: Vierzylinder Reihe, Hubraum: 1.488 ccm, Leistung: 40 PS bei 3.800 U/min, Spitze: 120 km/h, Verbrauch: 8,2 Liter, Stückzahl: 1953 bis 1960 insgesamt 1.468.292, Preise: Limousine 6.250 DM, Caravan und Cabriolet je 300 DM mehr

Rekord der sechziger Jahre: viertüriger P II

Borgward Isabella Coupé (1957-1961)

Borgward Isabella TS Cabriolet

Borgward Isabella "Stadtcoupé" (1955)

Durchbruch in der Mittelklasse

Vor 200 Journalisten steuert Carl F.W. Borgward 1954 seine Isabella vom Band der Montagehalle. Er ist stolz auf seinen völlig neu konzipierten "Hansa 1500", wie er eigentlich heißen sollte. Und stolz kann er auch sein, der 64-jährige. Die Isabella, von ihm selbst entworfen, ist eine gelungene Konstruktion. Der 1,5-Liter-Motor erweist sich als technisch ausgereift und robust. Das Platzangebot besticht: Fünf bis sechs Personen! Großer Kofferraum, komfortable Innenausstattung, nur Lack und Chrom scheinen nicht vom Besten zu sein.

Seit Mai 1955 im Programm: Isabella Kombi

Das elegante Isabella-Coupé (1957)

Der "Große Borgward" P 100 (1960)

Mit der Isabella auf die Piste

Mit Einzelliegesitzen und höherer Motorleistung erscheint 1955 die Isabella TS und ab 1957 gibt es das traumhaft schöne Isabella Coupé, das 1959 nicht am Trend der Zeit vorbeikommt: Heckflossen sind angesagt, aber nur auf Wunsch.

1960 geht der Absatz ins europäische Ausland und in die USA unerwartet stark zurück. Die Geschäfte im eigenen Land stagnieren. Borgward muß hohe Kredite aufnehmen. Am 11. September 1961 wird das Konkursverfahren eröffnet.

Technische Daten: (Isabella 1954)
Motor: Vierzylinder Reihe, Hubraum: 1.493 ccm, Leistung: 60 PS bei 4.700 U/min, Spitze: 135 km/h, Verbrauch 10,5 Liter, Stückzahlen: 202.862 (davon 37.396 Kombi), Preise: 7.265 DM, Kombi 7.765 DM

Der preiswerte Bruder

Der schnittige 190 SL kommt im Sog des großen Bruders 300 SL. Daimler-Benz will eine preiswerte Alternative schaffen. Ge-spart wird am Fahrwerk und am Antriebsaggregat. Wo der 300 SL mit Gitterrohrrahmen und Direkteinspritzung aufwarten kann, muß sich der 190 SL mit der Rahmenbodengruppe des gerade in Serie gegangenen 180er Pontonmodells begnügen.

Technische Daten:
Motor: Vierzylinder Reihe, Hubraum: 1.897 ccm, Leistung: 105 PS 5.700 U/min, Spitze: 171 km/h, Verbrauch 12,5 Liter Super, Preise: 16.500 DM mit Verdeck, 17.650 DM mit Verdeck und Coupé-Dach

Mit abnehmbarem Coupédach: Der 190 SL

Rennsportausführung des 190 SL von 1954

Mercedes Benz 190 SL Roadster (1955-1962)

Roadster 300 SL (1957-1963)

Der Flügeltürer

Er ist der absolute Star bei allen Oldtimertreffen: Der Traum-Sportwagen 300 SL. Breitet er seine Flügel aus, geraten die Zuschauer ins Schwärmen. Als Sammelobjekt ist er heute kaum zu bezahlen.

Erst nach langer Pause schickt Mercedes-Benz 1952 wieder einen Sportwagen auf die Pisten. Serienmäßig wird er ab 1954 gebaut. Der Motor ist aus dem des 300 entwickelt, verfügt über eine direkte Benzineinspritzung in die einzelnen Zylinder. Ölhydraulische Bremsen mit automatischer Nachstellung und zwangsgekühlten Turbotrommeln sorgen für entsprechende Beherrschung.

Das Coupé mit den Flügeltüren wird bis 1957 gebaut. Von 1957 bis 1963 gibt es einen Roadster mit normalen Türen. 1958 ist ein abnehmbares Coupédach im Programm.

Technische Daten:
Motor: Sechzylinder-Reihen-Einspritz, Hubraum: 2.996 ccm, Leistung: 215 PS bei 5.800 U/min, Spitze: bis zu 260 km/h, Verbrauch: 17 Liter Super, Preise: Flügeltürer 29.000 DM, Roadster 32.500 DM

Mercedes Benz 300 SL (Flügeltürer)

Palette der 3-Liter-Sportwagen

Die Flügeltüren sind übrigens kein Gag der Karosserieschneider, sondern konstruktionsbedingt. Später werden sie von anderen Firmen übernommen. Der größte Produktionsanteil des 300 SL wird nach Übersee exportiert, wo Liebhaber heute hohe Preise bezahlen, um ihn wieder nach Deutschland zu bringen.

300 SLR-Rennsportausführung mit 8 Zylindern

Das Schmuckstück

Er ist ebenso beliebt wie unbeliebt. "Mehr scheinen als sein" behaupten die Gegner. Aber wenn er auch nicht so viel hergibt, wie sein Äußeres verspricht: Er ist ein Schmuckstück. Unkomplizierte, anspruchslose Technik, günstiger Preis, VW-Service: all dies beschert ihm immerhin insgesamt mit allen Varianten rund 445.300 Kunden bzw. Kundinnen. Im Gegensatz zu früher sind heute die Cabriolets in Oldtimerkreisen sehr gefragt.

Technische Daten: (1955-1960)
Motor: Vierzylinder Boxer luftgekühlt, Hubraum: 1.192 ccm, Leistung: 30 PS bei 3.400 U/min, Spitze: 118 km/h, Verbrauch: 8 Liter, Preise: Coupe 7.500 DM, Cabriolet 8.250 DM

Karmann Ghia Coupé 1959

Karmann Ghia Coupé (1956)

Goggomobil Coupé

Der Erfolgreichste

Er kommt zum richtigen Zeitpunkt: Der Goggo wird im Herbst 1954 vorgestellt und begeistert alle diejenigen, die sich bisher nur ein Motorrad oder einen Motorroller leisten konnten. Auch die Besitzer des alten Führerscheins IV dürfen ihn fahren. Hinzu kommt, daß der Goggo im Gegensatz zu vielen Konkurrenten vier Räder hat und mit seiner Pontonform wie ein einigermaßen richtiges Auto aussieht.

Technische Daten: (Limousine T 250)
Motor: Zweizylinder Zweitakt, Hubraum: 247 ccm, Leistung: 13,6 PS bei 5.400 U/min, Spitze: 72 km/h, Verbrauch: 6 Liter, Preis: 3.097 DM, Stückzahlen: ca.187.200 von der Limousine, Baujahre: 1955-1969

Goggomobil Limousine

Wettergeschützt und allseitig geschlossen

BMW Isetta (1956)

Noch heute ist ihre Popularität ungebrochen: Die Isetta, die BMW nach einer Lizenz der italienischen Firma ISO ab 1955 baut. Die Suche nach einem geeigneten Motor ist schnell beendet. Der Motorradmotor R 25 scheint der richtige zu sein. Das Motocoupé, wie es in der Werbung heißt, ist groß genug für eine dreiköpfige Familie. Außerdem sagt die Werbung, wettergeschützt und allseitig geschlossen sei das neue Mobil. Genau das wollen die vielen Interessenten hören, die auf ihren Motorrädern oder -rollern ständig dem Wetter ausgesetzt sind. Und so wird die Isetta, mit BMW im Rücken, schnell zum ärgsten Konkurrenten des Goggomobils.

Ursprüngliche Karosserie (gebogenes Heckglas)

BMW Isetta (Ifma 1956)

1956 gibt es eine leicht überarbeitete, verstärkte Isetta 300 mit festem Dach (Faltdach nur auf Wunsch). Für den Export wird eine dreirädrige Ausführung angeboten, die in jenen Ländern begehrt ist, in denen Dreiradfahrzeuge Steuervorteile bieten. Auch eine größere Isetta steht bald auf dem Programm: Die "Doppelisetta" wie sie genannt wird oder "BMW 600", ist wie die kleine Isetta mit dem Fronteinstieg behaftet. Zusätzlich gibt es eine Seitentür hinten rechts.

Technische Daten: (Isetta 250)
Motor: Viertakt Einzylinder luftgekühlt, Hubraum: 245 ccm, Leistung: 12 PS bei 5.800 U/min, Spitze: 85 km/h, Verbrauch 5,5 Liter, Stückzahl: 161.728, Preis: 2.580 DM

BMW 600 vor dem ehemaligen Westtor

Ein Roadster-Klassiker erster Klasse

Der 1954 von Ernst Loof entworfene Vorläufer des 507 geht nicht in Serie

Technische Daten: (BMW 507)
Motor: Achtzylinder V-Form, Hubraum 3.168 ccm, Leistung: 150 PS bei 5.000 U/min, Spitze 220 km/h, Verbrauch: 17 Liter Super, Stückzahl: 253, Preis: 26.500 DM

Bei vielen Sportwagen-Freunden gilt er als rassigster Roadster-Klassiker. Auf Oldtimertreffen ist er nur selten zu sehen und wenn, dann wird er umlagert: der BMW 507. Von den nur 253 gebauten Exemplaren sollen noch 70 existieren; Raritäten erster Klasse. Für den, der es sich leisten kann, eine vorzügliche Kapitalanlage!

Gleichzeitig mit dem 503 wird der 507 auf der IAA 1955 vorgestellt. Sein Cabriolet-Verdeck läßt sich vollständig versenken; ein maßgeschneidertes Hardtop ist auch lieferbar. Wie sein Bruder ist der 507 von Graf Goertz entworfen und wird als ebenbürtiger Konkurrent des Mercedes 300 SL angesehen. Die Stückzahlen bleiben allerdings weit hinter denen des Mercedes zurück. Das liegt unter anderem am hohen Exportanteil des 300 SL. Seine sportlichen Qualitäten hat er jedenfalls unter Beweis gestellt: bei Bergrennen, mit Hans Stuck am Steuer, zeigte er dem 300 SL einige Male die Rücklichter.

Der Bruder des 507: BMW 503, ein eleganter Reisewagen mit Platz für zwei Erwachsene und zwei Kinder, ausgerüstet mit dem 3,2-Liter-V8-Motor mit 140 PS, Spitze: 190 km/h. 412 Stück werden von ihm gebaut.

Er ist heute viel begehrter als in den Jahren seiner Bauzeit: Der BMW 507, einer der ganz großen Klassiker

Die schnellste Reiselimousine ihrer Zeit

Mercedes Benz Cabriolet 220 S

Die selbsttragende Ponton-Modellreihe beginnt bereits 1953 mit der Vorstellung des Typs 180. Die 220 S und 220 SE sind eine Weiterentwicklung dieser Reihe und kommen 1956 auf den Markt. Karosserie und Fahrwerk sind vom 180er übernommen. Der erstklassige Motor basiert auf dem des Vorgängers 220, der in der "SE"-Version als Einspritzer geliefert wird. Der 220 SE mit 115 PS und einer Spitzengeschwindigkeit von 160 km/h galt damals als schnellste Reiselimousine ihrer Zeit.

Mercedes Benz Coupé 220 SE

Mercedes Benz Limousine 220 S (1956-1959)

Technische Daten: (220 S und 220 SE)
Motor: Sechzylinder Reihe, Hubraum 2.195 ccm, Leistung: 100 (115) PS bei 4.800 U/min, Spitze: 160 km/h, Verbrauch: 14 (13,5) Liter Super, Stückzahlen: 55.279 (1.974) Limousinen, 3.429 (1.942) Cabriolets und Coupés, Preise: 12.500 (14.400) DM Limousine, 21.500 (23.400) DM Cabriolet und Coupé

Angaben in Klammern betreffen den 220 SE

Die Pontonform: erstmals beim 180er (1953)

Text eines Inserates von 1956: "Wenn der Verkehr am dichtesten ist, beweist Ihnen der 220 S am deutlichsten seine Überlegenheit. Was schon der dynamische Schwung seiner formvollendeten Karosserie an Temperament verspricht, hält die Kraft seines anzugfreudigen Motors in jeder Situation. Die Schnelligkeit, die Ihnen dieser Motor bietet, können Sie dank der hervorragenden Straßenlage und seiner ausgewogenen Federung jederzeit sicher und ohne Ermüdung genießen. Und weil Sie durch die sportliche Kraft dieses Wagens jede Verkehrssituation überlegen meistern, gilt der 220 S mit Recht als Autorität im Verkehr."

Ponton à la Kombi: 180 D Karosserie Binz (1954)

Mercedes Benz Coupé 220 S (1956-1959)

Mercedes Benz 220 SE Cabriolet (1955-1960)

Barocktaunus vor Gotikdom: Der Ford Taunus 17 M als Cabriolet

Der NSU Sport-Prinz, zweisitziges Coupé mit 30 PS und 120 km/h Spitze, 5.985 DM (1959-1967)

Wohl dem, der einen Prinz besitzt!

Mit diesem Slogan wirbt NSU für seinen Kleinwagen, dem ab 1958 gelingt, was nicht für möglich gehalten wird: Er etabliert sich auf Anhieb im heißumkämpften Kleinwagenmarkt. 1962 sind von den Serien I-III insgesamt 94.549 Stück verkauft!

Die kesse Pontonform, der verdoppelte, bewährte NSU-Motorradmotor, gute Straßenlage und temperamentvolle Leistung sorgen für ein positives Gesamturteil. Daran können auch das laute Motorengeräusch und die schlechte Federung nichts ändern.

Die Serien I und II sind jeweils mit 20 PS, die Serie III mit 23 PS und der Prinz 30, der von 1959 bis 1962 gebaut wird, mit 30 PS ausgerüstet. Ebenso der Sport-Prinz, der bis 1967 im Programm ist.

Technische Daten: (Prinz I 1958-1960)
Motor: Zweizylinder-Viertakt, Hubraum: 583 ccm, Leistung: 20 PS bei 4.600 U/min, Gewicht: 510 kg, Spitze: 105 km/h, Verbrauch: 7 Liter, Preis: 3.739 DM

NSU Prinz I (1958-1960)

NSU Prinz 4, Nachfolger der Serien I bis III, der ohne wesentliche Veränderungen von 1961-1973 gebaut wurde

Mercedes Benz 600

Sonderausführung 600 Landaulet

Eines der exclusivsten Automobile der Welt

Der Papst besitzt ihn, Ölscheichs kurven damit auf ihren Wüstenstraßen, Präsidenten und Wirtschaftskapitäne aus aller Welt bestellen sich Sonderausführungen mit raffinierter Technik und aufwendigster Ausstattung. Nur die Bundesregierung knausert. Bonn mietet das Luxusauto je nach Bedarf in Stuttgart an. Noch heute zählt der Mercedes 600, der von 1964 bis 1981 gebaut wurde, zu den exclusivsten Autos der Welt. Nur 2.677 Exemplare werden in den 17 Jahren Bauzeit hergestellt, 586 davon bleiben in Deutschland.

Mit dem Mercedes 600 knüpft Daimler-Benz wieder an die Zeit der Repräsentationsautos der dreißiger Jahre an; ein Kompressor arbeitet jetzt allerdings nicht mehr unter der Haube.

Von Serienfertigung kann man beim 600er nicht sprechen. Er wird jeweils ganz individuell für den Kunden hergestellt. Daran darf längst nicht jeder mitarbeiten. So exclusiv wie der Wagen sind auch die Monteure: 15 Jahre Werkszugehörigkeit und viel Können sind die Mindestvoraussetzungen. Damit der Chauffeur den Nobelwagen optimal beherrscht, lädt ihn Daimler-Benz zu einem zweitägigen Lehrgang ein.

Technische Daten: (in Klammern: Pullmann)
Motor: V8-Zylinder Einspritzer, Hubraum 6.330 ccm, Leistung: 250 PS bei 4.000 U/min, Spitze: 207 (200) km/h, Verbrauch 24 (26) Liter, Preise: 56.500 (63.500) DM

Der größte und der kleinste Mercedes Benz: Der 600 von 1964 und der 170 V von 1946

NSU Ro 80, der obere Wagen ist im Automuseum Ibbenbüren zu besichtigen

Noch heute so modern wie 1967

Der Ro 80 beschließt, exclusiv und zukunftsweisend, den Reigen des Audi-NSU-Programms. Mit ihm verschwindet die traditionsreiche Marke NSU. 1967 wird er auf der IAA präsentiert und bewundert. Für NSU gibt es nie einen Grund, den RO 80 wesentlich zu ändern oder gar die Karosserie zu wechseln. Stattdessen konzentriert man sich auf verfeinernde Weiterentwicklung, um sicherzustellen, daß er noch nach Jahren als Beispiel fortschrittlichen Autobaus gelten kann.

Außer seiner unkonventionellen Form hat er noch mehr zu bieten: den Zweischeiben-Wankelmotor, Frontantrieb und Vierrad-Scheibenbremsen mit Zweikreis-Hydraulik. Der Wankelmotor kommt NSU teuer zu stehen. An ihm wird ständig herumgebastelt und viele Tauschmotoren aus Kulanzgründen sind fällig. Heute ist er noch häufig im Straßenverkehr zu sehen, der RO 80. Aber er fällt nicht auf. Seine Form ist immer noch so modern wie 1967.

Technische Daten:
NSU/Wankel Kreiskolbenmotor, Kammerinhalt: 497,5 ccm, Leistung: 115 PS bei 5.500 U/min, Spitze 181 km/h, Gewicht 1280 kg, Verbrauch 15 Liter, Stückzahlen: 33.910 (davon wurden 20.801 in der Bundesrepublik zugelassen), Baujahre: 1967-1977, Preise: von 14.150 DM (1967) bis 21.520 DM (1975)

Der Preis hält sich in Grenzen

IAA 1965: Am Opel-Stand wird ein "Experimental-GT" präsentiert. Der Opel, der stark der Chevrolet-Corvette ähnelt, wird zwar beachtet, aber man kennt das ja mit den Experimentals: Serienfahrzeuge werden nie daraus. Und niemand ahnt, daß aus dieser Studie drei Jahre später tatsächlich ein käuflicher Opel GT werden wird.

Der GT erregt sofort das Interesse aller Sportwagenfans: schnittige Linie, versenkte Scheinwerfer, die sich beim Öffnen um ihre Achse drehen, unter der Stoßstange sitzende Weitstrahler für die Lichthupe, in die Dachpartie hineinragende Türen. Und vor allem, der Preis hält sich in Grenzen. Die 1900er Version mit 90 PS und 185 km/h Spitze kostet 11.880 DM.

Der GT 1900 wird bis 1973 gebaut, sein kleinerer Bruder, der GT 1100, nur bis zum Sommer 1970. Die stärkere Version verkauft sich wesentlich besser. 1969 werden zwei Einzelstücke einer Targa-Version "Aero GT" gebaut. 1971 erscheint der GT/J (Junior), der vom Motor her dem 1900 entspricht und sich nur durch mattes Schwarz anstelle von Chrom von diesem unterscheidet.

Technische Daten: (Opel GT 1900)
Motor: Vierzylinder Reihe, Hubraum: 1.897 ccm, Leistung: 90 PS bei 5.100 U/min, Spitze: 185 km/h, Verbrauch: 12,5 Liter, Stückzahlen: 99.800, Baujahre: 1968-1970

Opel GT 1900 (1968)

Opel GT/J 1900 (1971)

Trotz Ölkrise und Waldsterbens: Das Auto ist nicht zu bremsen

Von den siebziger bis in die neunziger Jahre

Spektakulär bereiten die Amerikaner 1969 mit der ersten bemannten Mondlandung den Eintritt in die siebziger Jahre vor. Die folgenden zwei Jahrzehnte stehen damit weitgehend im Zeichen der Raumfahrtforschung. Eine Entwicklung, die der Autobranche wichtige Impulse gibt.

Enorme Preiserhöhungen durch die OPEC führen in Deutschland zu Geschwindigkeitsbegrenzungen und Sonntagsfahrverboten. Mancher Autobesitzer spielt bald mit dem Gedanken, sein leistungsstarkes Fahrzeug gegen ein kleineres, billigeres einzutauschen. Erstmals seit Ende des Zweiten Weltkrieges stagnieren die Zulassungszahlen. Mitte der siebziger Jahre steigt die Nachfrage wieder an, um 1980 erneut zurückzugehen. Der Benzinpreis steigt unentwegt. Hinzu kommt das gewachsene Umweltbewußtsein. Das Waldsterben wird unter anderem auch dem Auto angelastet. Aber das Auf und Ab geht weiter. Ist 1983 wieder ein Aufwärtstrend feststellbar, gibt es schon drei Jahre später eine weitere Krise durch die wenig einheitliche Politik der OPEC. Aber der Markt beruhigt sich wieder. Allerdings nur bis Mitte 1990: Golfkrise!

Mit den siebziger Jahren beginnt auch eine Entwicklung, die sich in den folgenden Jahren, Jahrzehnten, unablässig fortsetzt. "Drittwagen" heißt das Schlüsselwort. Jugendliche wollen ihr eigenes Auto. So sehr sie sich für Umweltschutz und Biotonne stark machen, beim Thema "eigenes Auto" hört die Diskussion auf. Der Drang zu gestylten, getunten, frisierten Autos setzt ein. Jüngere Autokäufer setzen auf Imponierautos. Nur billiger als die Mercedes SLs und Porsches sollen

VW-Porsche 914 (1969-1972)

Ford Scorpio GL mit RS-Kit (1987)

sie schon sein. Und richtig "heiß" müssen sie aussehen: VW-Porsche, Ford Capri, Opel Manta, VW-Scirocco usw. heißen die Antworten der Autoindustrie. Aber auch brave Familienwagen wie der Ford Escort werden in abenteuerlichsten Varianten und mit tollster Kriegsbemalung angeboten. Tuningfirmen haben Hochkonjunktur. Clevere Händler bieten in dickleibigen Katalogen alles an, was das Herz des konsumfreudigen Autofans begehrt, vom "Turbolader" bis zum "Spoiler für den aerodynamischen Feinschliff", vom "Stereoturm mit weitverzweigtem Bordlautsprechernetz" bis zum kompletten "Powerpack". Wer will da widerstehen? Und plötzlich kommen die Trabis. Welch ein Kontrast!

Opel-Commodore GS/E (1970)

Wegen des Bedarfs in den neuen Bundesländern gerät der Gebrauchtwagenmarkt anfang der neunziger Jahre in eine Hochkonjunktur. Ein ungewohntes Bild: Die sonst übervollen Gebrauchtwagenplätze sind plötzlich leergefegt. Die Öffnung des Ostens wird dafür sorgen, daß erhöhter Neuwagenbedarf folgen wird.

Bleibt zu hoffen, daß die Automobilindustrie mit der umfangreichen Problematik "Umwelt" fertig werden wird. Begriffe wie Katalysator und Recycling kennt inzwischen jedes Kind. Der Anfang ist gemacht.

Ford Escort RS 2000 mit 100 PS (1973-74)

Capri im Regen

Wo soll die Vorstellung des Capri stattfinden? Auf der Mittelmeerinsel selben Namens natürlich. Aber Petrus macht der guten Idee einen Strich durch die Rechnung. Wegen starken Regens bleibt man auf dem Festland. Also wird der Capri Mitte Januar 1969 in Neapel vorgestellt.

Das Gemeinschaftswerk von Ford Deutschland und Ford England wird gekonnt auf den europäischen Geschmack zugeschnitten, die lange Motorhaube, das kurze Heck, er sieht sportlich aus und kommt auf Anhieb gut an, das Pendant zum amerikanischen Ford-Mustang. Wer allerdings in den Serienmodellen hochgezüchtete Technik erwartet, wird enttäuscht. Wie viele andere Ford-Automobile auch, erhält der Capri vorn Querlenker und Schraubenfedern, hinten eine Starrachse mit Längsblattfedern und Schubstreben.

Capri 1300 (1969)

Technische Daten: (Capri 1300 von 1969) Motor: V4-Zylinder, Hubraum: 1.305 ccm, Leistung: 50 PS bei 5.000 U/min, Spitze: 133 km/h, Verbrauch: 10,5 Liter, Baujahre: 1969-1972, Preis: 6.995 DM

Capri II 2,3 Liter, V-Sechszylinder, 108 PS

Ford Capri mit RS-Kotflügelverbreiterungen und Heckspoiler von Ford. Frontspoiler, Seitenschweller und Felgen sind von RSB.

Ford Capri im Renneinsatz

Vorserienfahrzeug auf Kältetestfahrt im Norden

Capri mit 2,3-Liter-V6-Motor (1972-1973)

Capri 3000 GXL (1972-73)

Technische Daten: (Capri 1700 GT 1969-1972) Motor: V4-Zylinder, Hubraum: 1.699 ccm, Leistung: 75 PS bei 5.000 U/min, Spitze: 152 km/h, Verbrauch: 11,5 Liter, Preis: 7.300 DM

Der Capri ist ein Auto für Individualisten. Ford liefert ihn als Vierzylinder, ab Mai 1969 auch als Sechszylinder. Die Grundausstattung läßt sich durch verschiedene Ausstattungspakete (L, X, XL) verfeinern, ganz individuell. Zusätzlich gibt es beim 1700 GT und 2300 GT eine erweiterte Instrumentengruppe mit Drehzahlmesser, Öldruckanzeiger und Amperemeter.

Bis 1973 läuft die erste Serie, ihr folgt der Capri II. Von den bis dahin 784.000 produzierten Fahrzeugen fahren zwei Drittel im Ausland, der größte Teil in den USA.

Der Capri II hat 1974 Premiere. Als erste Ford-Limousine besitzt er eine Heckklappe. Die Karosserie ist leicht geändert, etwas runder. Die Motorenauswahl: von 1,3 bis 3,0 Liter. Das Ghia-Ausstattungspaket sorgt für Luxus. 1976 kommt die "S" (Sport)-Version mit serienmäßigem Frontspoiler. Bei der Ausgabe 1978 ist die Motorhaube leicht über die Doppelscheinwerfer gezogen. 1982 gibt es eine 2,8-RS-Ausführung mit Abgas-Turbolader und 188 PS. Der Super-GT, der letzte sportliche Capri, bietet Leichtmetallfelgen, Heckspoiler und Stoßstangenhörner serienmäßig.

Insgesamt werden vom Capri II (1974 bis 1985) 729.00 Stück gebaut. Die Preise (1975): von 10.890 DM für den 1300er bis 17.645 DM für den Ghia 3000.

Capri beim Großen Preis von Hockenheim (1978)

Capri RS (1973)

"Da drin werd' ich zum Panther"

Perfekt organisierte Manta-Treffen finden statt, bei denen man sich gegenseitig die neuesten Tuningteile und Fahrkünste vorführt. Es gibt unzählige Manta-Witze, Manta-Filme und einen Manta-Song, dessen Platte mehr als 100.000 mal verkauft wurde: "Ich fahr' ja den Manta, das is'n starker Bock. Da drin werd'ich zum Panther und fahr' andauernd um'n Block." Der Manta erlebt einen Zuspruch, den er zu seinen Bauzeiten nicht hatte. Er ist längst ein Kultauto. Und das, obwohl er noch bis 1988 gebaut wurde.

Die erste Manta-Version, der "A" kommt 1970 und wird 1975 abgelöst vom Dauerbrenner "Manta B", der sich bis 1988 im Opel-Programm

Manta A (1970-1975)

Styling-Studie für Manta A-Sportmodelle

Manta B Luxus

Wettbewerbsversion für die Safari-Rallye (1984)

Opel Manta A (1972)

hält. Aber dann findet er kaum noch Käufer. Der "Maurer-Porsche" (Spottname) wird gestrichen.

Was bei Opel 1970 eigentlich als Familiensportwagen gedacht war, gerät mit dem "B" im Laufe der Bauzeit immer "heißer". Kaum ein "B", der nicht mit Teilen von Tunern, wie Irmscher oder anderen, aufgemotzt ist: Spoiler, Seitenschweller, Breitreifen usw. Als im Juni 1988 der letzte Manta montiert wird, ist es der 1.056.436.

Technische Daten: Manta A 1600 ab 1970 (in Klammern: Manta B 1600 ab 1975)
Motor: Vierzylinder Reihe, Hubraum: 1.584 ccm, Leistung: 68 PS/50 kW bei 5.200 U/min (60 PS/44 kW bei 5.000 U/min), Spitze: 154 km/h (150 km/h), Verbrauch: 12 Liter (9,4 Liter)

Ein Ungetüm in schwarz: Der Bächi-Manta

Die letzten Manta werden montiert (1988)

Bis zu 360 km/h

Im Frühjahr 1978 ist es soweit: BMW's großes Mittelmotor-Coupé wird auf dem Münchner Olympia-Gelände vorgestellt. Eigentlich gedacht für den Rennsport-Einsatz, werden immerhin 446 Straßen-M1 von 1978 bis 1981 gebaut. Zur Freude derjenigen BMW-Sportwagenfans, die schon 1972 vergeblich auf eine Serienversion des Turbo-Mittelmotor-Coupés gewartet hatten.

Die Super-Rennausführungen, die Geschwindigkeiten bis zu 360 km/h erreichen, werden bei den neu ins Leben gerufenen Procar-Rennserien im Rahmen von acht europäischen Grand-Prix-Rennen eingesetzt. Die Idee der Procar-Rennserien: die Stars auf identischen Rennwagen gegen die erfolgshungrige Meute der Zweit-Bundesligisten des Motorsports antreten zu lassen. Die Rechnung geht auf. Als sich die Attraktion herumgesprochen hatte, kam zu den Trainingstagen der

BMW M1 Straßenversion (1978)

Technische Daten:
Motor: Sechzylinder Reihe, Hubraum: 3.453 ccm, Leistung: 277 PS /204 kW bei 6.500 U/min, Gewicht: 1.300 kg, Spitze: 260 km/h, Preis: 113.000 DM (1981)

BMW M1 Straßenversion mit 250 PS (1978)

BMW M1 (1978-1981)

Fahrercockpit BMW M1

Formel 1-Rennen das Zwei- bis Dreifache an Zuschauern in die Arenen. Und die hatten ihren Spaß an den Rennen im Rahmen der Grand Prix, bei denen sich letztlich Niki Lauda und Hans Stuck als die Besten erwiesen. Aber nicht immer! Für die Leute auf den Steintribünen des Hockenheimer Motodroms war es 1979 schon interessant, wie unbekannte Fahrer das Motorsport-Etablissement aussteigen ließen.

Transporter mit den 6 Werks-M1 für Formel 1 (1979)

BMW M1 Procar Serie. Niki Lauda auf dem Weg zum Sieg in Monte Carlo (1979)

Der Allrad-Trendsetter

Mit dem Audi-Quattro, auf dem Genfer Salon 1980 erstmals präsentiert, beginnt eine neue Epoche für die Allrad-Antriebstechnik, die jetzt die Straße erobert. Audi wird zum Trendsetter. Im Rallyesport wie im automobilen Alltag ist der Siegeszug des Quattro nicht mehr aufzuhalten. 1982 erscheint der Audi 80 Quattro und Audi wird als erstes deutsches Automobilwerk Quattro-Rallye-Markenweltmeister. Von 1980 bis 1989 werden mehr als 183.000 Audi mit permanentem Allradantrieb zugelassen.

Die Struktur der Audi-Fronttriebler erwies sich als ideal für die Weiterentwicklung zum Allradantrieb. Der längs eingebaute Motor liegt vor dem Differential der angetriebenen Achse, direkt dahinter das Schaltgetriebe. Man brauchte nur das vorhandene Zweiwellen-Getriebe so zu ändern, daß es ein Zwischendifferential und den Antrieb zu den Vorderrädern aufnehmen konnte. Bei konventioneller Bauweise mit Frontmotor und Heckantrieb wäre ein zusätzliches Verteilergetriebe mit einer an Motor und Getriebe vorbei nach vorne führenden Kardanwelle notwendig gewesen.

Walter Röhrl und Hans-Joachim Stuck im Audi V8 Quattro. Unten: Walter Röhrl

In allen Modellreihen bietet Audi zumindest eine Quattro-Version an. Mit dem Spitzenmodell, dem 300 PS starken Sport Quattro, unterstreicht Audi die sportlichen Ambitionen. Dem Sport Quattro, der schon bald den Kampf um Punkte aufnimmt, folgt der 200 Quattro als Spitzenmodell. Der 90 Quattro führt die Konzeption in der Mittelklasse weiter.

Mit Beginn des Modelljahres 1988 sind die Quattros aller Baureihen mit dem Torsen-Zwischendifferential ausgestattet. Torsen ist abgeleitet von dem englischen torquesensing. Übersetzt heißt dies: "das Drehmoment fühlend" und bedeutet: Noch bevor die Räder einer Achse durchdrehen können, wird die Antriebskraft auf die andere Achse umverteilt. Ebenfalls 1988 präsentiert Audi den V8 mit Viergang-Automatikgetriebe (ab 1989 auch mit Handschaltung) und das Quattro-Coupé. 1990 steigt Audi mit einem V8 in die deutsche Tourenwagen-Meisterschaft ein.

Technische Daten:

Audi V8 Quattro (DTM-Version)
8-Zylinder V-Motor, 90 Grad, Längseinbau, symmetrisch, 3561,8 ccm Hubraum, 4 Ventile pro Zylinder, 400 PS (294 kW) bei 8000 U/min., Drehmoment: 380 Nm bei 6000 U/min, 2 Metall-Katalysatoren, permanenter Allradantrieb, 2-Scheiben-Kohlefaserkupplung, Vollsynchronisiertes 6-Gang-Getriebe, Einzelradaufhängung, servounterstützte Zahnstangenlenkung, Reifen: 255x645x18, hydraulische Zweikreisbremsanlage
Maße: 4874/1814/1335 mm, 2703 mm Radstand, Spurweite vorn 1505 mm, Spurweite hinten 1542 mm, Gewicht 1220 kg
Sicherheitseinrichtung: Stahlkäfig mit Karosserie verschweißt, 120 l Gummi-Sicherheitstank, Feuerlöschanlage
Karosserie: Motorhaube, Heckklappe und Stoßfänger in Verbundfasertechnik

Audi V8 Quattro

Sportlichkeit mit Limousinenkomfort

Die dritte SL-Generation steht an. Und es ist gleich eine ganze Palette verschiedener Versionen, die Daimler-Benz ins Rennen schickt. Als erster kommt der 350 SL (1970-1980). Dann folgen: 280er, 300er, 380er, 420er, 450er und 500er. Bis auf den 280, der mit einem Sechszylinder-Reihenmotor angetrieben wird, werden V8-Motoren verwendet.

Definiert wird der "SL"-Effekt als "Sportlichkeit mit Limousinenkomfort". Die sportlichen Zweisitzer sind offen oder mit Coupédach zu fahren. Die gleichermaßen rassige wie repräsentative Formgebung ist aerodynamisch noch günstiger geworden. Erwähnenswert sind das Vierspeichenlenkrad und die Schräglenker-Pendel-Hinterachse.

Roadster 450 SL (1971-80)

Roadster 350 SL mit abnehmbarem Coupédach

SL in der Steilkurve

280 SLC-Coupé mit vier Sitzen (1974-1981)

Nach 30 Jahren kommt 1985 erstmals wieder ein 300 SL. Er trägt den neuen 3-Liter-Motor, der auch in der S-Klasse zu finden ist. Mit 188 PS erreicht er eine Spitzengeschwindigkeit von 200 km/h, der 500 SL mit 245 PS erreicht 225 km/h. Knapp 250.000 SL und SLC werden in der Bauzeit von 1971 bis 1985 hergestellt.

Roadster 280 SL (1974-1985)

In die neunziger Jahre startet Daimler-Benz mit einer neuen SL-Reihe, die mit großer Begeisterung aufgenommen wird. Wer nicht sehr früh bestellt hat, muß lange warten. Preise, die weit über dem Listenpreis liegen, werden für fällige Verträge geboten.

Der 190 PS (140 kW) starke Motor des 300 SL führt zu einer Spitzengeschwindigkeit von 228 km/h. Von null auf 100 benötigt der Roadster 9,3 Sekunden. Ein neuer, klappbarer Überrollbügel, der sich vor einem drohenden Überschlag automatisch aufstellt, sorgt für noch mehr Sicherheit. Als neue Sonderausstattung gibt's ADS: "Adaptives Dämpfersystem", das die Dämpferabstimmung kontinuierlich an Straßenrand, Beladung und Fahrweise anpaßt.

Roadster 350 SL (1975-1985)

Mercedes Benz Roadster 500 SL (ab 1985)

Der neue Mercedes-Benz 300 SL

Der weiß-blaue Zwölfzylinder

Er ist ein Star auf der IAA 1989: Der Zwölfzylinder-BMW. Man sieht ihn kaum, so ist er umlagert. Ein luxuriöser 2+2sitziger Sportwagen mit vielen technischen Neuerungen. Der Fünf-Liter-Motor mit 220 kW/300 PS und einem maximalen Drehmoment von 450 Newtonmeter beschleunigt das 1790 kg-Coupé in 6,8 Sekunden aus dem Stand auf Tempo 100 km/h. Die Höchstgeschwindigkeit ist elektronisch auf 250 km/h begrenzt.

Aber nicht nur technisch hat der 850i viel zu bieten. Auch optisch! Der extrem flache Kühlergrill, die langgestreckte Motorhaube: Er kann sich sehen lassen.

Zwei Zwölfzylinder: BMW 850i und 750i

Der BMW 850i präsentiert sich vor seinen Ahnen

BMW 850 i (1990)

Neu beim 850i: Sechsgang-Schaltgetriebe, Integral-Hinterachse, automatische Stabilitätskontrolle (ASC), sitzintegriertes Gurtsystem, das BMW erstmals in einem Serienfahrzeug einbaut, Klappscheinwerfer, regenerierende Stoßfänger, Informationssystem in der Mittelkonsole.

Zur Serienausstattung gehören aerodynamisch geformte, beheizte Außenspiegel, Geschwindigkeitsregulierung, Klimaautomatik mit Partikelfilter, Fahrerscheibenwischer mit geschwindigkeitsabhängiggeregeltem Anpreßdruck. Wortschöpfungen, an die man sich erst gewöhnen muß!

Der Aerodynamik-Weltmeister

Opel Calibra (1990)

Die Vorstellung seines neuen Erfolgs-Coupés übernimmt er selbst: Luis R. Hughes, 41jähriger Chef der Adam Opel AG, bemüht Deutschlands Auto-Journalisten nach Monte Carlo. Und was dort im Hotel de Paris vorgeführt wird, kann sich sehen lassen. Der viersitzige Calibra ist mit dem CW-Wert von 0,26 Aerodynamik-Weltmeister, zeigt eine rasante Keilform mit großer Heckklappe und kann auf eine umfangreiche Serienausstattung verweisen: Servolenkung, Leichtmetallräder, Fünfganggetriebe, beheizbare Außenspiegel, Cassetten-Radio mit sechs Lautsprechern, getönte Scheiben. Nicht serienmäßig: Zentralverriegelung, elektrische Fensterheber, Klima-Anlage, Bordcomputer, Schiebedach.

Opel Calibra (1990). Abblend- und Fernlicht, Nebel- und Blinkleuchten: alles unter einem gemeinsamen Deckglas.

GG-VV 302

Die Instrumente des Calibra (1990)

Für den Calibra stehen zwei Vierzylinder-Motoren mit geregeltem Katalysator zur Wahl: der 2,0i mit 85 kW/115 PS (205 km/h) und der 16V mit 110 kW/150 PS (223 km/h) und Vierventil-Technik. Ab Oktober 1990 kann das Coupé mit dem Allradantrieb der dritten Generation ausgerüstet werden, der auch im Vectra 4x4 zum Einsatz kommt. Außerdem bietet der Calibra in Verbindung mit dem 85-kW/115 PS-Motor wahlweise eine elektronisch geregelte Vierstufen-Automatik.

Zum Thema Umweltverträglichkeit. Der Calibra fährt mit asbestfreien Brems- und Kupplungsbelägen, cadmiumfreien Kunststoffteilen, wartungsfreien Batterien und blei- und chromfreien Lacken. Außerdem ist er sparsam im Verbrauch: zwischen 6 und 12 Liter (laut Werksangaben).

Starkes Trio: Opel Calibra (1990)

Opel Calibra (1990)

Für kompromißlose Fahrer

Mit seinem 5 Liter Vierventil-Achtzylinder zählt er zur absoluten Spitzenklasse: Der Porsche 928, mit einem Preis von rd. 150.000 DM nicht gerade für Jedermanns Geldbeutel geschaffen. Aber auch Geld allein weist ihn nicht aus, den 928-Fahrer. "Der 928 GT ist der Porsche für den kompromißlosen Fahrer von Luxus-Fahrzeugen, bei dem Leistung und Sportlichkeit absolute Priorität genießen", heißt es in der Porsche-Presse-Information.

Der Porsche 928 bietet eine Menge technischer Highlights. Erstmals in einem Serienauto: Ein Reifenluftdruck-Kontrollsystem. Weiter: elektronisch gesteuertes Informations- und Diagnosesystem und das im Herbst 1989 eingeführte elektronisch gesteuerte Porsche Sperrdifferential.

Porsche 928 GT (Modelljahr 1991)

Porsche 928 S4 (Modelljahr 1991)

Porsche 944 Turbo (Modelljahr 1991)

Porsche 944 S2 Cabrio (Modelljahr 1991)

Technische Daten:

Porsche 928 GT (Modelljahr 1991)
Motor: Achtzylinder Viertakt V-förmig, Hubraum: 4.957 ccm, Leistung: 243 kW (330 PS) bei 6.200 l/min, Gewicht: 1.580 kg, Beschleunigung: von 0 auf 100 km/h in 5,8 Sekunden, Spitze: 275 km/h, Verbrauch: 9,7 bis 21,9 Liter, Preis 148.380 DM

Porsche 944 Turbo (Modelljahr 1991)
Motor: Vierzylinder Viertakt Reihe, Hubraum: 2.479 ccm, Leistung: 184 kW (250 PS) bei bei 6.000 l/min, Gewicht: 1.400 kg, Beschleunigung: von 0 auf 100 km/h in 5,9 Sekunden, Spitze: 260 km/h, Verbrauch: 7,1 bis 13,3 Liter, Preis: 97.175 DM

Dank für Abbildungen

BMW AG, München; Porsche AG, Stuttgart; Adam Opel AG, Rüsselsheim, Daimler-Benz AG, Stuttgart; Audi AG, Ingolstadt; Jan Fusaro, Weilheim; Reinhard Lintelmann, Espelkamp; Volkswagenwerk AG Wolfsburg; Ford Werke AG, Köln; Eckhart Bartels, Ronnenburg; Auto-press, Neckarsulm; Peter Michels, Rehsiepen; Rudi Heppe, Brilon; Automuseum Ibbenbüren bei Osnabrück; Hans Thudt, Oberursel, Automobilhistorischer Bilderdienst in Braunschweig; Johannes Kuhny, Menden.

Literatur Verzeichnis

Stern, verschiedene Ausgaben; Automobil- und Motorradchronik, verschiedene Jahrgänge; Motor Klassik, verschiedene Ausgaben; Auto, Motor und Sport, verschiedene Jahrgänge; Rad der Zeit, verschiedene Jahrgänge; Gloor: Pkw der sechziger Jahre; Oswald: Mercedes-Benz-Personenwagen 1886 bis 1984; Chronik des 20. Jahrhunderts; Michels: Vom Blitzkarren zum großen Borgward; Bartels: Opel-Personenwagen; Lintelmann: NSU-Personenwagen; Weis/Thudt: Ford-Personenwagen; Bartels/Manthey: Das Opel Manta Buch; Kuhny: Das Ford-Escort-Buch; Kuhny: Das Ford Capri Buch; Lintelmann: Autos der sechziger Jahre; Lintelmann: Das BMW V8 Buch; Bartels: Das Opel Kapitän Buch; Michels: Fiat-Pkw; Schrader: BMW Automobile; Gloor: Nachkriegswagen, Chronik-Mercedes-Benz-Fahrzeuge; Heppe: VW Personenwagen